U0224632

普通高等教育"十一五"国家级规划教材

水 利 工 程 测 量

黑龙江大学　孔达　主编

中国水利水电出版社
www.waterpub.com.cn

内 容 提 要

本书是普通高等教育"十一五"国家级规划教材。全书共分十四章，主要内容包括：绪论、测量学的基本知识、水准测量、角度测量、距离测量、测量误差的基本知识、小地区控制测量、地形图测绘及应用、"3S"技术及应用、施工测量的基本工作、水工建筑物施工测量、渠道测量、工程建筑物的变形观测及测量实验与实习等。

本书主要供水利水电工程、农业水利工程、水文及水资源工程、水电施工、工程地质、水文地质、水土保持与荒漠化治理、农业资源与环境等专业本科生教学使用，也可供从事水利水电工程的技术人员参考。

图书在版编目（CIP）数据

水利工程测量/孔达主编 . —北京：中国水利水电出版社，2007

普通高等教育"十一五"国家级规划教材

ISBN 978 - 7 - 5084 - 4278 - 5

Ⅰ. 水… Ⅱ. 孔… Ⅲ. 水利工程测量—高等学校—教材

Ⅳ. TV221.1

中国版本图书馆 CIP 数据核字（2007）第 020541 号

书 名	普通高等教育"十一五"国家级规划教材 **水利工程测量**	
作 者	黑龙江大学 孔达 主编	
出版发行	中国水利水电出版社 （北京市海淀区玉渊潭南路 1 号 D 座 100038） 网址：www.waterpub.com.cn E - mail：sales@waterpub.com.cn 电话：(010) 68367658（发行部）	
经 售	北京科水图书销售中心（零售） 电话：(010) 88383994、63202643、68545874 全国各地新华书店和相关出版物销售网点	
排 版	中国水利水电出版社微机排版中心	
印 刷	北京纪元彩艺印刷有限公司	
规 格	184mm×260mm 16 开本 17.5 印张 415 千字	
版 次	2007 年 2 月第 1 版 2012 年 6 月第 3 次印刷	
印 数	5001—8000 册	
定 价	**34.00 元**	

凡购买我社图书，如有缺页、倒页、脱页的，本社发行部负责调换

版权所有·侵权必究

《水利工程测量》编写组

主　编　孔　达（黑龙江大学）

副主编　伊晓东（大连理工大学）
　　　　杨国范（沈阳农业大学）

编　委　（排名不分先后）
　　　　袁永博（大连理工大学）

　　　　王笑峰（黑龙江大学）

　　　　周启朋（黑龙江大学）

　　　　龚文峰（黑龙江大学）

　　　　杜　崇（黑龙江大学）

　　　　尹彦霞（黑龙江大学）

　　　　张婷婷（沈阳农业大学）

前 言

本教材是普通高等教育"十一五"国家级规划教材。为了适应 21 世纪人才培养和科技发展的需要，高等教育必须不断地进行改革，尤其在教学内容和教材建设方面，要不断地吐故纳新、理论联系实际，在深度和广度上适应人才的培养。本教材依据本科水利类各专业《水利工程测量》课程教学大纲编写，参考了许多国内外有关教材和参考书，将原教学大纲中的部分内容进行了补充，即补充了"全站仪测量"、"数字化测图"及"3S 技术及应用"，强化了实践环节，将测量实验与实习单列一章，同时对部分章节的内容结合实际情况适当进行了调整和删减，着重突出现代测量技术。

本书由黑龙江大学孔达担任主编，大连理工大学伊晓东、沈阳农业大学杨国范担任副主编。各章节编写分工如下：孔达编写第一、三、四、七、十一章；伊晓东编写第九、十三章；杨国范编写第五、六章；袁永博编写第八章；周启朋编写第十章；王笑峰编写第十二章中的第二、三、四、七节；尹彦霞编写第十二章中的第一、五、六节；龚文峰编写第二章中的第一、二节；杜崇编写第二章中的第三、四节；张婷婷编写第十四章。全书由孔达修改并定稿。

大连理工大学袁永博教授、东北农业大学韦兆同教授共同审阅，他们对本书的编写提出了许多宝贵的意见和建议，为提高教材质量起了重要作用，在此表示衷心感谢。

由于编者水平有限，书中难免存在错误和疏漏，热忱希望广大读者批评指正。

编 者

2006 年 12 月

目 录

第一章 绪 论

第一节 测量学研究的对象、内容和分类

一、测量学研究的对象和内容

测量学（surveying）研究的对象是地球及其表面和外层空间中的各种自然物体和人造物体的有关信息。它研究的内容是测定空间点的几何位置、地球的形状、地球重力场及各种动力现象，研究采集和处理地球表面各种形态及其变化信息并绘制成图的理论、技术和方法以及各种工程建设中的测量工作的理论、技术和方法。

二、测量学的分类

按其研究的对象、应用范围和技术手段的不同，测量学已发展为诸多学科。

1. 大地测量学（geodesic surveying）

大地测量学是研究地球的形状、大小和地球的重力场以及在地球表面广大区域内建立国家大地控制网的理论、技术和方法的学科。大地测量学分为几何大地测量学、物理大地测量学和空间大地测量学。几何大地测量学是以一个与地球外形最为接近的几何体（旋转椭球）代表地球的形状，用天文测量方法测定该椭球的形状和大小。物理大地测量学是研究用物理方法测定地球形状、大小和地球重力场。空间大地测量学是利用人造卫星进行地面点的定位及测定地球的形状、大小和地球重力场。随着空间科学、电子和计算机科学的发展，综合利用几何、物理和空间大地测量的理论、技术和方法，形成了现代大地测量学。

2. 摄影测量学（photogrammetry）

摄影测量学是利用摄影或遥感技术对地球表面和物体的摄影像片或辐射能图像信息进行处理、量测、判读和研究，以测得地面与物体的形态、大小和位置的模拟形式图形或数字形式的信息成果以及研究关于环境可靠性信息等方面的理论、技术和方法的学科。按获取影像的方式不同，摄影测量又分水下、地面、航空摄影测量学和航天遥感测量学。

3. 普通测量学（general surveying）

普通测量学是研究小地区测量工作的理论、技术和方法的学科。在小地区内可以不考虑地球曲率的影响，把该小区域内的投影球面当作平面看待。其内容是将地球表面的地物、地貌以及人工建（构）筑物等绘制成地形图等。

4. 工程测量学（engineering surveying）

工程测量学是研究矿山、水利、道路、城市建设等各类工程建设在规划、设计、施工和运营管理阶段所进行的各种测量工作的理论、技术和方法的学科。由于建设工程的不同，工程测量学又分为矿山测量学、水利工程测量学、公路测量学、建筑工程测量学以及

海洋工程测量学等。

5. 地图制图学（cartography）

地图制图学是研究各种地图的制作理论、工艺技术和应用的学科。通过地图图形信息反映自然界和人类社会各种现象的空间分布、相互联系及其动态变化。

6. 海洋测绘学（oceanography surveying）

海洋测绘学是研究测绘海岸、水面及海底自然与人工形态及其变化状况的理论、技术和方法的综合性学科。

第二节　我国测绘科学的发展概况

中国是世界文明古国之一，测绘科学在我国有着悠久的历史，远在 4000 多年前，夏禹治水就利用简单的工具进行了测量。春秋战国时期发明的指南针，至今仍在被广泛地使用。东汉张衡创造了世界上第一架地震仪——候风地动仪，他所创造的天球仪正确地表示了天象，在天文测量史上留下了光辉的一页。唐代南宫说于 724 年在现在的河南省丈量了 300km 的子午线弧长，是世界上第一次子午线弧长测量。宋代沈括使用水平尺、罗盘进行了地形测量。元代郭守敬拟定全国经纬测量计划并测定了 27 点的纬度。清代康熙年间进行了全国测绘工作。总之，几千年来我国劳动人民对世界科学文化的发展作出过卓越的贡献。

1949 年新中国成立以来，我国的测绘科学进入了一个蓬勃发展的新阶段，取得了不少的成就，主要表现在：建立和统一了全国的坐标系统和高程系统；建立了遍及全国的大地控制网、国家水准网、基本重力网和卫星多普勒网；完成了国家天文大地网的整体平差及国家水准网的整体平差；完成了国家基本图的测绘工作；进行了珠峰和南极长城站的地理位置和高程测量；制定了各种测量技术标准、规范，统一了技术规格和精度要求；各种工程建设的测量工作也取得了显著成绩，如长江大桥、葛洲坝水利枢纽、川藏青藏公路、京九铁路、青藏铁路、北京正负电子对撞机的放样、核电站等大型和特殊工程、大型设备安装等，都离不开精密测量工作。在测绘仪器制造方面，不仅使常规测量仪器的生产配套化，而且还能生产高精度经纬仪、高精度水准仪、光电测距仪等，我国全站仪已批量生产，国产 GPS 接收机已广泛使用。近几年，我国测绘科技发展更快，广泛应用了"3S"技术（即 GPS——全球定位系统、GIS——地理信息系统、RS——遥感），使测量工作正在向多领域、多类型、高精度、自动化、数字化、资料储存微型化等方面发展。

传统的测绘技术由于受到观测仪器和方法的限制，只能在地球的某一局部区域进行测量工作，而空间技术、各类对地观测卫星则提供了对地球整体进行观察和测绘的工具。卫星航天观测技术能采集全球性、重复性的连续对地观测数据，数据的覆盖可达全球范围内。以空间技术、计算机技术、通信技术和信息技术为支柱的现代测绘高新技术日新月异的迅猛发展，致使测绘学的理论基础、测绘工程技术体系、研究领域和科学目标正在适应新形式的需要而发生深刻的变化，因而影响到测绘生产任务也由传统的纸上或类似介质的地图编制、生产和更新发展到对地理空间数据进行采集、处理、组织、管理、分析和显示，传统的数据采集已由遥感卫星或数字摄影获得的数字影像所取代。测绘产品的形式和服务社会的方式由于信息技术的支持发生了很大的变化，它的服务范围和对象正在不断扩大，由原来单纯从控制到测图，为国家制作基本地形图的任务，扩大到国民经济和国防建设中与地理空间数据有关的各个领域。

第三节　水利工程测量的任务

一、水利工程测量的任务

水利工程测量（hydraulic gngineering survey）是工程测量的一个分支，主要解决水利工程建设在规划、设计、施工及管理阶段所进行的各种测量工作的理论、技术和方法。它的主要任务如下：

1. 大比例尺地形图的测绘

水利工程在规划阶段，需要中、小比例尺地形图及有关信息，建筑物在设计时需要测绘大比例尺地形图。在图上进行量测，以获取所需相关资料。

2. 施工放样

在施工阶段，将设计图上工程建筑物的平面位置和高程，用一定的测量仪器和方法测设到实地上去的测量工作称为施工放样，也叫"测设"。

3. 建筑物的变形观测

在施工过程中及工程建成后运行管理阶段，需要对建筑物的稳定性及变化情况进行监测，以确保工程安全。

总之，在工程的勘测、规划、设计、施工、竣工及运营后的监测、维护都需要测量工作。比如在河道上修建水库时，首先应测绘坝址以上该流域的地形图，作为水文计算、地质勘探、经济调查等规划设计的依据；初步设计时，要为大坝、溢洪道、电站厂房等水工建筑物的设计，测绘较详尽的大比例尺地形图；在施工过程中又要通过施工放样指导开挖、砌筑和设备安装；工程竣工时，检查工程质量是否符合设计要求，还要进行竣工测量；在工程运行管理阶段，为了监测运行情况，确保工程安全，应定期对大坝进行变形观测。由此可见，测量工作贯穿于工程建设的始终。作为一名工程技术人员，必须掌握必要的测量知识和技能，才能担负起工程勘测、规划设计、施工及管理等各项任务。

二、学习水利工程测量的目的和要求

本课程是水利类各专业的技术基础课。学习本课程的基本要求是：

（1）掌握水利工程测量必须的基本理论、基本知识和基本技能，了解新理论、新技术和现代测量学的发展状况。

（2）掌握常规测量仪器的操作技能，了解常用测量仪器的构造、检验和校正方法及先进测量仪器的使用方法。

（3）了解测量误差概念，能正确处理观测数据，求出观测成果的最可靠值；具有评定观测成果精度的能力。

（4）掌握控制测量、小地区大比例尺地形图的测绘方法和地形图应用的基本内容。

（5）了解"3S"技术，能够运用"GPS"技术解决地形图测绘和施工放样工作中的一些实际问题。

（6）掌握施工测量的基本内容和作业程序，初步具有水工建筑物及渠道的施工放样能力。

（7）了解变形观测的基本方法。

本课程实践性很强，在教学过程中，除了课堂讲授之外，还有实验课和教学实习，在掌握课堂讲授内容的同时，要认真参加实验课，以巩固和验证所学理论。教学实习是系统的实践教学环节，要自始至终完成各项作业内容，只有这样才能对测量工作有一个完整性和系统性的认识。

测量工作应严格遵守有关《规范》的规定，要养成认真细致的工作习惯，保持测量工作严肃性和测量成果的正确性，树立全局观念和吃苦耐劳的工作作风，以保证测量工作的顺利进行。

思考题与习题

1. 测量学研究的对象和内容是什么？

2. 简述测量学的分类？

3. 水利工程测量的任务及在工程建设中的作用是什么？

4. 通过学习本章内容并查阅有关资料了解现代测量学的发展？

第二章 测量学的基础知识

第一节 地球的形状和大小

　　测量工作是在地球表面进行的，而地球的自然表面是极不规则的，在地球表面上分布着高山、丘陵、平原和海洋，有高于海平面 8844.43m 的珠穆朗玛峰，有低于海平面11022m 的马里亚纳海沟，地形起伏很大。但是，由于地球半径很大，约 6371km，地面高低变化的幅度相对于地球半径只有 1/300，从宏观上看，仍然可以将地球看作成圆滑球体。地球表面大部分是海洋，占地球面积的 71%，陆地仅占 29%，所以人们设想将静止的海水面向大陆延伸形成的闭合曲面来代替地球表面。

　　地球上的每个质点都受两个力的作用，其一是地球引力，其二是地球自转产生的离心力，这两个力的合力称为重力，如图 2-1 所示。重力的作用线又称为铅垂线（plumb line），铅垂线是测量工作的基准线（datum line）。

　　假想自由静止的海水面向陆地和岛屿延伸形成一个闭合曲面，这个闭合曲面称为水准面（level surface），水准面上的点处处与该点的铅垂线垂直。由于潮汐的影响，海水面有涨有落，水准面就有无数个，并且互不相交。在测量工作中，把通过平均海水面并向陆地延伸而形成的闭合曲面称为大地水准面（geoid）。如图 2-2 所示，大地水准面所包围的形体称为大地体。大地水准面是测量工作的基准面（datum surface）。

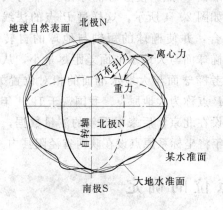

图 2-1　地球重力

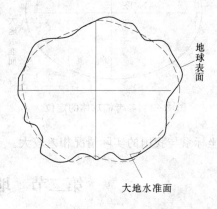

图 2-2　地球表面与大地水准面

　　由于地球内部质量分布不均匀，致使地面上各点的铅垂线方向产生不规则变化，因而大地水准面实际上是一个表面有微小起伏的不规则曲面，无法用数学公式表示，在这个曲面上无法进行测量数据的处理，为此必须选择一个与大地体非常接近的数学球体代替大地体。

5

长期的测量实践表明，地球的形状非常近似于一个两极稍扁的旋转椭球，它是由椭圆NWSE绕其短轴NS旋转而成的形体如图2-3（a）所示，测量上把与大地体最接近的地球椭球称为总地球椭球，把与某个地区大地水准面最为密合的椭球称为参考椭球，其椭球面称为参考椭球面（reference ellipsoidal surface）。椭球面能够用数学公式表示，椭球的形状和大小由其长半轴（赤道半径）a、短半轴（旋转轴半径）b 和扁率 $[\alpha=(a-b)/a]$决定。目前，我国采用的椭球元素：$a=6378140m$，$\alpha=1/298.257$。由于参考椭球的扁率很小，在小区域测量中，可以近似地将地球视作圆球体，其半径为 6371km。

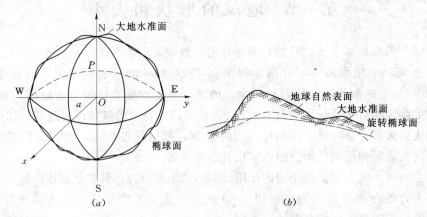

图 2-3 大地体与旋转椭球体

地球的自然表面、大地水准面及旋转椭球面之间的相对位置关系可见图2-3（b），

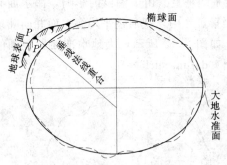

图 2-4 参考椭球体的定位

根据一定的条件，确定参考椭球面与大地水准面的相对位置所进行的测量工作，称为参考椭球体定位。在地面上选 P 点，将 P 点沿铅垂线投影到大地水准面 P' 点，使参考椭球在 P' 点与大地体相切，如图2-4所示，这样过 P' 点的法线与铅垂线重合，并使椭球的短轴与地球的自转轴平行，且椭球面与大地水准面差距尽量小，从而确定了参考椭球面与大地水准面的相对位置关系。这里，P 点称为大地原点。我国曾于1954年将大地原点设在北京，后来根据新的测量数据，发现该坐标系与我国的实际情况相差较大。于1980年将坐标系原点设在陕西省泾阳县内。

第二节 地面点位的确定

在测量工作中，地面点的空间位置用三个量来表示，其中两个量是地面点沿投影线（或法线）在投影面（大地水准面、旋转椭球面或平面）上的坐标，第三个量是地面点沿投影线到基准面的距离（高程）。因此，要确定地面点位必须建立测量坐标系统和高程系统。

一、坐标系统

坐标系统用来确定地面点在地球椭球面或投影面上的位置。测量上通常采用地理坐标系统、高斯—克吕格平面直角坐标系统（简称高斯平面直角坐标系统）、独立平面直角坐标系统和空间坐标系统。

（一）地理坐标

地理坐标（geographical reference system）是用经纬度表示地面点的位置，可分为天文坐标及大地坐标。

1. 天文坐标

天文坐标是表示地面点在大地水准面上的位置，它是以铅垂线为基准线，以大地水准面为基准面。

如图 2-5 所示，N 和 S 分别为地球北极和南极，NS 为地球的旋转轴。过地面上任意一点 P 和地球旋转轴所构成的平面称为 P 点的子午面，子午面与地球表面的交线称为子午线。通过英国格林尼治天文台的子午面称为起始子午面。以它作为计算经度的起算面，过 P 点的子午面与起始子午面之间的夹角 λ 即为 P 点的天文经度（astronomical longitude）。规定以起始子午面起算，向东 $0°\sim180°$ 称为东经；向西 $0°\sim180°$ 称为西经。

通过地球球心且与地球旋转轴正交的平面称为赤道面，赤道面与地球表面的交线为赤道。过 P 点的铅垂线与赤道面交角 φ 即为 P 点的天文纬度（astronomical latitude）。以赤道为基准，向北 $0°\sim90°$ 为北纬，向南 $0°\sim90°$ 为南纬。例如：北京的经度为东经 $116°28'$，北纬 $39°54'$。

地面上任意一点的天文坐标都可以通过天文测量得到。由于天文测量受环境条件限制，定位精度不高（测角精度 $0.5''$，相当于 10m 的精度），所测结果是以大地水准面为基准面，天文坐标之间推算困难，所以工程测量中使用较少。

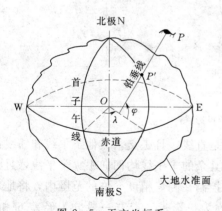

图 2-5　天文坐标系

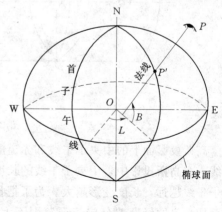

图 2-6　大地坐标系

2. 大地坐标

大地坐标是表示地面点在参考椭球面上的位置，它是以法线为基准线，以椭球体面为基准面。

如图 2-6 所示，地面点 P 沿法线投影到椭球面上为 P'。P' 与椭球旋转轴构成的子午面和起始大地子午面，即首子午面之间的夹角称为大地经度（geodesic longitude），用 L

表示；过 P 点的法线与赤道面的交角称为大地纬度（geodesic latitude），用 B 表示。

大地坐标是根据大地原点坐标，按大地测量所测得数据推算而得。由于天文坐标和大地坐标选用的基准线、基准面不同，所以同一点的天文坐标与大地坐标也不同。

目前，我国常用的大地坐标系有以下两种。

（1）1954 年北京坐标系。大地原点在前苏联，20 世纪 50 年代在我国天文大地网建立初期，鉴于当时的历史条件，采用了克拉索夫斯基椭球元素，在我国东北边境呼玛、吉拉林、东宁三个点与前苏联大地网联测后的坐标作为我国天文大地网的起算数据，然后通过天文大地网坐标计算，推算出北京一点的坐标，故命名为北京坐标系。

（2）1980 年国家大地坐标系。是我国目前使用的大地坐标系，大地原点在陕西省永乐镇，采用 1975 年国际椭球，椭球面与我国境内的大地水准面密合最佳。

（二）高斯平面直角坐标

大地坐标只能确定地面点位在椭球面上的位置，不能直接用于测绘地形图，应将点的大地坐标转换成平面直角坐标。在我国采用高斯投影（Gauss projection）的方法，将球面上的点位投影到高斯投影面上，从而转换成平面直角坐标。

高斯投影是设想一个椭圆柱面横套在地球椭球面外面，并与地球椭球面上某一子午线〔该子午线称为中央子午线（central meridian）〕相切，椭圆柱的中心轴通过地球椭球球心，然后按等角投影方法，将中央子午线两侧一定经差范围内的点、线投影到椭圆柱面上，再沿着过极点的母线展开，即成为高斯投影面，如图 2-7 所示。

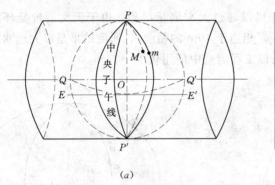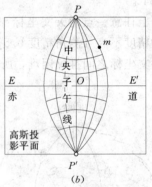

图 2-7 高斯投影

高斯投影面上的中央子午线和赤道的投影都是直线，且正交，其他子午线和纬线都是曲线。在高斯投影中，中央子午线的长度不变，其余的子午线均凹向中央子午线，且距中央子午线越远，长度变形越大。为了把长度变形控制在测量精度允许的范围内，将地球椭球面按一定的经度差分成若干范围不大的带，称为投影带。带宽一般分为经差 6° 和 3°，如图 2-8 所示。

6°带是从格林尼治子午线起，自西向东每隔经差 6° 为一带，共分成 60 带，编号为 1～60。带号 N 与相应的中央子午线经度 L_0 的关系可用下式计算

$$L_0 = 6N - 3 \qquad (2-1)$$

6°带可以满足 1:25000 以上中、小比例尺测图精度的要求。

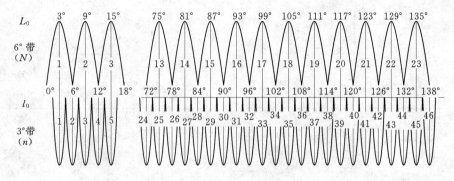

图 2-8 6°带与 3°带

3°带是在 6°带基础上划分的,从东经 1°30′子午线起,自西向东每隔经差 3°为一带,编号为 1～120。带号 n 与相应的中央子午线经度 l_0 的关系可用下式计算

$$l_0 = 3n \qquad\qquad (2-2)$$

我国位于北半球,南从北纬 4°,北至北纬 54°,西从东经 74°,东至东经 135°。中央子午线从 75°起共计 11 个 6°带,带号在 13～23 之间;21 个 3°带,带号在 25～45 之间。

以中央子午线和赤道投影后的交点 O 作为坐标原点,以中央子午线的投影为纵坐标轴 X,规定 X 轴向北为正;以赤道的投影为横坐标轴 Y,规定 Y 轴向东为正,从而构成高斯平面直角坐标系(Gauss plane coordinate system)。在高斯平面直角坐标系中,X 坐标均为正值,而 Y 坐标有正有负。为避免 Y 坐标出现负值,将坐标纵轴向西平移 500km,并在横坐标值前冠以带号。这种坐标称为国家统一坐标,如图 2-9 所示。

例如,P 点的高斯平面直角坐标为

$$X_p = 3464215.106 \text{m}$$
$$Y_p = -432861.343 \text{m}$$

若该点位于第 19 带内,则 P 点的国家统一坐标值为

$$x_p = 3464215.106 \text{m}$$
$$y_p = 19067138.657 \text{m}$$

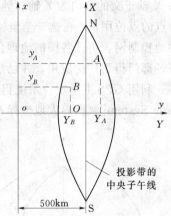

图 2-9 国家统一坐标系

(三)独立平面直角坐标

当测区的范围较小时,可以把测区的球面当作水平面,直接将地面点沿铅垂线方向投影到水平面上,用平面直角坐标表示地面点的位置。为了避免坐标出现负值,一般将坐标原点选在测区西南角,使测区全部落在第一象限内。这种方法适用于测区没有国家控制点的地区,x 轴方向一般为该地区真子午线或磁子午线方向。

测量中使用的平面直角坐标系纵坐标轴为 x,向北为正,横坐标轴为 y,向东为正。象限按顺时针方向编号,这些与数学上的规定是不同的,但数学上的三角和解析几何公式可以直接应用到测量中,如图 2-10 所示。

9

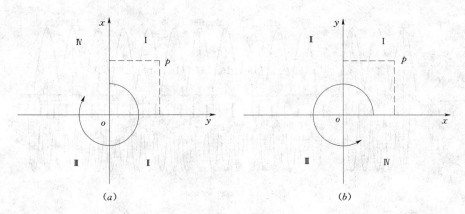

图 2-10　两种平面直角坐标系的比较

(a) 测量平面直角坐标系；(b) 数学平面直角坐标系

（四）空间直角坐标

以地球椭球体中心 O 作为坐标原点，起始子午面与赤道面的交线为 X 轴，赤道面上与 X 轴正交的方向为 Y 轴，椭球体的旋转轴为 Z 轴，指向符合右手规则。在该坐标系中，P 点的点位用 OP 在这三个坐标轴的投影 x、y、z 表示。空间直角坐标系可以统一各国的大地控制网，可使各国的地理信息"无缝"衔接。空间直角坐标已在军事、导航及国民经济各部门得到广泛应用，并已成为一种实用坐标，如图 2-11 所示。

利用 GPS 卫星定位系统得到的地面点位置，是 WGS—84 坐标，WGS "World Geodesic System"（世界大地坐标系）该坐标系坐标原点在地心。

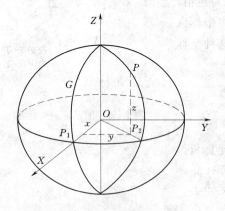

图 2-11　空间直角坐标系

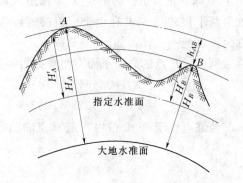

图 2-12　绝对高程与相对高程

二、高程系统

某地面点沿铅垂线方向到大地水准面的距离称为绝对高程或海拔，简称高程（height），一般用 H 表示。如果某地面点沿铅垂线方向到任意水准面的距离，称为该点的相对高程或假定高程，用 H' 表示。地面上两点间高程之差称为高差，用 h 表示，见图 2-12。

$$h_{AB} = H_B - H_A = H'_B - H'_A \tag{2-3}$$

由于受潮汐、风浪等影响，海水面是一个动态的曲面。它的高低时刻在变化，通常是在海边设立验潮站（tide gauge station），进行长期观测，取海水的平均高度作为高程零点。通过该点的大地水准面称为高程基准面。我国设在山东省青岛市的国家验潮站收集的1950～1956 年的验潮资料，推算的黄海平均海水面作为我国高程起算面，并在青岛市观象山建立了水准原点（leveling origin）。水准原点到验潮站平均海水面高程为 72.289m。这个高程系统称为"1956 年黄海高程系"（Huanghai height system1956）。

由于海洋潮汐长期变化周期为 18.6 年，20 世纪 80 年代初，国家又根据 1952～1979年青岛验潮站的观测资料，推算出新的黄海平均海水面作为高程零点。由此测得青岛水准原点高程为 72.2604m，称为"1985 年国家高程基准"（Chinese height datum1985），并从1985 年 1 月 1 日起执行新的高程基准。

在测量工作中，一般应采用绝对高程，若在偏僻地区，附近没有已知的绝对高程点可以引测时，也可采用相对高程。

第三节　用水平面代替球面的限度

在测区范围不大的情况下，为简化一些复杂的投影计算，可将椭球面看作球面，甚至可视为水平面，即用水平面代替水准面。用水平面代替水准面时应使得投影后产生的误差不超过一定的限度，因此，应分析地球曲率对水平距离、水平角和高程的影响。

一、地球曲率对水平距离的影响

如图 2-13 所示，在测区中部选一点 A，沿铅垂线投影到水准面 P 上为 a，过 a 点作切平面 P'。地面上 A，B 两点投影到水准面上的弧长为 D，在水平面上的距离为 D'，则

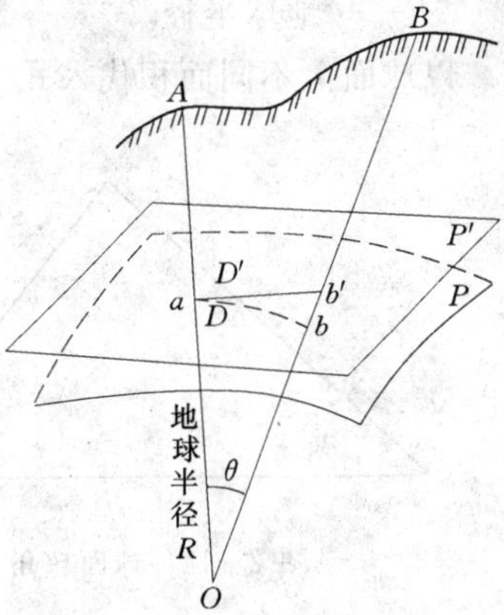

$$\left.\begin{array}{l} D = R\theta \\ D' = R\tan\theta \end{array}\right\} \qquad (2-4)$$

以水平长度 D' 代替球面上弧长 D 产生的误差为

$$\Delta D = D' - D = R(\tan\theta - \theta) \qquad (2-5)$$

将 $\tan\theta$ 按级数展开得

图 2-13　用水平面代替水准面

$$\tan\theta = \theta + \frac{1}{3}\theta^3 + \frac{2}{15}\theta^5 + \cdots \qquad (2-6)$$

将式（2-6）略去高次项代入式（2-5）并考虑 $\theta = \dfrac{D}{R}$ 得

$$\Delta D = R\left[\theta + \frac{\theta^3}{3} - \theta\right] = R\frac{\theta^3}{3} = \frac{D^3}{3R^2} \qquad (2-7)$$

两端除以 D，得相对误差

$$\frac{\Delta D}{D} = \frac{1}{3}\left(\frac{D}{R}\right)^2 \qquad (2-8)$$

地球半径 $R=6371$km，用不同 D 值代入，可计算出水平面代替水准面的距离误差和相对

误差，列入表 2-1。

表 2-1　　　　　　　　　　　水平面代替水准面对距离的影响

距离 D (km)	距离误差 ΔD (cm)	相对误差	距离 D (km)	距离误差 ΔD (cm)	相对误差
1	0.00	—	10	0.82	1:1220000
5	0.10	1:5000000	15	2.77	1:5400000

从表 2-1 可见，当距离为 10km 时，以水平面代替水准面所产生的距离误差为 0.82cm，相对误差为 1/1220000。小于目前精密距离测量的容许误差。所以在半径为 10km 范围内，进行距离测量时，以水平面代替水准面所产生的距离误差可忽略不计。

二、地球曲率对水平角的影响

从球面三角可知，球面上三角形内角之和比平面上相应三角形内角之和多出球面角超，见图 2-14。其值可用多边形面积求得，即

$$\varepsilon = \frac{P}{R^2}\rho''$$
(2-9)

式中　ε——球面角超；

　　　P——球面多边形面积；

　　　$\rho'' = 206265''$；

　　　R——地球半径。

以球面上不同面积代入式（2-9），求出球面角超，列入表 2-2。

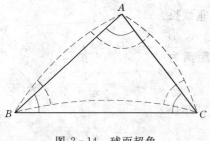

图 2-14　球面超角

表 2-2　　水平面代替水准面对角度的影响

球面面积（km²）	ε (″)
10	0.05
50	0.25
100	0.51
500	2.54

由表 2-2 知，当 $P=100\text{km}^2$ 时，$\varepsilon=0.51''$。计算结果表明，对于测区范围在 100km^2 时，用水平面代替水准面时，在一般工程测量工作中，对角度的影响可以忽略不计。

三、地球曲率对高程的影响

由图 2-13 可见，$b'b$ 为水平面代替水准面对高程产生的误差，令其为 Δh，也称为地球曲率对高程的影响

$$(R+\Delta h)^2 = R^2 + D'^2$$
$$\Rightarrow \quad \Delta h = \frac{D'^2}{2R+\Delta h}$$

式中，用 D 代替 D'，而 Δh 相对于 $2R$ 很小，可略去不计，则

$$\Delta h = \frac{D^2}{2R}$$
(2-10)

以不同距离 D 代入上式，则得高程误差，列入表 2-3。

表 2−3			水平面代替水准面的高程误差			
D（m）	10	50	100	200	500	1000
Δh（mm）	0.0	0.2	0.8	3.1	19.6	78.5

从表 2−3 中可见，当距离为 100m 时，高程方面的误差接近 1mm，这对高程来说影响是很大的，所以进行高程测量时，即使距离很短也应考虑地球曲率对高程的影响。

第四节 测 量 工 作 概 述

一、测量的基本工作

地面点的坐标和高程通常不是直接测定的，而是观测有关要素后计算而得。实际工作中，通常根据测区内或测区附近已知坐标和高程的点，测出这些已知点与待定点之间的几何关系，然后再确定待定点的坐标和高程。

设 A、B、C 为地面上的三点，如图 2−15 所示，投影到水平面的位置分别为 a、b、c。如果 A 点的位置已知，要确定 B 点的位置，除 B 点到 A 点在水平面上距离 D_{AB}（水平距离）必须知道外，还要知道 B 点在 A 点的哪一方向。图中 ab 的方向可用通过 a 点的指北方向与 ab 的夹角（水平角）α 表示，α 角称为方位角，如果知道 D_{AB} 和 α，B 点在图上的位置 b 就可以确定。如果还要确定 C 点在图上的位置 c，则需要测量 BC 在水平面的距离 D_{BC} 及 b 点上相邻两边的水平夹角 β。

在图中还可以看出，A、B、C 点的高程不同，除平面位置外，还要知道它们的高低关系，即 A、B、C 三点的高程 H_A、H_B、H_C 或 h_{AB}、h_{BC}、，这样这些点的位置就完全确定了。

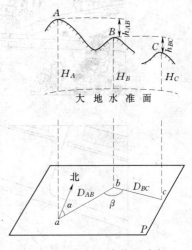

图 2−15 地面点位的确定

由此可知，水平距离、水平角及高程是确定地面点相对位置的三个基本几何要素。距离测量、角度测量及高程测量是测量的基本工作。

二、测量工作的原则及程序

在实际测量工作中，由于受各种条件的影响，不论采用何种方法，使用何种测量仪器，测量过程中都不可避免地产生误差，如果从一个点开始逐点施测，前一点的误差将传递到后一点，逐点累积，点位误差将越来越大，最后将满足不了精度要求。因此，为了控制测量误差的累积，保证测量成果的精度，测量工作必须遵循的原则是：在布局上"由整体到局部"，在精度上"由高级到低级"，在程序上"先控制后碎部"，即：先在测区范围内建立一系列控制点，精确测出这些点的位置，然后再分别根据这些控制点施测碎部测量。此外，对测量工作的每一个过程，要坚持"步步检查"，以确保测量成果精确可靠。

为了保证全国范围内测绘的地形图具有统一的坐标系，且能控制测量误差的累积，有关测绘部门在我国建立了覆盖全国各地区的各等级国家控制网点。在测绘地形图时，首先应依据国家控制网点在测区内布设测图控制网和测图用的图根控制点，这样能形成精度可靠的"无缝"地形图。如图 2-16 所示，A、B、C、D、E、F 为选定图根控制点，并构成一定的几何图形，应用精密大地测量仪器和精确测算方法确定其坐标和高程，然后在图根控制点上安置仪器测定其周围的地物、地貌的特征点［也称碎部点（detail point）］，按一定的投影方法和比例尺并用规定的符号绘制成地形图（topographic maps）。

施工测量时，也是应先进行控制点的布设，然后利用控制点将图上设计的建（构）筑

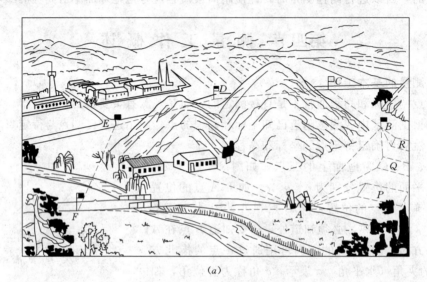

(a)

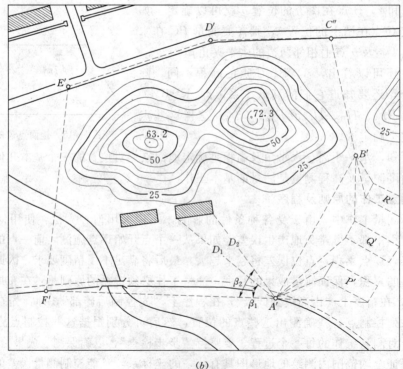

(b)

图 2-16 测区控制点布置图

物位置测设于实际的地面位置。如图 2-16 所示，利用控制点根据设计数据将所设计的建（构）筑物 P、Q、R 测设于实地。

随着科学技术的发展，测量工作中应用了很多高新技术，如控制测量已采用全球定位系统（GPS）代替常规控制测量；城市地形图测绘也采用了数字化测绘地形图或数字摄影测量工作站测绘数字地图代替常规野外测图。在施工测量中也采用了全球定位系统进行各种建（构）筑物位置测设。

思考题与习题

1. 什么叫水准面、大地水准面？其各有何特性？

2. 测量工作的基准线和基准面是什么？

3. 测量常用的坐标系有几种？各有何特点？

4. 测量上的平面直角坐标系与数学上的平面直角坐标系有什么区别？

5. 地球的形状近似怎样的形体？大地体与椭球体有什么不同？

6. 北京某点的大地经度为 $116°21'$，试计算它所在的 $6°$ 带和 $3°$ 带的带号及其中央子午线的经度。

7. 我国某处一点的横坐标 $Y=20743516.22\text{m}$，该坐标值是按几度带投影计算获得的？其位于第几带？

8. 什么叫绝对高程？什么叫相对高程？两点间的高差值如何计算？

9. 根据 1956 年黄海高程系统测得 A 点高程为 165.718m，若改用 1985 年高程基准，则 A 点的高程是多少？

10. 用水平面代替水准面对水平距离、水平角和高程各有什么影响？

11. 测量的三个基本要素是什么？测量的三项基本工作是什么？

12. 测量工作的基本原则是什么？为什么要遵循这些基本原则？

第三章 水 准 测 量

测量地面上各点高程的工作，称为高程测量（height measurement），高程测量是测量的三项基本工作之一。水准测量（leveling）是精密测量地面点高程最主要的方法。

第一节 水 准 测 量 原 理

水准测量的原理是利用水准仪（level）所提供的一条水平视线（horizontal sight），通过读取竖立于两点上的水准尺（leveling staff）读数，来测定出地面上两点之间的高差，然后根据已知点的高程推算出待定点的高程。

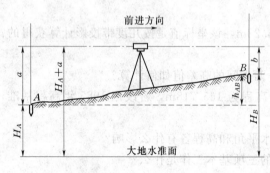

图 3-1 水准测量原理

如图 3-1 所示，已知地面 A 点高程 H_A，欲求 B 点高程。首先安置水准仪于 A、B 两点之间，并在 A、B 两点上分别竖立水准尺。根据仪器的水平视线，按测量的前进方向规定 A 点为后视点，其水准尺读数 a 为后视读数；B 点为前视点，其水准尺读数 b 为前视读数。则 B 点对 A 点的高差为

$$h_{AB} = a - b \qquad (3-1)$$

高差有正负号之分，当 $a > b$ 时，$h_{AB} > 0$，说明 B 点比 A 点高；反之，B 点低于 A 点。若已知 A 点高程为 H_A，则未知点 B 的高程 H_B 为

$$H_B = H_A + h_{AB} = H_A + (a - b) \qquad (3-2)$$

上述是直接利用实测高差 h_{AB} 计算 B 点的高程。在实际工作中，有时也可以通过水准仪的视线高程 H_i 计算待定点 B 的高程 H_B，公式如下：

$$\left. \begin{aligned} H_i &= H_A + a \\ H_B &= H_i - b \end{aligned} \right\} \qquad (3-3)$$

若在一个测站上，要同时测算出若干个待定点的高程用视线高法较方便。

第二节 水准测量的仪器及工具

在水准测量时，提供水平视线的仪器称为水准仪，与之配合的工具有水准尺和尺垫（staff plate）。水准仪按精度可分为 DS_{05}、DS_1、DS_3 和 DS_{10} 等几个等级，其中 D、S 分别为"大地测量"和"水准仪"汉语拼音的第一个字母，数字表示精度，即每公里往返高差

的中误差，单位为 mm，若按其构造可分为微倾式水准仪、自动安平水准仪和数字水准仪等。

一、DS₃ 型微倾式水准仪

图 3-2 所示的是国产 DS₃ 微倾式水准仪（title level），这是工程测量中最常用的仪器。水准仪主要由望远镜（telescope）、水准器（bubble）和基座（tribrach）三部分组成。

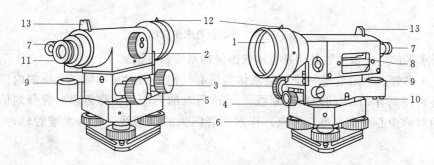

图 3-2 DS₃ 微倾式水准仪

1—物镜；2—物镜调焦螺旋；3—微动螺旋；4—制动螺旋；5—微倾螺旋；6—脚螺旋；7—管水准气泡观察窗；8—管水准器；9—圆水准器；10—圆水准器校正螺丝；11—目镜；12—准星；13—照门

1. 望远镜

望远镜由物镜、目镜、调焦透镜和十字丝分划板组成，如图 3-3（a）所示。物镜和目镜一般采用复合透镜组，调焦镜为凹透镜，位于物镜和目镜之间。望远镜的对光通过旋转调焦螺旋，使调焦镜在望远镜筒内平移来实现。十字丝分划板上竖直的一条长线称竖丝，与之垂直的长线称为横丝或中丝，用来瞄准目标和读取读数。在中线的上下还对称地刻有两条与中丝平行的短横线，称为视距丝，是用来测定距离的。

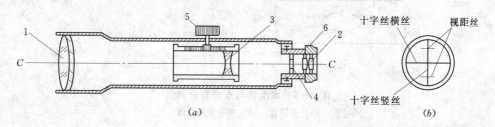

图 3-3 望远镜的构造

1—物镜；2—目镜；3—物镜调焦透镜；4—十字丝分划板；5—物镜调焦螺旋；6—目镜调焦螺旋

物镜光心与十字丝交点的连线称为视准轴，通常用 CC 表示。在实际使用时，视准轴应保持水平，照准远处水准尺；调节目镜调焦螺旋，可使十字丝清晰放大；旋转物镜调焦螺旋使水准尺成像在十字丝分划板平面上，并与之同时放大（一般 DS₃ 水准仪望远镜的放大率为 28 倍），最后用十字丝中丝截取水准尺读数。图 3-4 是望远镜成像原理图。

2. 水准器

水准器是用来指示水准仪的视准轴是否水平或竖轴是否铅垂的一种装置。分管水准器（bubble tube）和圆水准器（circular bubble）两种。管水准器又叫水准管，是用来指示视

17

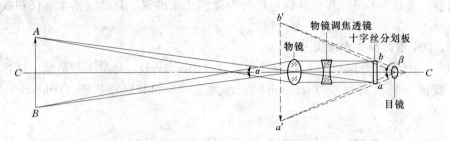

图 3-4 望远镜的成像原理

准轴是否水平的，圆水准器是用来指示仪器竖轴是否铅垂的。

（1）水准管。水准管是一个内装液体并留有气泡的密封玻璃管。其纵向内壁磨成圆弧形，外表面刻有 2mm 间隔的分划线，2mm 所对的圆心角 τ 称为水准管分划值。通过分划线的对称中心（即水准管零点）作水准管圆弧的纵切线，称为水准管轴，如图 3-5 所示。

$$\tau = \frac{2}{R}\rho \tag{3-4}$$

式中　τ——2mm 所对的圆心角，（″）；

　　　$\rho = 206265''$；

　　R——水准管圆弧半径，mm。

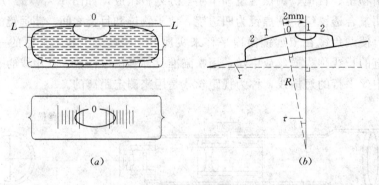

图 3-5 水准管与水准管分划值
（a）水准管；（b）水准管分划值

水准管圆弧半径愈大，分划值就越小，则水准管灵敏度就越高，也就是仪器置平的精度越高。DS₃ 型水准仪的水准管分划值要求不大于 $20''/2mm$。

为了提高水准管气泡居中的精度，DS₃ 型微倾式水准仪多采用符合水准管系统，通过符合棱镜的反射作用，使气泡两端的影像反映在望远镜旁的符合气泡观察窗中。由观察窗看气泡两端的半像吻合与否，来判断气泡是否居中，如图 3-6 所

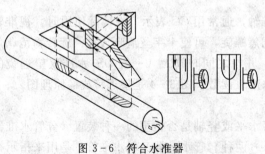

图 3-6 符合水准器

示。若两半气泡像吻合，说明气泡居中。此时水准管轴处于水平位置。

因管水准器灵敏度较高，且用于调节气泡居中的微倾螺旋范围有限，在使用时，首先使仪器的旋转轴（即竖轴）处于铅垂状态。因此，水准仪上还装有一个圆水准器，如图3-7所示。

（2）圆水准器。圆水准器是一个顶面内壁磨成球面的玻璃圆盒，刻有圆分划圈。通过分划圈的中心（即零点）作球面的法线，称为圆水准器轴。当气泡居中时，圆水准器轴处于铅垂位置。圆水准器分划值约为 $8'\sim10'$。圆水准器的分划值一般大于管水准器的分划值，所以圆水准器通常用于粗略整平仪器。

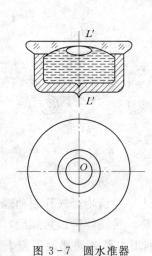

图3-7　圆水准器

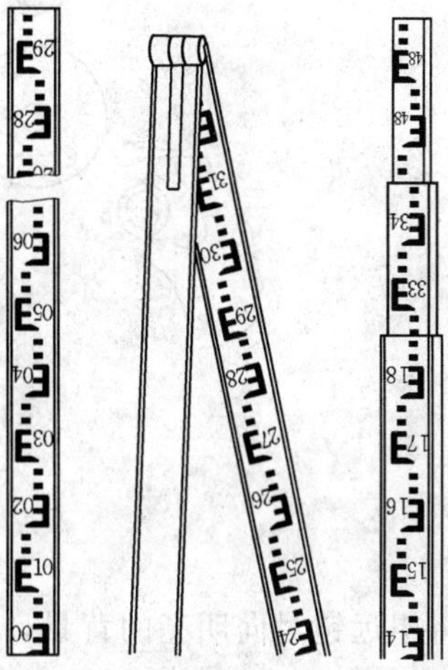

图3-8　水准尺

3. 基座

基座用于支承仪器的上部并通过连接螺旋使仪器与三脚架相连。调节基座上的三个脚螺旋可使圆水准器气泡居中。

二、水准尺和尺垫

1. 水准尺

水准尺是水准测量的主要工具，常用的水准尺有直尺、折尺和塔尺等几种如图3-8。折尺和塔尺单面分划，水准尺仅有黑白相间的分划，尺底为零，由下向上注有 dm（分米）和 m（米）的数字，最小分划单位为 cm（厘米）。直尺也叫双面尺，有两面分划，正面是黑白分划，反面是红白分划，其长度有2m和3m两种，且两根尺为一对。两根尺的黑白分划均与单面尺相同，尺底为零；而红面尺尺底则从某一常数开始，即其中一根尺子的尺底读数为4.687m，另一根尺为4.787m。

2. 尺垫

尺垫也是水准测量的工具之一。一般用生铁铸成三角形，中央有一突起的半球体，如图3-9所示，为了保证在水准测量过程中转点的高程不变，将水准尺立在半球体的顶端。

三、水准仪的使用

为测定 A、B 两点之间的高差，首先在 A、B 之间安置

图3-9　尺垫

水准仪。撑开三角架，使架头大致水平，高度适中，稳固地架设在地面上；用连接螺旋将水准仪固连在脚架上，再按下述四个步骤进行操作。

1. 粗平

粗平的目的是借助于圆水准器气泡居中，使仪器竖轴铅垂。

转动基座上 3 个脚螺旋，使圆水准器气泡居中。整平时，气泡移动方向始终与左手大拇指的运动方向一致，参见图 3-10。

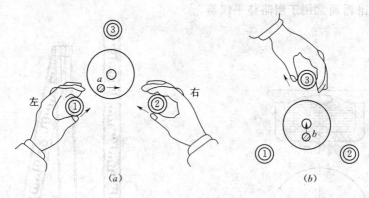

图 3-10 概略整平

2. 瞄准

先将望远镜对向明亮的背景，转动目镜调焦螺旋使十字丝清晰；松开制动螺旋，转动望远镜，利用镜上照门和准星照准水准尺；拧紧制动螺旋，转动物镜调焦螺旋，看清水准尺；利用水平微动螺旋，使十字丝竖丝瞄准尺边缘或中央，同时观测者的眼睛在目镜端上下微动，检查十字丝横丝与物像是否存在相对移动的现象，这种现象被称为视差。如有视差则应消除，即继续按以上调焦方法仔细对光，直至水准尺正好成像在十字丝分划板平面上，两者同时清晰且无相对移动的现象时为止，见图 3-11。

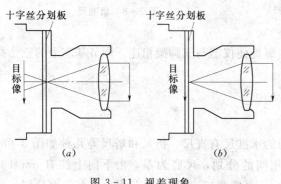

图 3-11 视差现象
(a) 有视差；(b) 无视差

3. 精平

注视符合气泡观察窗，转动微倾螺旋，使水准管气泡两端的半像吻合。此时，水准管轴水平，水准仪的视准轴亦精确水平。

4. 读数

水准管气泡居中后，用十字丝横丝（中丝）在水准尺 A 上读数。因水准仪多为倒像望远镜，因此读数时应由上而下进行。如图 3-12 所示，黑面读数 $a=1.608$m、红面读数 $b=6.295$m。这两个读数之差为 $6.295-1.608=4.687$m，正好等于该尺红面起始读数，说明读数正确。

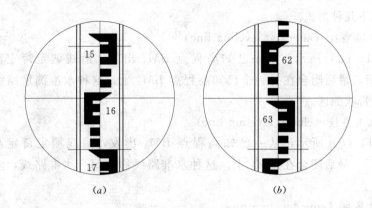

图 3-12　水准尺读数

(a) 黑面读数 1.608；(b) 红面读数 6.295

第三节　普通水准测量

一、水准点

为了满足各种比例尺地形图测绘、各项工程建设以及科学研究的需要，必须建立统一的国家高程系统。因此，测绘部门按国家有关测量规范，在全国范围内分级布设了许多高程控制点，并采用相应等级的高程测量方法测定各点的高程。

用水准测量方法测定的高程控制点称为水准点（Bench Mark），记 BM。国家水准点按精度分为一、二、三、四等，与之相应的水准测量分为一、二、三、四等水准测量。国家水准点按国家规范要求应埋设永久性标石或标志。如图 3-13（a）所示，需要长期保存的水准点一般用混凝土或石头制成标石，中间嵌半球形金属标志，埋设在冰冻线以下 0.5m 左右的坚硬土基中，并设防护井保护，称永久性水准点。亦可埋设在岩石或永久建筑物上，如图 3-13（b）所示。

地形测量中的图根控制点和一般工程施工测量所使用的水准点，常采用临时性标志，可用木桩打入地面，也可在突出的坚硬岩石或水泥地面等处用红油漆作标志。这些水准点的高程常采用普通水准测量方法来测定，如图 3-13（c）所示。

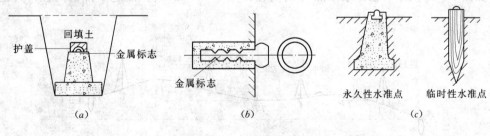

图 3-13　水准点

二、水准路线

水准路线（leveling line）是水准测量所经过的路线。根据测区情况和需要，水准路

21

线可布设成以下几种形式。

1. 附合水准路线（annexed leveling line）

如图 3-14（a）所示，从一已知高程点 BM_A 出发，沿线测定待定高程点 1、2、3、…的高程后，最后附合在另一个已知高程点 BM_B 上。这种水准测量路线称符合水准路线，多用于带状测区。

2. 闭合水准路线（closed leveling line）

如图 3-14（b）所示，从一已知高程点 BM_A 出发，沿线测定待定高程点 1、2、3、…的高程后，最后闭合在 BM_A 上。这种水准路线称为闭合水准路线，多用于面积较小的块状测区。

3. 支水准路线（spur leveling line）

如图 3-14（c）所示，从一已知高程点 BM_A 出发，沿线测定待定高程点 1、2 的高程后，即不闭合又不附合在已知高程点上。这种水准测量路线称支水准路线，多用于测图水准点加密。

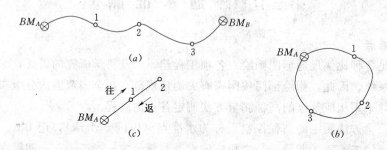

图 3-14 水准路线的形式

三、普通水准测量施测方法

在水准测量中，当待测高程点与已知水准点相距较远或高低起伏较大时，安置一次仪器（称为一个测站）无法测定两点间的高差。这就需要在两点间加设若干个临时立尺点，用来传递高程，这样的点称为转点（turning point），用 TP 表示。然后依次安置仪器，测定相邻两点间的高差，最后计算各测站高差的代数和，即为待测点与已知点之间的高差。

如图 3-15 所示，已知水准点 A 的高程为 123.446m，现拟测定 B 点的高程，其施测

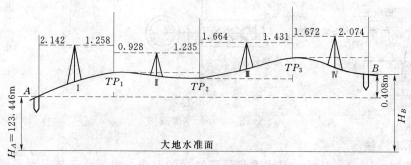

图 3-15 水准测量的实施

步骤如下：

在离 A 点约不超过 200m（根据水准测量的等级而定）处选定点 TP_1，在 A、TP_1 两点分别立水准尺。在距点 A 和点 1 等距离的 Ⅰ 处安置水准仪。当仪器视线水平后，先读后视读数 a_1，再读前视读数 b_1。记录员将读数分别记录在水准测量手簿的相应栏中，见表 3-1，同时算出 A 点和 1 点之间的高差，即 $h_1 = a_1 - b_1 = 0.844$m。

当第一测站测完后，后视尺沿着 AB 方向前进，同样在离开转点约小于 200m 处选定转点 TP_2，并在其上立尺。注意，此时立在 TP_1 点上的水准尺不动，只将尺面翻转过来，仪器安置在距 TP_1、TP_2 点等距离处，进行观测、计算，依此类推测到 B 点。求出 A 至 B 的高差 h_{AB}，即

$$h_1 = a_1 - b_1$$
$$h_2 = a_2 - b_2$$
$$h_n = a_n - b_n$$

将各式相加，得

$$\sum h = \sum a - \sum b = h_{AB} \qquad (3-5)$$

则 B 点的高程为

$$H_B = H_A + \sum h = H_A + h_{AB} \qquad (3-6)$$

表 3-1   水 准 测 量 手 簿

日期_____　　仪器型号_____　　观测员_____
天气_____　　地　　点_____　　记录员_____

测 站	点 号	后视读数 (a) (m)	前视读数 (b) (m)	高 差 (m) +	高 差 (m) −	高程 (m)	备 注
Ⅰ	A	2.142		0.884		123.446	已知水准点
	TP_1		1.258				
Ⅱ	TP_1	0.928			0.307		
	TP_2		1.235				
Ⅲ	TP_2	1.664		0.233			
	TP_3		1.431				
Ⅳ	TP_3	1.672			0.402		
	B		2.074			123.854	待定点
$\sum$		6.406	5.998	1.117	0.709	123.854−123.446＝+0.408	
计算检核		$\sum a - \sum b = 6.406 - 5.998 = +0.408$		$\sum h = 1.117 - 0.709 = +0.408$			

四、水准测量的检核方法

（一）计算校核

为了保证计算高差的正确性，必须按下式进行计算检核

$$\sum a - \sum b = \sum h \qquad (3-7)$$

如表 3-1 中，$\sum a - \sum b = 6.406 - 5.998 = +0.408 = \sum h$。这说明高差计算正确。高

程计算是否有误可通过下式检核，即

$$H_B - H_A = \sum h = h_{AB} \tag{3-8}$$

$$123.854 - 123.446 = +0.408$$

上式相等说明高程计算无误。

（二）测站检核

在水准测量中，常用的测站检核方法有双仪器高法和双面尺法两种。

1. 双仪器高法

双仪器高法是在同一测站用不同的仪器高度，两次测定两点间的高差。即第一次测得高差后，改变仪器高度升高或降低 10cm 以上，再次测定高差。若两次测得的高差之差不超过允许范围，这个允许值按水准测量等级不同而异，对于普通水准测量，两次高差之差的绝对值应小于 ±6mm，则取其平均值作为该测站的观测结果，否则需要重测。

2. 双面尺法

在同一测站上，仪器高度不变，分别读取后视尺和前视尺上黑、红面读数。若同一水准尺上：黑面读数加 4687（4787）与红面读数之差不超过 ±3mm，则分别计算黑面高差和红面高差，取平均值作为最后观测结果。

在水准测量中，一般使用一对水准尺（一根尺常数为 4687，另一根为 4787）。若采用双面尺法进行测站检核，则在计算高差和检核时，应考虑尺常数差 100mm 的问题。

（三）水准路线及成果检核

计算检核只能发现计算是否有错，而测站检核也只能检核每一个测站上是否有错误，不能发现立尺点变动的错误，更不能评定测量成果的精度，同时由于观测时受到观测条件（仪器、人、外界环境）的影响，随着测站数的增多使误差积累，有时也会超过规定的限差。因此应对成果进行检核。

1. 附合水准路线

如图 3-14（a）所示，在附合水准路线中，各段的高差总和应与 BM_A、BM_B 两点的已知高差相等，如果不等，其差值为高差闭合差 f_h，即高差闭合差等于观测值减去理论值

$$f_h = \sum h_{测} - \sum h_{理} = \sum h_{测} - (H_{终} - H_{始}) \tag{3-9}$$

不同等级的水准测量，对高差闭合差的要求也不同。在国家测量规范中，图根水准测量的高差闭合差容许值 $f_{h容}$ 为

平地：
$$f_{h容} = \pm 40 \sqrt{L} \, (mm) \tag{3-10}$$

式中 L——水准路线长度（适用于平坦地区），km。

山地：
$$f_{h容} = \pm 12 \sqrt{n} \, (mm) \tag{3-11}$$

式中 n——测站总数（适用于山地）。

2. 闭合水准路线

如图 3-14（b）所示，在闭合水准路线中，各段的高差总和应等于零，即 $\sum h_{理} = 0$。若实测高差总和不等于零，则为高差闭合差，即

$$f_h = \sum h_{测} \tag{3-12}$$

3. 支水准路线

如图2-13（c）所示的支水准路线，从一个已知水准点出发到欲求的高程点，往测（已知高程点到欲求高程点）和返测（欲求高程点到已知高程点）高差的绝对值应相等而符号相反。若往返测高差的代数和不等于零，即为高差闭合差

$$f_h = \sum h_{往} + \sum h_{返} \tag{3-13}$$

支水准路线不能过长，一般为2km左右，其高差闭合差的容许值与闭合或符合水准路线相同但式（3-10）和式（3-11）中的路线全长 L 或 n 只按单程计算。

第四节 水准测量成果计算

野外测量工作结束后，应对水准测量手簿进行检查，并计算出各测段的高差。检查无误后，再根据各测段的高差，计算出高差闭合差。若闭合差在规定的范围内，则进行闭合差调整。最后计算各待测点的高程。

一、附合水准路线成果计算

如图3-16所示，BM_A、BM_B 为水准点其高程已知，实测数据见图。表3-2为图3-16所示的附合水准路线平差的实例。

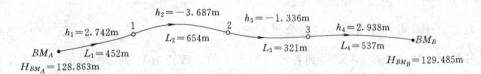

图 3-16　附合水准路线

表 3-2　　　　　　　　　　**附合水准路线成果计算表**

日期＿＿＿＿＿＿　　　　计算＿＿＿＿＿＿　　　　复核＿＿＿＿＿＿

点 名	距离 L （km）	实测高差 （m）	改正数 （m）	改正的高差 （m）	高 程 （m）	备 注
BM_A					128.863	水准点
	0.452	2.742	−0.008	2.734		
1					131.597	
	0.654	−3.687	−0.012	−3.699		
2					127.898	
	0.321	−1.336	−0.006	−1.342		
3					126.556	
	0.537	2.938	−0.009	2.929		
BM_B					129.485	水准点
$\sum$	1.964	0.657	−0.035	0.622		
检核	$f_h = [0.657 − (129.485 − 128.863)]m = 35mm$ $f_{h容} = ±40\sqrt{1.964}mm = ±56mm$					

注　题中给出各测段的距离，说明是平坦地区。

1. 高差闭合差的计算

路线闭合差（mm）：

$$f_h = \sum h_{测} - (H_{终} - H_{始})$$
$$= [0.657 - (129.485 - 128.863)]m = 35mm$$

容许闭合差（mm）：

$$f_{h容} = \pm 40\sqrt{L}$$
$$= \pm 40\sqrt{1.964}mm = \pm 56mm$$

因 $f_h < f_{h容}$，符合精度要求，可以进行调整。

2. 闭合差的调整

闭合差的调整可按测站数或测段长度成正比例且反符号进行分配。计算各测段的高差改正数，然后计算各测段的改正后高差。高差改正数的计算公式为

$$v_i = -\frac{f_h}{\sum n} n_i$$

或

$$v_i = -\frac{f_h}{\sum L} L_i \qquad (3-14)$$

式中　$\sum n$——测站总数；

　　　　n_i——第 i 测段的测站数；

　　　　$\sum L$——路线总长度；

　　　　L_i——第 i 测段的路线长度。

为方便计算可先算出每站（每公里）的改正数为 $v_n = -\dfrac{f_h}{\sum n}$ 或 $v_{km} = -\dfrac{f_h}{\sum L}$，然后再乘以各段测站数（长度），就得到各测段的改正数。改正数总和的绝对值应与闭合差的绝对值相等。改正后的高差代数和应与理论值 $(H_B - H_A)$ 相等，否则说明高程推算有误。

3. 高程计算

从已知点 BM_A 的高程推算 1、2、3 各点高程，最后计算 BM_B 点的高程应与理论值 H_{BM_B} 相等，否则说明高程推算有误。

二、闭合水准路线成果计算

如图 3-17 所示，BM_A 为水准点，其高程已知，实测数据见图。表 3-3 为图 3-17 所示的闭合水准路线平差的实例。

高差闭合差及其容许值为

$$f_h = \sum h_{测} = -0.055m = -55mm$$

$$f_{h容} = \pm 12\sqrt{29}mm = \pm 65mm$$

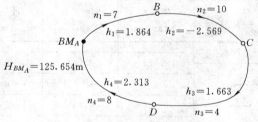

图 3-17　闭合水准路线

$f_h < f_{h容}$，满足规范要求，则可进行下一步计算。其计算步骤同附合水准路线，详见表3-3。

三、支水准路线成果计算

首先按式（3-13）计算高差闭合差，然后按式（3-10）或式（3-11）计算高差闭合差的容许值（路线长度和测站总数以单程计算）。若满足要求，则取各测段往返测高差的平均值（返测高差反符号）作为该测段的观测结果。最后依次计算各点高程。

表 3-3　　　　　　　　　　　　闭合水准路线成果计算表

日期＿＿＿＿＿＿＿＿　　　　计算＿＿＿＿＿＿　　　　复核＿＿＿＿＿＿

点　名	测站数	实测高差 (m)	改正数 (m)	改正的高差 (m)	高程 (m)	备　注
BM_A					125.654	水准点
B	7	1.864	0.013	1.877	127.531	
C	10	−2.569	0.019	−2.550	124.981	
D	4	−1.663	0.008	−1.655	123.326	
BM_A	8	2.313	0.015	2.328	125.654	
$\sum$	29	−0.055	0.055	0		
检核	$f_h = \sum h = -0.055\text{m} = -55\text{mm}$ $f_{h容} = \pm 12\sqrt{29}\text{mm} = \pm 65\text{mm}$					

第五节　微倾式水准仪的检验与校正

一、水准仪的主要轴线及其应满足的几何条件

图 3-18 为 DS$_3$ 型水准仪，CC 视准轴、LL 水准管轴、$L'L'$ 圆水准器轴、VV 仪器旋转轴（竖轴）。为了保证水准仪能够提供一条水平视线，其相应轴线间必须满足以下几何条件。

（1）圆水准器轴平行于竖轴，即 $L'L'//VV$。

（2）十字丝横丝应垂直于竖轴。

（3）水准管轴应平行于视准轴，即 $LL//CC$。

仪器出厂前都经过严格的检校，上述条件均能满足，但经过搬运、长期使用、震动等因素的影响，使之几何条件发生变化。为此，测量之前应对上述条件进行必要的检验与校正。

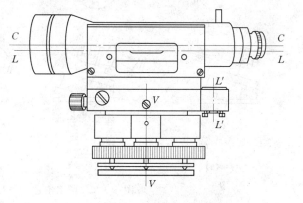

图 3-18　水准仪轴线关系

二、水准仪的检验与校正

（一）圆水准器轴平行于仪器竖轴的检验与校正

1. 检校目的

满足条件 $L'L'//VV$。当圆水准器气泡居中时，VV 处于铅垂位置。

2. 检验方法

安置仪器后，转动脚螺旋，使圆水准器气泡居中，然后将望远镜旋转 180°，若气泡仍然居中，表明条件满足。如果气泡偏离零点，则应进行校正。

3. 校正方法

校正时用校正针拨动圆水准器的校正螺丝使气泡向中心方向移动偏离量的一半（如图

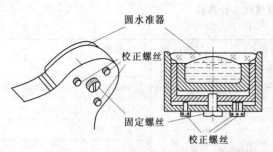

图 3-19　圆水准器校正部位

3-19 所示，先用校正针稍松圆水准器背面中心固定螺丝，再拨动三个校正螺丝），其余一半用脚螺旋使气泡居中。这种检验校正需要反复数次，直至圆水准器旋转到任何位置气泡都居中时为止，最后将中心固定螺丝拧紧。

4. 检验原理

如图 3-20 (a) 所示，设 $L'L'$ 与 VV 不平行而存在一个交角 θ。仪器粗平气泡居中后，$L'L'$ 处于铅垂，VV 相对与铅垂线倾斜 θ 角。望远镜绕 VV 转 180°，$L'L'$ 保持与 VV 的交角 θ 绕 VV 旋转，于是 $L'L'$ 相对于铅垂线倾斜 2θ 角，如图 3-20 (b) 所示。校正时，用校正针拨动圆水准器底部的 3 个校正螺丝，使气泡退回偏离量的一半，此时 $L'L'$ 与 VV 平行并与铅垂方向夹角为一个 θ 角，如图 3-20 (c) 所示。而后转动脚螺旋使气泡居中，则 $L'L'$ 和 VV 均处于铅垂位置，于是 $L'L' /\!/ VV$ 的目的就达到了，如图 3-20 (d) 所示。

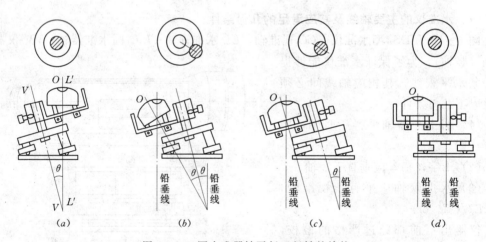

图 3-20　圆水准器轴平行于竖轴的检校

（二）十字丝横丝垂直于竖轴的检验与校正

1. 检验目的

满足十字丝横丝垂直 VV 的条件，当 VV 铅垂时，横丝处于水平。

2. 检验方法

粗平仪器后，用十字丝的一端瞄准一点状目标 P，如图 3-21 (a)、(c) 所示，制动仪器，然后转动微动螺旋，从望远镜中观察 P 点。若 P 点始终在横丝上移动，则条件满足，如图 3-21 (b) 所示；若 P 点离开横丝，如图 3-21 (d) 所示，则须校正。

3. 校正方法

用螺丝刀松开目镜筒固定螺钉，如图 3-21 (e)（有的仪器有十字丝座护罩，应先旋下），转动目镜筒（十字丝座连同一起转动），使横丝末端部分与 P 点重合为止。然后拧紧固定螺钉（旋上护罩）。

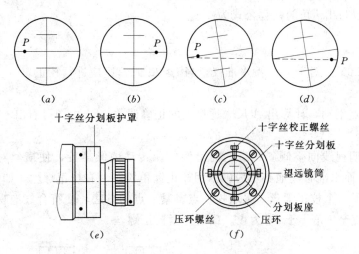

（a）　　　　　（b）　　　　　（c）　　　　　（d）

十字丝分划板护罩

十字丝校正螺丝
十字丝分划板
望远镜筒

分划板座
压环螺丝　　压环

（e）　　　　　　　　　（f）

图 3-21　十字丝的检校

（三）水准管轴平行于视准轴的检验与校正

1. 检验目的

满足 $LL /\!/ CC$，当水准管气泡居中时，CC 处于水平位置。

2. 检验方法

如图 3-22 所示，设水准管轴不平行于视准轴，二者在竖直面内投影的夹角为 i。选择一段 80～100m 的 A、B 两点，两端钉木桩或放尺垫并在其上竖立水准尺。将水准仪安置在与 A、B 点等距离处的 C 点，采用变动仪器高法或双面尺法测出 A、B 两点的高差，若两次测得的高差之差不超过 3mm，则取其平均值作为最后结果 h_{AB}，由于水准仪距两把水准尺的距离相等，所以 i 角引起的前、后视水准尺的读数误差 x 相等，可以在高差计算中抵消，故 h_{AB} 为两点间的正确高差。

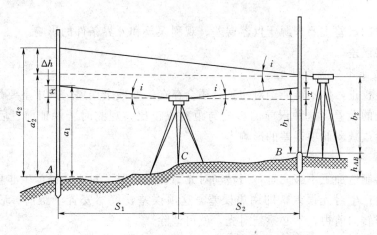

图 3-22　水准管轴平行于视准轴的检校

将水准仪搬至前视尺 B 附近（约 2～3m），精平仪器后在 A、B 尺上读数 a_2、b_2，由此计算出的高差 $h'_{AB} = a_2 - b_2$，两次设站观测的高差之差为

$$\Delta h = h'_{AB} - h_{AB}$$

由图 3-22 可以写出 i 角的计算公式为

$$i'' = \frac{\Delta h}{S_{AB}}\rho'' \qquad (3-15)$$

式中 $\rho''=206265''$。对于 DS_3 型水准仪，当 $i>20''$ 时，则应进行校正。

3. 校正方法

仪器在 B 点不动，计算出 A 尺（远尺）的正确读数 a'_2，由图可看出

$$a'_2 = b_2 + h_{AB} \qquad (3-16)$$

若 $a_2 < a'_2$，说明视线向下倾斜；反之向上倾斜。转动微倾螺旋，使横丝对准 a'_2，此时，CC 处于水平，而水准管气泡必不居中。用校正针稍松左、右校正螺丝，如图 3-23 所示，然后拨动上、下两个校正螺丝，采取松一点，紧一点的方法，使符合气泡吻合。此项校正需反复进行，直至 i 角小于 $20''$ 为止。最后拧紧校正螺丝。

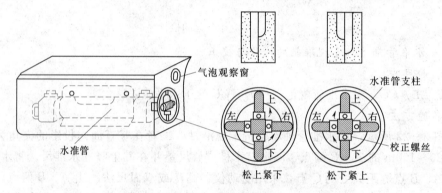

图 3-23 水准管的校正

第六节 水准测量的误差分析及注意事项

水准测量的误差主要来源于仪器误差、观测误差和外界条件的影响。

一、仪器误差

1. 仪器校正不完善的误差

仪器虽经校正，但不可能绝对完善，还会存在一些残余误差，其中主要是水准管轴不平行于视准轴的误差。这种误差的影响与距离成正比，观测时若保证前、后视距大致相等，便可消除或减弱此项误差的影响。

2. 对光误差

由于仪器制造加工不够完善，当转动对光螺旋调焦时，对光透镜产生非直线移动而改变视线位置，产生对光误差，即调焦误差。这项误差，仪器安置于距前、后视尺等距离处，后视完毕转向前视，不必重新对光，就可消除。

3. 水准尺误差

由于水准尺的刻划不准确，尺长发生变化、弯曲等，会影响水准测量的精度，因此，水准尺需经过检验符合要求后才能使用。有些尺底部可能存在零点差，可在水准测量中使测站数为偶数的方法予以消除。

二、观测误差

1. 整平误差

设水准管分划值为 τ，居中误差一般为 $\pm0.15\tau$，利用符合水准器气泡居中，精度可提高 1 倍。若仪器至水准尺的距离为 D，则在读数上引起的误差为

$$m_{\text{平}} = \pm\frac{0.015\tau''}{2\rho''}D \tag{3-17}$$

式中 $\rho'' = 206265''$。

由式（3-17）可知，整平误差与水准管分划值及视线长度成正比。若以 DS$_3$ 型水准仪（$\tau'' = 20''/2\text{mm}$）进行等外水准测量，视线长 $D = 100\text{m}$ 时，$m_{\text{平}} = 0.73\text{mm}$。因此在观测时必须切实使符合气泡居中，视线不能太长，后视完毕转向前视，要注意重新转动微倾螺旋令气泡居中才能读数，但不能转动脚螺旋，否则将改变仪器高产生误差。此外在晴天观测，必须打伞保护仪器，特别要注意保护水准管。

2. 照准误差

人眼的分辨力，通常视角小于 $1'$，就不能分辨尺上的两点，若用放大倍率为 V 的望远镜照准水准尺，则照准精度为 $60''/V$，由此照准距水准仪为 D 处水准尺的照准误差为

$$m_{\text{照}} = \pm\frac{60''}{V\rho''}D \tag{3-18}$$

当 $V = 30$，$D = 100$ 时，$m_{\text{照}} = \pm0.97\text{mm}$。

3. 估读误差

在以厘米分划的水准尺上估读毫米产生的误差。它与十字丝的粗细、望远镜放大倍率和视线长度有关，在一般水准测量中，当视线长度为 100m 时，估读误差约为 $\pm1.5\text{mm}$。

若望远镜放大倍率较小或视线过长，尺子成像小，并显得不够清晰，照准误差和估读误差都将增大。故对各等级的水准测量，规定了仪器应具有的望远镜放大倍率及视线的极限长度。

4. 水准尺竖立不直的误差

水准尺左右倾斜，在望远镜中容易发现，可及时纠正。若沿视线方向前后倾斜一个 δ 角，会导致读数偏大，如图 3-24 所示，若尺子倾斜时，读数为 b'，尺子竖直时读数为 b，则产生误差 $\Delta b = b' - b = b'(1 - \cos\delta)$。将 $\cos\delta$ 按幂级数展开，略去高次项，取 $\cos\delta = 1 - \delta^2/2$，则有

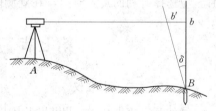

图 3-24 水准尺倾斜误差

$$m_\delta = \frac{b'}{2}\left(\frac{\delta}{\rho}\right)^2 \tag{3-19}$$

当 $\delta = 3°$，$b' = 2\text{m}$ 时，$m_\delta = 3\text{mm}$，视线离地越高，读取的数据误差就越大。

三、外界条件的影响

1. 仪器下沉和尺垫下沉产生的误差

在土质松软的地面上进行水准测量时，由于仪器和尺子自重，可引起仪器和尺垫下沉，前者可使仪器视线降低，造成高差的误差，若采用"后、前、前、后"的观测顺序可减弱其影响；后者在转点处尺垫下沉，将使下一测站的后视读数增大，造成高程传递误

差，且难以消除，因此，在测量时，应尽量将仪器脚架和尺垫在地面上踩实，使其稳定不动。

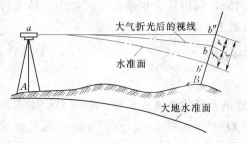

图 3 - 25 地球曲率和大气折光对读数的影响

2. 地球曲率和大气折光的影响

在第二章已经介绍了用水平面代替大地水准面时，地球曲率对高程的影响见式（2 - 10）。如图 3 - 25 所示，过仪器高度点 a 的水准面在水准尺上的读数为 b'，过 a 点的水平视线在水准尺上的读数为 b''，$b'b''$ 即为地球曲率对读数的影响，用 c 表示。

地面上空气存在密度梯度，光线通过不同密度的媒质时，将会发生折射。由于大气折光的作用，使得水准仪本应水平的视线成为一条曲线。水平视线在水准尺上的实际读数为 b 而不是 b''，bb'' 即为大气折光对读数的影响，用 r 表示。在稳定的气象条件下，大气折光误差约为地球曲率误差的 1/7，c、r 同时存在，其共同影响为

$$f = c - r$$

即

$$f = \frac{D^2}{2R} - \frac{D^2}{7 \times 2R} = 0.43 \frac{D^2}{R} \qquad (3 - 20)$$

消除或减弱地球曲率和大气折光的影响，应采取的措施同样为前、后视距离相等的方法。精度要求较高的水准测量还应选择良好的观测时间（一般为日出后或日落前 2h），并控制视线高出地面有一定高度和视线长度，以减小其影响。

3. 温度和风力的影响

温度的变化不仅引起大气折光的变化，而且仪器受到烈日的照射，水准管气泡将产生偏移，影响视线水平；较大的风力，将使水准尺影像跳动，难以读数。因此，水准测量时，应选择有利的观测时间，在观测时应撑伞遮阳，避免阳光直接照射。

第七节　其他类型水准仪简介

一、自动安平水准仪

自动安平水准仪（compensator level）的特点是只有圆水准器，用自动补偿装置代替了水准管和微倾螺旋，使用时只要水准仪的圆水准气泡居中，使仪器粗平，然后用十字丝读数便是视准轴水平的读数。省略了精平过程，从而提高了观测速度和整平精度。因此自动安平水准仪在各种精度等级的水准测量中应用越来越普及，并将逐步取代微倾式水准仪。图 3 - 26 （a）是我国 DSZ_3 型自动安平水准仪的外形，图 3 - 26 （b）是它的结构示意图。现以这种仪器为例介绍其构成原理和使用方法。

1. 自动安平水准仪的原理

当仪器视准轴水平时，如图 3 - 27 （a）所示，水准尺上读数 a_0 随着水平视线进入望远镜，通过补偿器到达十字丝中心 Z，则读得视线水平时的读数 a_0。如图 3 - 27 （b）所示。当望远镜视准轴倾斜了一个小角 α 时，由水准尺上的 a_0 点通过物镜光心 o 所形成的

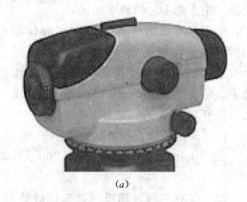

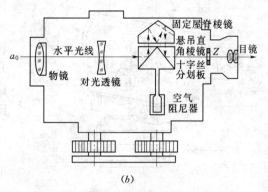

图 3-26　自动安平水准仪

水平线，将不再通过十字丝中心 Z，而在距离 Z 点为 l 的 A 处，且

$$l = f\tan\alpha \qquad (3-21)$$

式中　f——物镜的等效焦距。

若在十字丝中心 d 处，安装一个自动补偿器 K，使水平视线偏转 β 角，以通过十字丝中心 Z，则

$$l = d\tan\beta \qquad (3-22)$$

故有

$$f\tan\alpha = d\tan\beta \qquad (3-23)$$

由此可见，当式（3-23）的条件满足时，尽管视准轴有微小的倾斜，但十字丝中心 Z 仍能读出视线水平时的读数

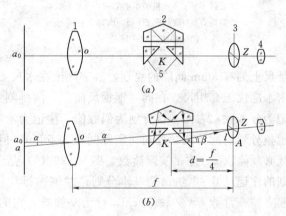

图 3-27　自动安平水准仪的补偿原理
1—物镜；2—屋脊棱镜；3—十字丝平面；
4—目镜；5—直角棱镜

a_0，从而达到补偿的目的。自动安平水准仪中的自动补偿棱镜组就是按此原理设计安装的。

2. 自动安平水准仪的使用

自动安平水准仪的基本操作与微倾式水准仪大致相同。首先利用脚螺旋使圆水准器气泡居中，然后将望远镜瞄准水准尺，即可直接用十字丝横丝进行读数。为了检查补偿器是否起作用，在目镜下方安装有补偿器控制按钮，观测时，按动按钮，待补偿器稳定后，看尺上读数是否有变化，如尺上读数无变化，则说明补偿器处于正常的工作状态；如果仪器没有揿钮装置，可稍微转动一下脚螺旋，如尺上读数没有变化，说明补偿器起作用，否则要进行修理。另外，补偿器中的金属吊丝相当脆弱，使用时要防止剧烈震动，以免损坏。

二、精密水准仪与水准尺

精密水准仪（precise level）主要用于国家一、二等级水准测量及精密工程测量，如建筑物变形观测，大型桥梁工程以及精密安装工程等的测量工作。

精密水准仪的类型很多，我国目前在精密水准测量中应用较普遍的有瑞士生产的威特 N3、德国生产的蔡司 Ni004 和我国生产的 DS$_1$ 型精密水准仪。图 3-28 所示为北京测绘

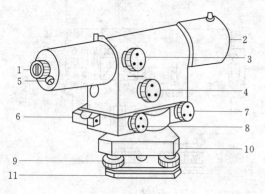

图 3-28　精密水准仪构造

1—目镜；2—物镜；3—物镜对光螺旋；4—测微轮；5—测微器读书镜；6—粗平水准管；7—水平微动螺旋；8—微倾螺旋；9—脚螺旋；10—基座；11—底板

仪器厂生产的 DS_1 精密水准仪。

精密水准仪的构造与 DS_3 水准仪基本相同，也是由望远镜、水准器和基座三部分组成，但精密水准仪的结构精密，性能稳定，温度变化影响小。与 DS_3 水准仪相比，具有如下特点：

（1）望远镜放大倍率高，不小于 40 倍。

（2）水准管分划值小，每 2mm 不大于 $10''$。

（3）带有平行玻璃板测微器读数装置，最小分划值可达 0.05mm。

（4）有专用的精密水准尺。

精密水准尺（invar leveling staff）大都是在木质尺身的槽内，镶嵌一铟钢带尺，带尺上刻有 5mm 间隔的线划，数字注记在水尺上。图 3-29（a）是 DS_1 型和 Ni004 型精密水准仪配套用尺。在同一铟钢尺面上，两排刻划彼此错开，左面一排分划为奇数值，注记为分米数；右面一排分划为偶数值，注记为米数，小三角形指示半分米处，长三角形指示整分米的起始线。分划的实际间隔为 5mm，但表面注记值为实际长度的 2 倍，因此读数必须除以 2，才是实际读数。图 3-29（b）是 Wild N_3 型精密水准仪配套用尺，右侧刻划的注记从 0～300cm 为基本分划；左侧一排注记内 300～600cm 为辅助分划；基辅分划起点差一常数 $k=301.550$cm，称为基辅差，它的作用是检查读数时是否存在粗差。

精密水准仪的操作方法与一般水准仪基本相同，不同之处是每次读数都要用光学测微器测出不足一个分格的数值。

水准仪和水准尺的读数方法如下：

望远镜照准水准尺，转动微倾螺旋使符合水准管气泡符合，如图 3-30 所示，这时视线水平，再转动光学测微器手轮，带动物镜前的平行玻璃板转动，从而使尺子的像在十字丝面上移动，当十字丝横丝一侧的楔形丝精确地夹住最靠近中丝的分划线时读数。图 3-30 中 a 尺上直接读数为 304cm，再由测微目镜中测微分划尺上读数为 150（即 1.50mm），则全部读数为 304.150cm（3.04150m）。因为用的是图 3-30 中的 a 尺，所以实际读数为 3.04150/2=1.50275m，在测量时，不必每个读数都除以 2，而是算得高差后再除以 2 即可。

若采用图 3-30 中的 b 尺，楔形丝夹在 176cm 上，测微分划尺上读数为 650（即 6.5mm），则水准尺全部读数为

图 3-29　精密水准尺

(a) DS_1 型和 Ni004 型精密水准仪配套用尺；(b) N_3 型精密水准仪配套用尺

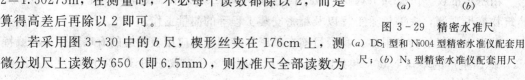

176.650cm，这是实际读数，不需除以 2。

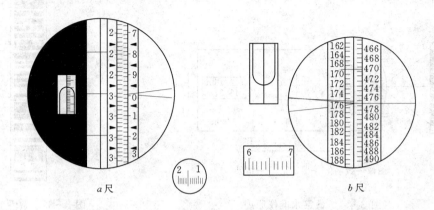

图 3-30 精密水准尺读数

三、数字水准仪和条码水准尺

徕卡公司在 20 世纪 90 年代首次推出了利用影像处理技术自动进行数据记录和数据处理的全数字化电子水准仪（digital level），是一种集电子、光学、图像处理及计算机技术于一体的自动化智能水准仪。具有新颖的测量原理、可靠的观测精度、简单的观测方法，得到了广泛的应用。

（一）数字水准仪的测量原理

数字水准仪的关键技术是自动电子读数及数据处理，目前各厂家采用了原理上相差较大的三种数据处理算法方案，如瑞士徕卡 NA 系列采用相关法；德国蔡司 DiNi 系列采用几何法；日本拓普康 DL 系列采用相位法，三种方法各有优劣。采用相关法的徕卡 NA3003 数字水准仪，当用望远镜照准标尺并调焦后，标尺上的条形码影像由望远镜接收后，探测器将采集到标尺编码光信号转换成电信号，并与仪器内部存储的标尺编码信号进行比较。若两者信号相同，则读数可以确定。标尺和仪器的距离不同，条形码在探测器内成像的"宽窄"也不同，转换成的电信号也随之不同，这就需要处理器按一定的步距改变一次电信号的"宽窄"，与仪器同步存储的信号进行比较，直至相同为止，这将花费较长时间。为了缩短比较时间，通过调焦，使标尺成像清晰。传感器采集调焦镜的移动量，对编码电信号进行缩放，使其接近仪器内部存储的信号。因此可在较短时间内确定读数，使其读数时间不超过 4s。图 3-31 为数字水准仪数字化图像处理原理图。

（二）条码水准尺

与数字水准仪配套的条码水准尺（coding level staff），一般为钢瓦带尺、玻璃钢或铝合金制成的单面或双面尺，形式有直尺和折叠尺两种，规格有 1m、2m、3m、4m、5m 几种，尺子的分划一面为二进制伪随机码分划线（配徕卡仪器）或规则分划线（配蔡司仪器），其外形类似于一般商品外包装上印制的条纹码，图 3-32 为与徕卡数字水准仪配套的条码水准尺，它用于数字水准测量；双面尺的另一面为长度单位的分划线，用于普通水准测量。

（三）数字水准仪的主要性能指标及注意事项

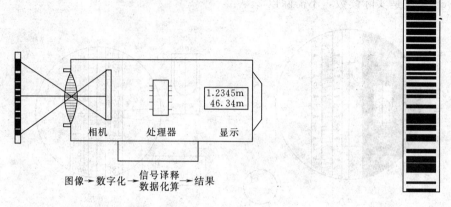

图 3-31　数字水准仪原理

图 3-32　条码水准尺

1. 数字水准仪的构造

图 3-33（a）为数字水准仪示意图，图 3-33（b）为与数字水准仪配套用的条码水准尺。

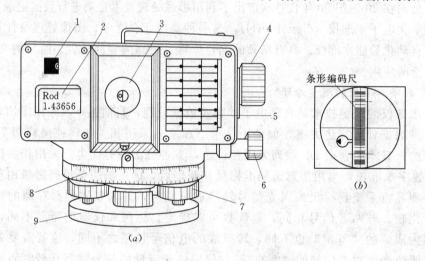

图 3-33　数字水准仪

（a）数字水准仪构造图；（b）条形编码尺

1—圆水准器观察窗；2—数据显示窗；3—目镜及对光螺旋；4—物镜对光螺旋；5—键盘；
6—水平微动螺旋；7—脚螺旋；8—水平度盘；9—底板

2. 数字水准仪的特点

（1）无疲劳观测及操作，只要照准标尺，聚焦后按动红色测量键即可完成标尺读数和视距测量。即使聚焦欠佳也不会影响标尺读数，因为标尺读数在很大程度上并不依赖于标尺编码的清晰度，但调焦清晰后可以提高测量速度。

（2）采用 REC 模块自动记录和存储数据或直接连电脑操作。

（3）含有用户测量程序、视准差检测改正程序及水准网平差程序。

（4）能自动计算高差，并快速提取成果，提高生产效率。

（5）全自动高精度。

3. 数字水准仪的主要性能指标

精度：

     NA2002——1.5mm/km，0.9mm/km（用铟钢尺）。

     NA3003——1.2mm/km，0.4mm/km（用铟钢尺）。

目测：均为 2mm。

测距：均为 3～5mm。

应用：

（1）地形测量——碎部水准、区域水准、高程控制等高线。

（2）水准网测量——适用于一等至四等水准网。

（3）公路、铁路建设——纵横断面、高程放样、后续监测。

（4）工程、河道建设——油管、引水管定位、确定落差、放样。

（5）结构变形观测——碎裂观测、桥梁横向弯曲、沉降观测。

（6）地质和地面构造——板块运动及大面积沉降监测、地震后果分析。

4. 数字水准仪使用注意事项

数字水准仪的操作同自动安平水准仪，分为粗平、照准、读数三步。因数字水准仪属于高精度精密仪器，在使用时注意以下几点：

（1）避免强阳光下进行测量，以防损伤眼睛和光线折射导致条码尺图像不清晰产生错误。

（2）仪器照准时，尽量照准条码尺中部，避免照准条码尺的底部和顶部，以防仪器识别读数产生误差。

（3）条码尺使用时要防摔、防撞，保管时要保持清洁、干燥，以防变形，影响测量成果精度。

（4）数字水准仪和条码水准尺在使用前，必须认真阅读《操作手册》。

思考题与习题

1. 解释名词：高程、高差、视线高程。

2. 设 A 点为后视点，B 点为前视点，已知 A 点高程为 46.897m。当后视读数为 0.828，前视读数为 1.356 时，问 A、B 两点的高差是多少？B 点的高程是多少？并绘图说明。

3. 望远镜由哪些部件组成？什么是视准轴？如何利用望远镜去瞄准目标？

4. 什么是水准管轴、水准管分划值？水准仪的圆水准器和水准管的作用是什么？水准测量时，当读完后视读数转动望远镜瞄准前视尺时，发现圆水准器气泡和符合水准管气泡都有少量偏移（不居中），这时应如何整平仪器，读取前视读数？

5. 什么叫视差？产生视差的原因是什么？如何消除？

6. 水准测量时，为什么要将水准仪安置在前、后视距大致相等处？它可以减小或消除哪些误差？

7. 什么是转点？转点在水准测量中起什么作用？水准测量时，在什么点上放尺垫？

什么点上不能放尺垫？

8. 在普通水准测量中，测站检核的作用是什么？有哪几种方法？

9. 将下图中的观测数据填入水准测量手簿（按表 3-1），并进行必要的计算和计算检核。

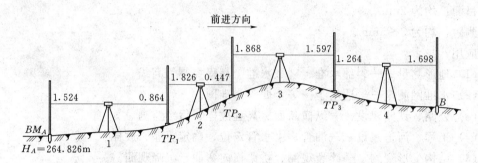

9 题图

10. 为修建公路施测了一条附合水准路线，如图所示，BM_0 和 BM_4 为始、终已知水准点，h_i 为测段高差，L_i 为水准路线的测段长度。已知点的高程及各观测数据列于下表中，试计算 1、2、3 这三个待定点的高程（按表 3-2）？

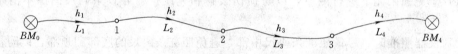

10 题图

已知高程（m）		路线 i	1	2	3	4
BM_0	16.137	h_i（m）	0.456	1.258	−4.569	−4.123
BM_4	9.121	L_i（km）	2.4	4.4	2.1	4.7

11. 某施工区布设一条闭合水准路线，如图所示，已知水准点为 BM_0，各线段的观测高差为 h_i，测站数为 n_i。现给出 5 组数据列于下表，请任选一组，计算三个待定点 1、2、3 的高程（按表 3-2）？

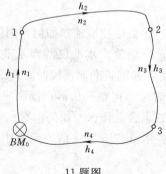

11 题图

组号	已知点（m）	观测高差（m）				测段测站数			
	BM_0	h_1	h_2	h_3	h_4	n_1	n_2	n_3	n_4
1	44.313	1.224	−0.363	−0.714	−0.108	10	8	10	9
2	37.110	2.445	−0.456	−1.236	−0.704	3	4	8	5
3	18.226	1.236	2.366	−1.236	−2.345	8	10	5	9
4	44.756	2.366	4.569	−3.456	−3.458	10	12	4	8
5	56.770	0.236	4.231	1.170	−5.601	10	12	14	4

12. 安置水准仪在 A、B 两点等距离处，测得 A 尺读数 $a_1=1.117$m，B 尺读数 $b_1=1.321$m，将仪器搬到 B 尺附近，测得 B 尺读数 $b_2=1.695$m，A 尺读数 $a_2=1.466$m，问水准管轴是否平行视准轴？如不平行视线如何倾斜？

13. DS_3 微倾式水准仪应满足哪些几何条件？主要条件是什么？

14. 使用自动安平水准仪时，为什么要使圆水准器居中？不居中行不行？如何判断自动安平水准仪的补偿器是否起作用？

15. 精密水准仪有哪些特点？

16. 简述数字水准仪的特点及使用时的注意事项。

第四章　角　度　测　量

角度测量（angle measurement）是测量工作的基本内容之一，它包括水平角测量和竖直角测量。测量水平角的目的是用于求算地面点的平面位置，而竖直角测量则主要用于测定两地面点的高差，或将两地面点间的倾斜距离改化成水平距离。

第一节　角　度　测　量　原　理

一、水平角测量原理

1. 水平角的定义

水平角（horizontal angle）是指地面上一点到两个目标点的方向线垂直投影到水平面上所夹的角度。如图 4-1 所示，A、B、C 为地面上的三点，过 AB、AC 直线的铅垂面与水平面 H 的交线为 ab 和 ac，其夹角 β 就是 AB 和 AC 之间的水平角。

2. 水平角测量原理

根据水平角的定义，若在 A 点的上方，水平地安置一个带有刻度的圆盘（水平度盘），度盘中心 o 与 A 点位于同一铅垂线上，过 AB、AC 直线的铅垂面与水平度盘相交，其交线分别为 on、om，在水平度盘上的读数分别为 n、m，则 $\angle nom$ 即为欲测的水平角，一般水平度盘顺时针注记，则

$$\beta = \angle nom = m - n \qquad (4-1)$$

水平角的范围为 $0°\sim360°$。

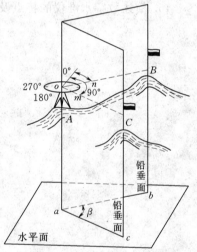

图 4-1　水平角测量原理

二、竖直角测量原理

1. 竖直角的定义

竖直角（vertical angle）是指在同一竖直面内，倾斜视线与水平视线间的夹角。用 α 表示。如图 4-2 所示竖直角有仰角和俯角之分，夹角在水平视线以上为"正"，称为仰角，在水平视线以下为"负"，称为俯角。竖直角的范围为 $0°\sim\pm90°$。

2. 竖直角测量原理

欲测竖直角 α 的大小，在过 A、B 两点的竖直面内，假想有一个竖直刻度圆盘（竖直度盘）并使其中心位于过 A 点的垂线上，通过瞄准设备和读数设备，可分别获得目标视线和水平视线的读数，则竖直角为

$$\alpha = 目标视线读数 - 水平视线读数$$

或　　　　　　　　　　　　$$\alpha = 水平视线读数 - 目标视线读数$$

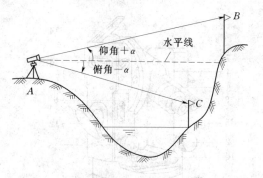

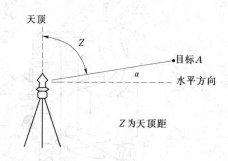

图 4-2　竖直角测量原理　　　　　　　图 4-3　竖直角与天顶距

而视线与铅垂线天顶方向之间的夹角，称为天顶距（zenith angle），通常用 Z 表示，如图 4-3 所示。当 α 取正值时，天顶距为小于 90°的锐角，当 α 取负值时，天顶距为大于 90°的钝角，$\alpha=0°$时，$Z=90°$。因而，竖直角 α 与天顶距 Z 之间存在的关系为

$$\alpha = 90° - Z \tag{4-2}$$

在实际测量时，竖直角和天顶距只需测出一个即可。

根据上述角度测量原理，测угла仪器应满足下列条件：

（1）水平度盘的刻划中心必须通过仪器旋转中心，即通过所测角的顶点。

（2）竖直度盘的刻划中心必须通过目标方向线与水平线的交点。

（3）仪器的照准设备不仅能在水平面内转动，而且可以在竖直面内转动，瞄准不同方向不同高度的目标。

经纬仪（theodolite）就是满足上述条件的测角仪器。

第二节　光学经纬仪及其使用

光学经纬仪（optical theodolite）是常用的测量水平角和竖直角的仪器，我国的经纬仪按测角精度分为 DJ_{07}、DJ_1、DJ_2、DJ_6、DJ_{10}几个等级，"D"和"J"分别为大地测量和经纬仪汉语拼音的第一个字母，后面的数字代表仪器的测量精度，即"一测回方向观测中误差"单位为"秒"。一般工程上常用的经纬仪是 DJ_6 型光学经纬仪，如图 4-4 所示的是北京光学仪器厂生产的 DJ_6 型光学经纬仪。

一、DJ_6 光学经纬仪的构造

DJ_6 光学经纬仪主要由照准部（alidade）、水平度盘（horizontal circle）、基座（tribrach）三部分组成。如图 4-5 所示。

1. 照准部

在图 4-5 中，照准部是指经纬仪上部的可转动部分。主要包括支架、横轴、竖轴、望远镜、水平和竖直制动、微动装置和水准器。

经纬仪的望远镜，用以照准远处的目标，它与横轴固连成一体，组装在支架上。当横轴水平时，望远镜绕水平轴旋转，视准轴将扫出一竖直面，在右支架内安置有一套望远镜制动和微动机构，以控制望远镜的仰俯。整个照准部绕竖轴在水平方向转动，是由水平制动和微动螺旋来控制的。

41

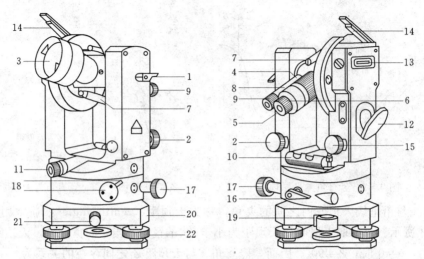

图 4-4 DJ₆ 光学经纬仪

1—望远镜制动螺旋;2—望远镜微动螺旋;3—物镜;4—物镜调焦螺旋;5—目镜;6—目镜调焦螺旋;7—光学瞄准器;8—度盘读数显微镜;9—度盘读数显微镜调焦螺旋;10—照准部管水准器;11—光学对中器;12—度盘照明反光镜;13—竖盘指标管水准器;14—竖盘指标管水准器观察反射镜;15—竖盘指标管水准器微动螺旋;16—水平方向制动螺旋;17—水平方向微动螺旋;18—水平度盘变换螺旋与保护卡;19—基座圆水准器;20—基座;21—轴套固定螺旋;22—脚螺旋

竖直度盘固定在横轴一端,与水平轴垂直,其圆心在水平轴上,随同望远镜一起旋转。竖盘读数指标和竖盘指标水准管固连在一起,不随望远镜转动。指标水准管气泡居中是由竖盘指标水准管微动螺旋来调节的。现在生产的仪器均采用竖盘指标自动补偿装置,以取代水准管的作用。

2. 水平度盘

水平度盘是由光学玻璃制成的,其刻划由 0°~360° 按顺时针方向注记。水平度盘固定在度盘轴套上,并套在竖轴内轴套外,可绕竖轴旋转。测角时,水平度盘不随照准部转动,见图 4-5 中的中间部分。

在水平角测量时,有时需要改变度盘的位置,因此,经纬仪装有度盘变换手轮,旋转手轮可进行读数设置。为了避免作业中碰动此手轮,特设有保护装置。有的仪器是复测装置,当扳手拨下时,度盘与照准部扣在一起同时转动,度盘读数不变;若将扳手向上,则两者分离,照准部转动时水平度盘不动,读数随之改变。

3. 基座

基座就是支撑整个仪器的底座,见图 4-5 所示的下面部分。基座上有 3 个脚螺旋,转动脚螺旋可使照准部水准管气泡居中,从而使水平度盘水平、

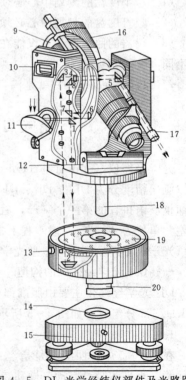

图 4-5 DJ₆ 光学经纬仪部件及光路图

1、2、3、5、6、7、8—光学读数系统棱镜;4—分量尺指标镜;9—竖直度盘;10—竖盘指标水准管;11—反光镜;12—照准部水准管;13—度盘变换手轮;14—轴套;15—基座;16—望远镜;17—读数显微镜;18—内轴;19—水平度盘;20—外轴

仪器竖轴铅垂。基座和三脚架头用中心螺旋连接，可将仪器固定在三脚架上，中心螺旋下有一个挂钩，用于挂垂球，测角时用于仪器对中。为了提高对中精度和对中时不受风力影响，经纬仪上还装有光学对点器。

经纬仪基座上有一个轴套固紧螺旋，该螺旋拧紧后，可将照准部固定在基座上，所以使用仪器时切勿随意松动此螺旋，以免造成照准部与基座分离而坠落。

二、DJ₆光学经纬仪的光学系统与读数方法

光学经纬仪的读数设备包括度盘、光路系统和测微器。水平度盘和竖直度盘上的分划线，通过一系列棱镜和透镜成像显示在望远镜旁的读数显微镜内。DJ₆光学经纬仪的读数装置可以分为分微尺测微器和单平板玻璃测微器两种，其中前者居多。

1. 分微尺测微器及其读数方法

图4-5表示其光路系统，外来光线由反光镜11的发射，穿过毛玻璃经过棱镜1，转折90°将水平度盘照亮，此后光线通过棱镜2和3的几次折射到达刻有分微尺的聚光镜4，再经棱镜5又一次转折，就可在读数显微镜里看到水平度盘的分划线和分微尺（micrometer）的成像。

竖直度盘（vertical circle）的光学路线是，外来光线经过棱镜6的折射，照亮竖直度盘，再由棱镜7和8的折射，到达分微尺的聚光镜4，最后经过棱镜5的折射，同样可在读数显微镜内看到竖直度盘的分划线和分微尺的成像。

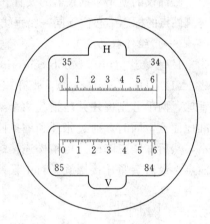

图4-6 分微尺读数

水平度盘和竖直度盘均刻划为360°，即度盘分划值是1°；分微尺全长1°，分划值为1′，每10′注记，可估读0.1′，即6″，读数的指标为分微尺上的零分划线。度数由落在分微尺上的度盘分划线的注记读出，小于1°的数值，即分微尺上零分划线至度盘分划线的读值，在分微尺上读出，二者相加即得度盘读数。如图4-6所示，落在分微尺水平度盘分划线的注记为35°，该分划线在分微尺上的读数为3.3′，即3′18″，则水平度盘的读数为35°03′18″。同理，竖直度盘的读数为84°58′00″。

2. 单平板玻璃测微器及其读数方法

单平板玻璃测微器（parallel plate micrometer）的构造是将一块平板玻璃与测微尺连在一起，由竖盘支架上的测微手轮来操纵，当转动测微手轮时，单平板玻璃与测微尺则绕轴同步转动。其测微原理如图4-7（a）所示，单平板玻璃底面垂直于光线时，读数窗中双指标线的读数为123°+d，测微尺上单指标线的读数应为0。转动测微手轮，平板玻璃转动，光线通过平板玻璃后发生平移，同时测微尺随之转动。当123°分划线移到双指标线中间时，在测微尺上可读取其移动量d，这样就可以得到度盘读数123°+d，见图4-7（b）。

在单平板玻璃测微器读数窗中，上面小窗口为测微尺和单指标线的影像，中、下窗口分别为竖直度盘、水平度盘以及双指标线的影像，如图4-8所示，度盘最小分划值为30′，测微尺量程亦为30′，它分为30大格，1大格（1′）又分为3个小格。因此，测微尺最小分划值为20″，可估读至0.1小格，即2″。读数时，转动测微手轮，使度盘某一分划

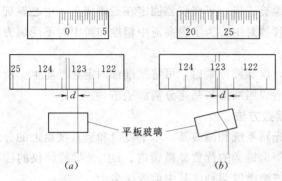

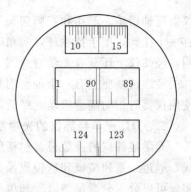

图 4-7　单平板玻璃测微器原理　　　　图 4-8　单平板玻璃测微器读数窗

线精确地被夹在中间，先读取度盘分划线上的读数，再读取测微尺上的读数，两者相加即为度盘读数。如图 4-8 中，水平度盘读数为 $123°42'46''$。

三、经纬仪的使用

经纬仪的使用包括仪器的安置（对中、整平）、瞄准、读数。对中的目的是使仪器中心与测站点的标志中心位于同一铅垂线上；整平的目的是使仪器的竖轴铅垂、水平度盘水平。

（一）经纬仪的安置

1. 垂球法（plumb bob centering）

（1）对中（centering）：张开三脚架，使架头中心粗略对准地面点，装上仪器，挂上垂球，两手分别握住并略抬起两个架腿，移动和绕另一个架腿的脚转动，使垂球尖大致对准地面点，同时，通过张开和缩拢两个架腿，使三脚架顶面大致水平，如图 4-9（a）所示，然后踩紧三脚架。再稍松连接螺旋，在三脚架顶面上平移仪器，使垂球尖精确对准地面点，最后旋紧连接螺旋。对中误差一般不大于 3mm。

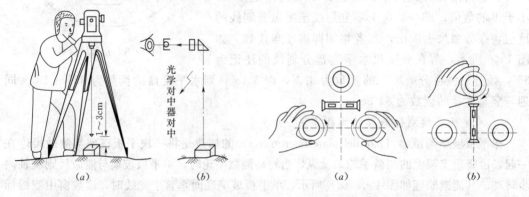

图 4-9　经纬仪对中　　　　　　　　图 4-10　经纬仪整平

（2）整平（leveling）：转动仪器照准部，使水准管平行任意两个脚螺旋的连线，旋转两脚螺旋，使水准管气泡居中，如图 4-10（a）所示，然后将照准部旋转 90°，转动另一个脚螺旋，使水准管气泡居中，如图 4-10（b）所示，如此反复进行，直至照准部旋转到任意位置水准管气泡都居中为止。居中误差一般不得大于一格。

2. 光学对中器法（optical centering）

（1）对中：张开三脚架，使架头中心粗略对准地面点，装上仪器，然后转动光学对中器目镜，使其十字丝分划板清晰，推拉对中器，使地面清晰。固定一个架腿，移动另外两个架腿使对中器十字丝中心对准地面点，见图4-9（b）。

（2）粗平：伸缩三脚架腿，使圆气泡大致居中，然后转动脚螺旋，使圆气泡精确居中。

（3）平移对中：松开连接螺旋，在架头上平移仪器，使对中器中心对准地面点。若不能对中，则可转动脚螺旋对中，然后粗平。

（4）精确整平：其操作方法与挂垂球对中安置仪器的整平操作相同。

平移对中和精确整平应反复进行，直到对中、整平均到达要求为止。

（二）瞄准目标

1. 目镜调焦

松开水平和竖直转动螺旋，将望远镜对准天空，旋转目镜调焦螺旋，使十字丝清晰。

2. 粗略瞄准

利用望远镜上的瞄准器瞄准目标，然后旋紧水平和竖直转动螺旋，这样能使目标位于望远镜的视场内，达到粗略瞄准的目的。

3. 物镜调焦

转动物镜调焦螺旋，使目标清晰，并消除视差。

4. 精确瞄准

转动水平和竖直微动螺旋，精确瞄准目标。测量水平角时，用十字丝的竖丝平分或夹准目标，且尽量对准

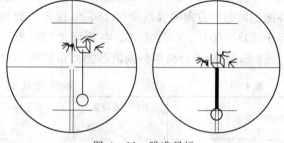

图4-11 瞄准目标

目标底部，如图4-11所示，测量竖直角时，用十字丝的横丝对准目标。

（三）读数

调节反光镜和读数显微镜目镜，使读数窗内亮度适中，度盘和分微尺分划线清晰，然后读数。

第三节 水 平 角 测 量

水平角测量常用的方法有测回法和方向观测法。

一、测回法

测回法（method of observation set）适用于测量由两个方向所构成的水平角。如图4-12所示，欲观测水平角 AOB 的大小，先在角顶点 O 安置经纬仪，进行对中整平，同时在 A、B 点树立标杆，其观测步骤如下：

（1）将仪器置于盘左位置（竖盘在望远镜观测方向的左边，又称正镜）瞄准目标 A，读取水平度盘的读数 L_A，将其记入手簿（见表4-1）。

（2）按顺时针方向旋转照准部，瞄准目标 B，读取水平度盘读数 L_B，记入手簿。

以上称为上半测回，其角值为：$\beta_{上} = L_B - L_A$。

（3）倒转望远镜成盘右位置（竖盘在望远镜观测方

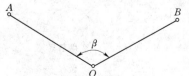

图4-12 测回法观测水平角

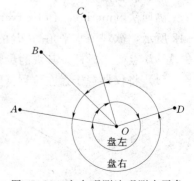

向的右边，又称倒镜），瞄准目标 B，读取水平度盘读数 R_B，记入手簿。

（4）按逆时针方向旋转照准部，瞄准目标 A，读取水平度盘的读数 R_A，记入手簿。

以上称为下半测回，其角值为：$\beta_\text{下} = R_B - R_A$。

上、下半测回合称一测回，规范中对 DJ$_6$ 型光学经纬仪的限差规定：上、下两个半测回所测的水平角之差应不超过 $\pm 40''$。如超此限差则应重测，符合要求，取 $\beta_\text{上}$、$\beta_\text{下}$ 的平均值作为一测回角值

$$\beta = \frac{1}{2}(\beta_\text{上} + \beta_\text{下}) \qquad (4-3)$$

具体记录与计算详见表 4-1。

需要说明的是，由于水平度盘是按顺时针注记的，因此，在计算半测回角值时，都应以右边方向的读数减去左边方向的读数，当度盘零指标线在所测角的两方向线之间时，右边方向读数小于左边方向读数，这时应将右边方向的读数加上 $360°$，再减去左边方向的读数。另外，为了提高测角精度，减小度盘刻划不均匀误差的影响，需要观测多个测回，各测回的起始方向的读数应按 $180°/n$ 递增。如测三个测回，则各测回的起始方向读数应等于或略大于 $0°$、$60°$、$120°$。各测回之间所测的角值之差称为测回差，规范中规定不超过 $\pm 24''$，经检验合格后，则取各测回角值的平均值作为最后结果。

表 4-1　　　　　　　　　　　**测 回 法 观 测 手 簿**

测站	测回	竖盘位置	目标	水平度盘读数 (° ′ ″)			半测回角值 (° ′ ″)			一测回角值 (° ′ ″)			各测回平均角值 (° ′ ″)			备注
O	1	左	A	0	02	54	121	44	12	121	44	21	121	44	30	
			B	121	47	06										
		右	A	180	02	18	121	44	30							
			B	301	46	48										
	2	左	A	90	01	06	121	44	36	121	44	39				
			B	211	45	42										
		右	A	270	00	48	121	44	42							
			B	31	45	30										

二、方向观测法

当一个测站上需要观测的方向多于两个时，应用方向观测法（method of direction observation）进行观测。如图 4-13 所示，O 为测站点，A、B、C、D 为四个目标点，观测测站点 O 与各目标方向线之间的水平角，其操作步骤如下：

（1）盘左瞄准起始方向（亦称零方向）点 A，将水平度盘读数设置为 $0°$ 或略大于 $0°$。精确瞄准 A 点，读取水平度盘读数，顺时针转动照准部，依次观测 B、C、D 点，再次瞄准 A 点（称为归零观测），读取水平度盘读数。

图 4-13　方向观测法观测水平角

（2）盘右仍从 A 点开始，逆时针转动照准部，依次观测 A、D、C、B、A 点，一个测站只观测 3 个方向时，则不必归零观测。

对于方向观测法，有以下几项限差规定（见表 4-2）。由于 DJ_6 光学经纬仪存在照准部偏心差的影响，所以没有 $2C$ 互差的要求。

表 4-2　　　　　　　　　　　方向观测法的几项限差

仪　器	半测回归零差	一测回内 2C 互差	同一方向值各测回互差
DJ_6	18″		24″
DJ_2	12″	18″	12″

方向观测法的记录与计算见表 4-3，计算方法如下：

两倍照准差 $2C$

$$2C = 盘左读数 - （盘右读数 \pm 180°）$$

方向值的平均值

$$平均值 = \frac{1}{2}\left[盘左读数 + （盘右读数 \pm 180°）\right]$$

归零方向值

$$归零方向值 = 平均值 - 起始方向平均读数（括号内）$$

由于目标点 A 有两个方向值，则取两个方向值的平均值，作为目标 A 的方向值，见表 4-3 中第七栏的最上方，用括号标明。

将相邻两归零方向值的平均值相减，得到水平角。

表 4-3　　　　　　　　　　　方向观测法观测手簿

测站	测回数	目标	水平度盘读数 盘左 (° ′ ″)	水平度盘读数 盘右 (° ′ ″)	2C (″)	方向值平均值 (° ′ ″)	归零方向值 (° ′ ″)	各测回平均方向值 (° ′ ″)	水平角值 (° ′ ″)
1	2	3	4	5	6	7	8	9	10
						(0　02　10)			
		A	0　02　12	180　02　00	12	0　02　06	0　00　00	0　00　00	
		B	37　44　15	217　44　05	10	37　44　10	37　42　00	37　42　04	37　42　04
	1	C	110　29　04	290　28　52	12	110　28　58	110　26　48	110　26　52	72　44　48
		D	200　14　51	20　14　43	8	200　14　47	200　12　37	200　12　33	89　45　41
0		A	0　02　18	180　02　08	10	0　02　13			
						(90　03　24)			
		A	90　03　30	270　03　22	8	90　03　26	0　00　00		
		B	127　45　34	307　45　28	6	127　45　31	37　42　07		
	2	C	200　30　24	20　30　18	6	200　30　21	110　26　57		
		D	290　15　57	110　15　49	8	290　15　53	200　12　29		
		A	90　03　25	270　03　18	7	90　03　22			

第四节　竖　直　角　测　量

一、竖盘读数系统的构造

图 4-14 所示是 DJ$_6$ 光学经纬仪的竖盘构造示意图。竖直度盘固定在望远镜横轴一端，与横轴垂直，其圆心在横轴上，随望远镜在竖直面内一起旋转。竖盘指标水准管 7 与一系列棱镜透镜组成的光具组 10 为一整体，它固定在竖盘指标水准管微动架上，即竖盘水准管微动螺旋可使竖盘指标水准管作微小的仰俯转动，当水准管气泡居中时，水准管轴水平，光具组的光轴 4 处于铅垂位置，作为固定的指标线，用以指示竖盘读数。

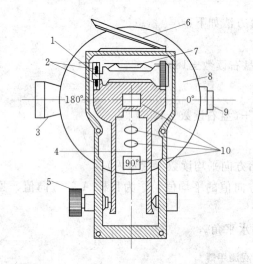

图 4-14　DJ$_6$ 光学经纬仪的竖盘与读数系统
1—竖盘指标水准管；2—竖盘指标水准管校正螺丝；3—望远镜；4—光具组光轴；5—竖盘指标水准管微动螺旋；6—竖盘指标水准管反光镜；7—竖盘指标水准管；8—竖盘；9—目镜；10—光具组透镜棱镜

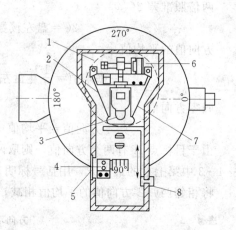

图 4-15　竖盘指标自动归零装置
1—补偿器；2—金属吊丝；3—平板玻璃；4—指标差校正螺丝；5—盖板；6—空气阻力器；7—金属吊丝；8—补偿开关

为了加快作业速度和提高测量成果精度，现生产的经纬仪均采用竖盘指标自动归零补偿器（vertical index compensator）来取代水准管的作用。它是在竖盘影像与指标线之间，悬吊一个或一组光学零部件来实现指标自动归零补偿的，其补偿的原理与水准仪自动安平补偿器基本相同。图 4-15 所示是我国某厂生产的 DJ$_6$ 型光学经纬仪所采用的一种补偿器，称为金属丝悬吊平板玻璃补偿器。

竖直度盘也是由玻璃制成的按 0°～360°刻划注记，有顺时针方向和逆时针方向两种注记形式。图 4-16 为顺时针方向注记，当望远镜视线水平、指标水准管气泡居中时，竖盘读数应为 90°或 270°，此读数是视线水平时的读数，也称始读数。因此，测量竖直角时，只要测出视线倾斜时的读数，即可求得竖直角。

二、竖直角的计算公式

竖直角是视线倾斜时的竖盘读数与视线水平时的竖盘读数之差，如何判断它的正负，即仰角还是俯角，现以 DJ$_6$ 光学经纬仪的竖盘注记形式为例，来推导竖直角的计算公式。

（1）盘左位置，如图 4-16 上部分，当望远镜视线水平，指标水准管气泡居中时，指

标所指的始读数 $L_{始}=90°$；当视准轴仰起测得竖盘读数比始读数小，当视准轴俯下测得竖盘读数比始读数大。因此盘左时竖直角的计算公式应为

$$\alpha_{左} = 90° - L_{读} \qquad (4-4)$$

式（4-4）得"＋"为仰角，"－"为俯角。

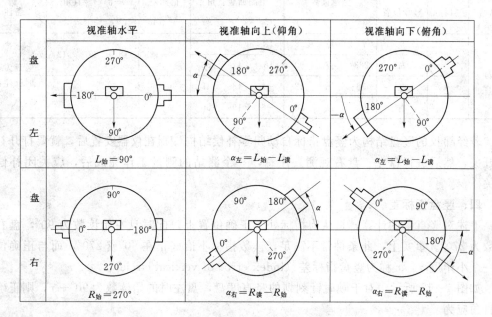

图 4-16 DJ$_6$ 光学经纬仪竖直角的计算

（2）盘右位置，如图 4-16 下部分，始读数 $R_{始}=270°$，与盘左时相反，仰角时读数比始读数大，俯角时读数比始读数小，因此竖直角的计算公式为

$$\alpha_{右} = R_{读} - 270° \qquad (4-5)$$

（3）一个测回的竖直角为

$$\alpha = \frac{1}{2}(\alpha_{左} + \alpha_{右}) = \frac{1}{2}(R - L - 180°) \qquad (4-6)$$

综上所述，可得计算竖直角公式的方法如下：

当望远镜仰起时，如竖盘读数逐渐增加，则 α＝读数－始读数；望远镜仰起时，如竖盘读数逐渐减小，则 α＝始读数－读数。计算结果为"＋"时，α 为仰角；计算结果为"－"时 α 为俯角。

按此方法，不论始读数为 90°、270°还是 0°、180°，竖盘注记是顺时针还是逆时针都适用。

三、竖直角的观测与计算

（1）在测站点上安置经纬仪，进行对中、整平。

（2）盘左位置，用十字丝的中丝瞄准目标的某一位置，旋转竖盘指标水准管微动螺旋，使指标水准管气泡居中，读取竖盘读数，记入手簿（见表 4-4），按上述公式计算盘左时的竖直角。

（3）盘右位置瞄准目标的原位置，调指标水准管气泡居中，读取竖盘读数，将其记入

手簿，并按公式计算出盘右时的竖直角。

（4）取盘左、盘右竖直角的平均值，即为该点的竖直角。

表 4 - 4 　　　　　　　　　　　　　　　**竖 直 角 观 测 手 簿**

测站	目标	竖盘位置	竖盘读数			半测回竖直角			指标差 x ($''$)	一测回竖直角			备注
			($°$)	($'$)	($''$)	($°$)	($'$)	($''$)		($°$)	($'$)	($''$)	
O	M	左	71	12	36	18	47	24	−12	18	47	12	竖盘为顺时针注记
		右	288	47	00	18	47	00					
	N	左	96	18	42	−6	18	42	−9	−6	18	51	
		右	263	41	00	−6	19	00					

若经纬仪的竖盘结构为竖盘指标自动归零补偿结构，则在仪器安置后，就要打开补偿器开关，然后进行盘左、盘右观测。注意，一个测站的测量工作完成后，应关闭补偿器开关。

四、竖盘指标差

上述对竖直角的计算，是认为指标处于正确位置上，此时盘左始读数为 90°，盘右始读数为 270°。事实上，此条件常不满足，读数指标不恰好正在 90° 或 270°，而与正确位置差一个小角度 x，x 称为竖盘指标差（index error of vertical circle）。

如图 4 - 17 所示，对于顺时针刻划的竖直度盘，盘左时的始读数为 90°+x，则正确的竖直角应为

$$\alpha_左 = (90° + x) - L \tag{4-7}$$

同样，盘右时正确的竖直角应为

$$\alpha_右 = R - (270° + x) \tag{4-8}$$

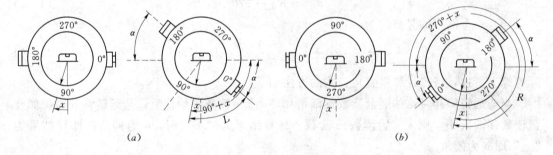

图 4 - 17 竖盘指标差
(a) 盘左；(b) 盘右

将式（4-4）和式（4-5）代入式（4-7）和式（4-8）得

$$\alpha = \alpha_左 + x \tag{4-9}$$

$$\alpha = \alpha_右 - x \tag{4-10}$$

此时 $\alpha_左$、$\alpha_右$ 已不是正确的竖直角，将上述两式相加并除以 2 得

$$\alpha = \frac{1}{2}(\alpha_左 + \alpha_右) \tag{4-11}$$

可见，在竖直角观测中，用盘左、盘右观测取平均值，可以消除竖盘指标差的影响。

将式（4-9）和式（4-10）相减，可得指标差 x 的计算公式

$$x = \frac{1}{2}(\alpha_右 - \alpha_左) \qquad (4-12)$$

对于图 4-17 中顺时针刻划的竖盘可得

$$x = \frac{1}{2}(\alpha_右 - \alpha_左) = \frac{1}{2}(R + L - 360°) \qquad (4-13)$$

指标差 x 可用来检查观测质量，同一测站上观测不同目标时，指标差的变动范围，对 DJ_6 光学经纬仪来说不应超过 25″。另外，在精度要求不高或不便变换竖盘位置时，可先测定 x 值，以后只作盘左观测，按式（4-7）计算竖直角。

第五节　经纬仪的检验与校正

一、经纬仪的主要轴线及其应满足的几何条件

如图 4-18 所示，经纬仪的主要轴线有：视准轴 CC、横轴 HH、竖轴 VV 和照准部水准管轴 LL。为了保证测量成果的精度，这些轴线之间应满足以下几何条件：

（1）照准部水准管轴应垂直于竖轴（$LL \perp VV$）。

（2）十字丝竖丝应垂直于横轴（竖丝 $\perp HH$）。

（3）视准轴应垂直于横轴（$CC \perp HH$）。

（4）横轴应垂直于竖轴（$HH \perp VV$）。

（5）竖盘指标差 x 应为零。

（6）光学对中器的视准轴与竖轴重合。

二、经纬仪的检验与校正

（一）照准部水准管轴垂直于竖轴的检验与校正

1. 检校目的

满足 $LL \perp VV$ 条件，当水准管气泡居中时，竖轴铅垂，水平度盘水平。

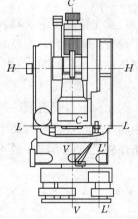

图 4-18　经纬仪主要轴线

2. 检验方法

先将经纬仪粗略整平，然后转动照准部，使水准管平行于任意两个脚螺旋，调节这两个脚螺旋，使水准管气泡居中。再将照准部旋转 180°，此时，若气泡仍然居中，则说明满足条件，若气泡偏离量超过一格，则需要校正。

3. 校正方法

水准管轴与竖轴不垂直，设偏离角为 α，当气泡居中时，水准管轴水平，竖轴倾斜，与铅垂线的夹角应为 α，如图 4-19（a），当照准部绕竖轴旋转 180° 后，竖轴位置不变，则水准管与水平面的夹角为 2α，气泡不居中，其偏离量是由水准管轴倾斜 2α 引起的，如图 4-19（b）所示。

校正时，先用校正针调节水准管一端的校正螺丝，使气泡退回偏离的一半，如图 4-19（c）所示，然后转动脚螺旋，使气泡居中。这时，水准管轴水平，竖轴也处于铅垂位

置，如图 4-19（d）所示。

此项检校需反复进行，直至照准部转至任何位置，气泡中心偏离零点均不超过一格。

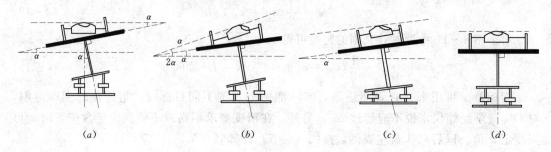

图 4-19 照准部水准管轴垂直于竖轴的检校

（二）十字丝的竖丝垂直于横轴的检验与校正

1. 检校目的

满足十字丝竖丝垂直于横轴的条件。仪器整平后十字丝竖丝在竖直面内，保证精确瞄准目标。

2. 检验方法

首先精确整平仪器，用十字丝交点精确瞄准一清晰目标点 A，然后固定照准部并旋紧望远镜制动螺旋，慢慢转动望远镜微动螺旋，使望远镜上下移动，如 A 点不偏离竖丝，则条件满足，如图 4-20（a）所示；否则，需要校正，如图 4-20（b）所示。

3. 校正方法

先旋下目镜前端的护盖，则能看到十字丝的校正螺丝，如图 4-20（c）所示，松开 4 个压环螺丝，慢慢转动十字丝分划板座，使竖丝重新与目标点 A 重合，再作检验，直至条件满足。最后应拧紧 4 个压环螺丝，旋上十字丝护盖。

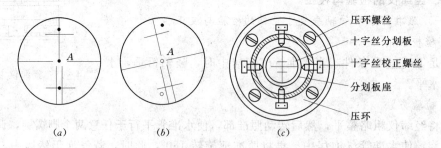

图 4-20 十字丝竖丝垂直与横轴的检验

（三）视准轴垂直于横轴的检验与校正

1. 检校目的

满足 $CC \perp HH$ 条件，在仪器整平后，当望远镜绕横轴旋转时，视准轴所经过的轨迹是一个平面而不是圆锥面。

2. 检验方法

（1）选择一平坦场地，在 A、B 两点（相距 60～100m）的中点 O 安置经纬仪，在 A 点设置一标志，在 B 点处横放一根带毫米刻划的标尺，且与 AB 垂直，A 点、B 点标尺和仪器高度应大致相同。

（2）盘左位置瞄准 A 点，固定照准部，倒转望远镜成盘右位置，在 B 点标尺上读数，记作 B_1，如图 4-21（a）所示。

（3）盘右位置瞄准 A 点，固定照准部，倒转望远镜成盘左位置，在 B 点标尺上读数，记作 B_2，如图 4-21（b）所示。

如果 $B_1=B_2$，说明条件满足，否则，计算出视准轴误差 C''，即

$$C'' = \frac{(B_2-B_1)}{4D}\rho''\tag{4-14}$$

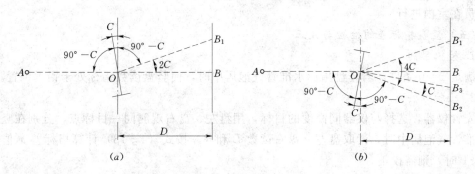

图 4-21　视准轴垂直于横轴的检验与校正
（a）盘左；（b）盘右

对于 DJ_6 型经纬仪，若 C'' 值超过 $\pm60''$ 时，则需要校正。

3. 校正方法

如图 4-21（b）所示，在尺上 B_2 至 B_1 的 1/4 处定出一点 B_3，则 OB_3 垂直于横轴。调节十字丝的左右两个校正螺丝，一松一紧，使十字丝分划板左右移动，直至十字丝交点与 B_3 点重合。

检验校正时，使用单竖丝靠近十字丝交点的部分代替十字丝交点，用于瞄准、读数和校正，并反复进行，直至满足要求。

（四）横轴垂直于竖轴的检验与校正

1. 检校目的

满足 $HH\perp VV$ 条件，在仪器整平后，当望远镜绕横轴旋转时，视准轴所经过的轨迹是一个竖直平面而不是一个倾斜平面。

2. 检验方法

如图 4-22 所示，在离墙 10～20m 处安置经纬仪，在墙面高处设置一标志点 P（仰角应大于 $30°$），在 P 点正下方与仪器同高处放置刻有毫米分划的尺。盘左位置瞄准 P 点，固定照准部，大致放平望远镜，在尺上读数 P_1，盘右位置瞄准 P 点，固定照准部，大致放平望远镜，在尺上读数 P_2，若 $P_1=P_2$，则说明条件满足，否则，计算出横轴误差 i''，即

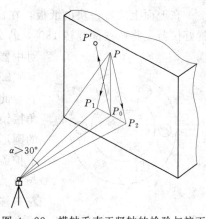

图 4-22　横轴垂直于竖轴的检验与校正

53

$$i'' = \frac{P_2 - P_1}{2D\tan\alpha} \rho'' \qquad\qquad (4-15)$$

对于 DJ_6 型经纬仪，若 $i>20''$ 时，需要校正。

3. 校正方法

用望远镜瞄准 P_1、P_2 直线的中点 P_0，固定照准部，然后抬高望远镜使十字丝交点上移至 P' 点，因 i 角误差的存在，P' 与 P 点不重合，如图 4-22 所示。校正时应打开支架护盖，放松支架内的校正螺丝，转动偏心轴承环，使横轴一端升高或降低，将十字丝交点对准 P 点。

因经纬仪横轴密封在支架内，校正的技术性较高。经检验确需校正时，应送交专业维修人员在室内进行。

（五）竖盘指标差的检验与校正

1. 检校目的

满足 $x=0$ 条件，当竖盘指标水准管气泡居中时，使竖盘读数指标处于铅垂位置。

2. 检验方法

安置仪器，选择与仪器同高度的目标，用盘左、盘右观测同一目标点，分别在竖盘指标水准管气泡居中时，读取盘左、盘右读数 L 和 R。按式（4-13）计算指标差 x 值，若 $x>\pm 1'$ 时，则需校正。

3. 校正方法

经纬仪位置不动，仍用盘右瞄准原目标，先计算出盘右位置时的正确读数 $R_0 = R - x$，然后转动竖盘指标水准管微动螺旋，使竖盘读数恰好指在正确读数 R_0，此时竖盘指标水准管气泡不居中，于是取下水准管校正螺丝的盖板，用校正针拨动竖盘水准管一端的上下校正螺丝使气泡居中。此项检校需反复进行，直到满足要求。

对于竖盘指标自动补偿的经纬仪，若经检验指标差超限时，应送检修部门进行检校。

（六）光学对中器的检验与校正

1. 检校目的

满足光学对中器视准轴与仪器竖轴线重合的条件，安置好仪器后，水平度盘刻划中心、仪器竖轴和测站点位于同一铅垂线上。

2. 检验方法

在地面上放置一块白纸板，在白纸板上划一十字形的标志 A，以 A 点为对中标志安置好仪器。将照准部旋转 $180°$，若 A 点的影像偏离对中器分划圈中心不超过 1mm，说明对中器满足要求。否则需校正。

3. 校正方法

此项校正由仪器的类型而异，有些是校正视线转向的直角棱镜，有些是校正分划板。图 4-23 是位于照准部支架间的圆形护盖下的校正螺丝，松开护盖上的两颗固定螺丝，取下护盖即可看见。校正时，首先在白纸板上画出分划圈中心与 A 点之间连线中点 A_1，然后调节螺旋 1，可使分划圈中心左右移动，调节螺丝 2 可使分划圈中心前后移动，直至分划圈中心与 A_1 点重合为止。

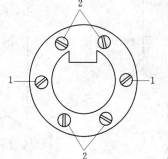

图 4-23 光学对中器的校正

第六节　角度测量误差分析及注意事项

一、仪器误差

仪器误差包括仪器零部件加工不完善所引起的误差和仪器检验校正不完善的残余误差等。主要有以下几种。

1. 视准轴误差

又称视准差，由望远镜视准轴不垂直于横轴引起。其对角度的影响规律如图 4-21 所示，因该误差对水平方向观测值的影响值为 2C，且盘左、盘右观测时符号相反，故在水平角测量时，可采用盘左、盘右一测回观测取平均数的方法加以消除。

2. 横轴误差

又称支架差，由横轴不垂直于竖轴引起，根据图 4-22 所示，盘左、盘右观测中均含有支架差 i，且方向相反。故在水平角测量时，同样可采用盘左、盘右观测，取一测回平均值作为最后结果的方法加以消除。

3. 竖轴误差

由水准管校正不完善使仪器竖轴不垂直于水准管轴或水准管整平不完善气泡不完全居中引起的。由于竖轴不处于铅垂位置，而与铅垂方向偏离了一个小角度，从而引起横轴不水平，使角度测量产生误差，且这种误差的大小随望远镜瞄准不同方向、横轴处于不同位置而变化。同时由于竖轴倾斜的方向与盘左、盘右观测（正、倒镜）无关，所以竖轴误差不能用盘左、盘右观测取平均数的方法消除。因此，观测前应严格检校仪器，观测时应仔细整平，保持照准部水准管气泡居中，气泡偏离量不得超过一格。

4. 竖盘指标差

竖盘指标差由竖盘读数指标线不处于正确位置引起的。其原因可能是竖盘指标水准管校正不完善的残余误差或指标水准管整平不完善气泡没有居中。因此观测竖直角时，一定要调节竖盘指标水准管气泡居中，才能读数。若此时竖盘指标线仍不在正确位置，如前所述，采用盘左、盘右观测一测回，取其平均值作为竖直角成果的方法来消除竖盘指标差的影响。

5. 度盘偏心差

该误差属于仪器零部件加工、安装不完善引起的。在水平角测量和竖直角测量中，分别有水平度盘偏心差和竖直度盘偏心差两种。

水平度盘偏心差是由照准部旋转中心与水平度盘圆心中心不重合所引起的指标读数误差。因为盘左、盘右观测同一目标时，指标线在水平度盘上所指的位置具有对称性（即对称分划读数），所以，在测水平角时，采用盘左、盘右观测取平均数的方法，可消除此项误差的影响。

竖直度盘偏心差是指竖直度盘圆心与仪器横轴（即望远镜旋转轴）的中心线不重合产生的误差。在竖直角测量时，该项误差的影响一般很小，可忽略不计。若在精度要求较高的测量工作中，确需考虑此项误差的影响时，应检验测定竖盘偏心误差系数，对相应竖直角测量成果进行改正；在实际观测时，可采用对向观测的方法（即往返观测竖直角）来消除竖盘偏心差的影响。

6. 度盘刻划不均匀误差

该项误差也属于仪器零部件加工不完善引起的。目前，在精密仪器制造工艺中，此项误差一般很小。在水平角测量时，各测回零方向根据测回数 n，按照 $180°/n$ 变换水平度盘位置可以削减此项误差的影响。

二、观测误差

1. 对中误差

仪器对中误差对水平角观测的影响，如图 4-24 所示，设 O 为测站点，A、B 为目标点，O' 为仪器中心在地面上的投影位置，OO' 的长度称为偏心距，用 e 表示，则对中误差对水平角的影响为

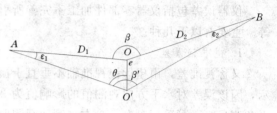

图 4-24　对中误差

$$\varepsilon = \varepsilon_1 + \varepsilon_2 = \beta - \beta' \qquad (4-16)$$

因 ε_1、ε_2 很小，则有

$$\varepsilon_1 = \frac{\rho''}{D_1} e \sin\theta \qquad (4-17)$$

$$\varepsilon_2 = \frac{\rho''}{D_2} e \sin(\beta' - \theta) \qquad (4-18)$$

$$\varepsilon = \varepsilon_1 + \varepsilon_2 = \rho'' e \left(\frac{\sin\theta}{D_1} + \frac{\sin(\beta' - \theta)}{D_2} \right) \qquad (4-19)$$

当 $\beta' = 180°$，$\theta = 90°$ 时，ε 取得最大值为

$$\varepsilon_{\max} = \rho'' e \left(\frac{1}{D_1} + \frac{1}{D_2} \right)$$

设 $e=3mm$，$D_1=D_2=100m$ 时，求得 $\varepsilon = 206265'' \times \left(\frac{3 \times 2}{100 \times 10^3} \right) = 12.4''$。可见对中误差对水平角观测的影响是很大的，且边长越短，影响越大。

2. 目标偏心误差

目标偏心误差，如图 4-25 所示，O 为测站点，A 为瞄准点标志中心，A' 为实际瞄准的目标中心，D 为边长，d 为标杆长，标杆倾斜角为 α，则目标偏心距为 $e=d\sin\alpha$，目标偏心对水平方向观测的影响为

$$\varepsilon = \frac{e}{D} \rho'' = \frac{d\sin\alpha}{D} \rho'' \qquad (4-20)$$

由式（4-20）可知，目标偏心差对水平方向观测的影响与杆长 d 成正比，与边长 D 成反比。

为了减小目标偏心差对水平角测量的影响，观测时应尽量使标杆竖直，并尽可能地瞄准标杆底部。

3. 照准误差

通常人眼睛可以分辨的两个点的最小视角为 $60''$，当使用放大倍数为 V 的望远镜观测时，最小分辨视角可以减小 V 倍，即 $m = \pm\frac{60''}{V}$，对 DJ_6 光学经纬仪，一般 $V=26$，则 $m_V = \pm 2.3''$。

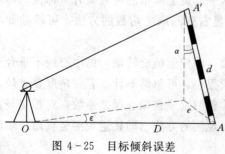

图 4-25　目标倾斜误差

4. 读数误差

读数误差主要取决于仪器读数系统的精度。人为因素主要有读数显微镜视差的影响、读数窗的亮度和估读误差。对于采用分微尺的 DJ$_6$ 光学经纬仪，读数误差为测微尺上最小分划 $1'$ 的 $1/10$，即为 $\pm6''$；对于使用平板玻璃测微尺的 DJ$_6$ 光学经纬仪，读数误差为测微尺上最小分划 $20''$ 的 $1/10$，即为 $\pm2''$。

三、外界条件的影响

外界影响的主要因素有：风或不坚实地面会影响仪器的稳定性，气温的变化会影响仪器的使用性能，大气密度的变化会引起影像跳动或产生旁折光。为减弱上述影响，测量时要踩实三脚架，夏季观测应给仪器撑伞，选择有利的观测时间进行观测，以减小大气密度变化的影响。

第七节　其他类型经纬仪简介

一、DJ$_2$ 型光学经纬仪

DJ$_2$ 型经纬仪属于精密经纬仪之一，主要用于三、四等三角测量及精密工程测量，如图 4-26 所示是我国苏州第一光学仪器厂生产的 DJ$_2$ 型光学经纬仪，其结构与 DJ$_6$ 型基本相同，只是读数装置和读数方法有所不同。

1. DJ$_2$ 型光学经纬仪的特点

DJ$_2$ 型光学经纬仪与 DJ$_6$ 型光学经纬仪相比较，除望远镜的放大倍数较大、照准部水准管的灵敏度较高、轴系要求较严格、度盘分划值较小外，主要为读数设备的不同。其读

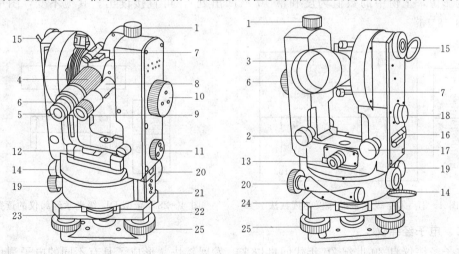

图 4-26　DJ$_2$ 级光学经纬仪

1—望远镜制动螺旋；2—望远镜微动螺旋；3—物镜；4—物镜调焦螺旋；5—目镜；
6—目镜调焦螺旋；7—光学瞄准器；8—度盘读数显微镜；9—度盘读数显微镜调焦螺旋；
10—测微轮；11—水平度盘与竖直度盘换像手轮；12—照准部管水准器；13—光学对中器；
14—水平度盘照明镜；15—垂直度盘照明镜；16—竖盘指标管水准器进光窗口；
17—竖盘指标管水准器微动螺旋；18—竖盘指标管水准气泡观察窗；19—水平制动螺旋；
20—水平微动螺旋；21—基座圆水准器；22—水平度盘位置变换手轮；
23—水平度盘位置变换手轮护盖；24—基座；25—脚螺旋

数设备具有以下两个特点：

（1）DJ$_6$型光学经纬仪采用单指标读数，其读数存在照准部偏心误差的影响。DJ$_2$型光学经纬仪采用对径符合读数，即它是将度盘上相对180°的分划线，经过一系列棱镜和透镜的反射和折射，显现在读数显微镜内，并用对径符合和光学测微器，读取对径相差180°的读数，取平均值，这样可以消除度盘偏心所产生的误差，提高测角精度。

（2）读数显微镜只能看到水平度盘或竖直度盘的一种影像，必须通过换像手轮在二者之间切换。

2．读数方法

DJ$_2$型光学经纬仪在光路上对称设置了两块能做等速相反运动的光楔，它与测微手轮相连，转动测微手轮可使度盘对径180°处的影像相对移动，直至上、下分划线重合，如图4-27所示，同时读数显微镜中的小窗的测微尺影像也在移动，其移动全程为度盘一格分划值的一半（即10′），测微尺左边注记为分值，右边注记为10″的倍数，测微尺分划值为1″，可估读至0.1″。读数方法如下：

转动测微手轮，使度盘对径影像相对移动，直至上、下分划线精确重合。找出正像在左，倒像在右，注记相差180°的分划线，读取正像注记的度数。正像注记分划线与其相差180°的倒像注记分划线之间的格数乘以10′，即为整10′的分数。根据小窗口的指标线，在测微尺中读取不到10′的分数和秒数值，然后将两窗口的读数相加，得到完整的度盘读数。图4-27中读数为：121°48′22″。

新型的DJ$_2$型光学经纬仪采用了数字化读数，如图4-28所示，下窗为对径分划线重合后的影像，上窗中的数值为度和整10′（凹出处），可直接读出，其他不变，图中读数为：84°38′16″。

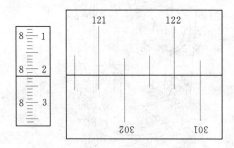

图4-27　DJ$_2$级光学经纬仪的读数法

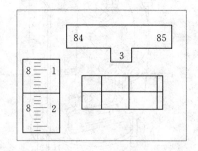

图4-28　新型DJ$_2$级光学经纬仪的读数法

二、电子经纬仪

电子经纬仪自20世纪70年代问世以来，发展较快，形成了具有不同的电子测角系统和不同精度等级的多种型号的仪器系列。电子经纬仪操作简便、读数准确，它的优点是能将测量结果自动显示，自动记录，实现了读数的自动化和数字化。电子经纬仪能够和光电测距仪组合成全站型电子速测仪，配合适当接口，可将电子手簿记录的数据输入计算机，进行数据处理和绘图。

图4-29所示为我国某厂生产的ZH·ET—2电子经纬仪，各部件名称见图中注记。该仪器的主要技术指标见表4-5。

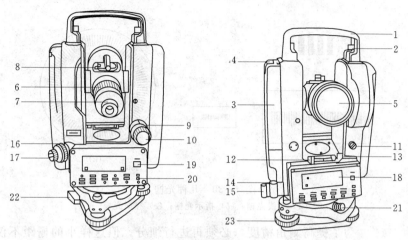

图 4-29 电子经纬仪

1—手柄；2—手柄固定螺丝；3—电池盒；4—电池盒按钮；5—物镜；6—物镜调焦螺旋；7—目镜调焦螺旋；8—光学
瞄准器；9—望远镜制动螺旋；10—望远镜微动螺旋；11—光电测距仪数据接口；12—管水准器；13—管水准器校正
螺丝；14—水平制动螺旋；15—水平微动螺旋；16—光学对中器物镜调焦螺旋；17—光学对中器目镜调焦螺旋；
18—显示窗；19—电源开关键；20—显示窗照明开关键；21—圆水准器；22—轴套锁定钮；23—脚螺旋

表 4-5		仪器主要技术指标				
望 远 镜	测 角	显 示	倾斜补偿	电 池	功 能	
物镜孔径：40mm 放大倍率：30x 视场角：1°20′	方法：光电增量式 精度：±5″ 最小读数：1″/5″	双面显示	自动垂直补偿 范围：±3′	镍氢充电电池 工作时间大于20h	水平角、竖直角测量与 测距仪联测 外接电子手簿	

电子经纬仪与光学经纬仪的区别在于它用电子测角系统代替光学读数系统。电子经纬仪采用光电扫描度盘和自动显示系统，根据光电扫描度盘获取电信号的原理不同，电子经纬仪的电子测角系统也不同，主要有以下三种区别：

（1）编码度盘测角系统，即采用编码度盘及编码测微器的绝对式测角系统；

（2）光栅度盘测角系统，即采用光栅度盘及莫尔干涉条纹技术的增量式测角系统；

（3）动态测角系统，即采用计时测角度盘并实现光电动态扫描的绝对式测角系统。

在电子经纬仪中，广泛使用的测角方法是用光栅度盘测角，由于这种方法比较容易实现，目前在世界许多生产厂家中得到广泛使用。这里主要介绍光栅度盘测角系统。

（一）光栅度盘测角系统的测角原理

均匀地刻有许多等间隔细线的直尺或圆盘称为光栅。刻在直尺上用于直线测量的直线光栅，如图 4-30 (a) 所示；刻在圆盘上的等角距的光栅为径向光栅，如图 4-30 (c) 所示。光栅的基本参数是刻线密度（每毫米的刻线条数）和栅距。图 4-30 中光栅的栅线宽度为 a，缝隙宽度为 b，通常 $a=b$，$d=a+b$，称为栅距。栅线为不透光区，缝隙为透光区，在圆形光栅盘上下对应位置装上光源和接收器，并可随照准部相对于光栅盘移动，由计数器累计移动的栅距数，从而求得所转动的角度值。因为光栅盘上没有绝对度数，而是累计之数，因而称光栅盘为增量式度盘，此读数系统为增量式读数系统。

光栅度盘的栅距相当于光学度盘的分划值，栅距越小，则角度分划值越小，即测角精度越高。例如在 80mm 直径的度盘上，刻有 12500 条线（刻线密度 50 线/mm），其栅距

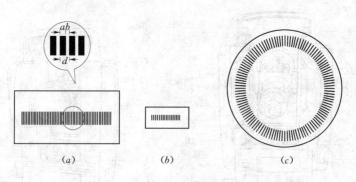

图 4-30 几种光栅

(a) 直线光栅；(b) 指示光栅；(c) 径向光栅

的分划值为 $1'44''$。为了提高测角精度，必须再进行细分。但这样小的栅距不仅安装小于栅距的接收管困难，而且对这样小的栅距再细分也很困难，所以，在光栅度盘测角系统中，采用了莫尔条纹技术。

莫尔条纹就是将两块密度相同的光栅重叠，并使它们的刻线相互倾斜一个很小的角度，此时便会出现明暗相间的条纹，该条纹称为莫尔条纹。如图 4-31 所示。一小块具有与大块（主光栅）相同刻线宽度的光栅称为指示光栅，如图 4-30 (b) 所示。将这两块密度相同的光栅重叠起来，并使其刻线互成一微小夹角 θ，当指示光栅横向移动，则莫尔条纹就会上下移动，而且每移动一个栅距 d，莫尔条纹就移动一个纹距 w，因 θ 角很小，则有

$$w = \frac{d}{\theta}\rho \qquad (4-21)$$

图 4-31 莫尔条纹　　式中　$\rho=3428'$。

由式（4-21）可见，莫尔条纹的纹距比栅距放大了 $1/\theta$ 倍，例如 $\theta=20'$ 时，$w=172d$，即纹距比栅距放大了 172 倍。莫尔纹距可以调得很大，再进行细分便可以提高角度。

如图 4-32 所示，光栅度盘的下面放置发光二极管，上面是一个与光栅度盘形成莫尔条纹的指示光栅，指示光栅的上面是光电接收器。发光二极管、指示光栅和光电接收器的位置固定不动，光栅度盘随望远镜一起转动。根据莫尔条纹的特性，度盘每转动一个光栅，莫尔条纹就移动一个周期。随着莫尔条纹的移动，发光二极管将产生按正弦规律变化的电信号，将此信号整形，可变为矩形脉冲信号，对矩形脉冲信号计数即可求得度盘旋转的角度。测角时，在望远镜瞄准起始方向后，可使仪器中心的计数器为 $0°$（度盘置零）。在度盘随望远镜瞄准第二个目标的过程中，对

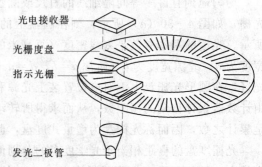

图 4-32 光栅度盘测角原理

产生的脉冲进行计数，并通过译码器化算为度、分、秒送显示窗口显示出来。

（二）电子经纬仪的使用

1. 仪器设置

电子经纬仪在第一次使用前，应根据使用要求进行仪器设置，使用中如果无变动要求，则不必重新进行仪器设置。不同生产厂家或不同型号的仪器，其设置项目和设置方法有所不同，应根据使用说明进行设置。设置项目一般包括：最小显示读数、测距仪连接选择、竖盘补偿器、仪器自动关机等。

2. 仪器的使用

现以图 4-29 所示的电子经纬仪来说明仪器的使用。

（1）角度测量

1）在测站上安置仪器，对中、整平与光学经纬仪相同。

2）开机，按 ON/OFF 键，上下转动望远镜，使仪器初始化并自动显示竖盘度盘和竖直度盘以及电池容量信息，如图 4-33 所示。

3）选择角度增量方向为顺时针方向 Hr（R/L）；选择角度单位为 360°，即度、分、秒（UNIT）；选择竖直角测量模式为天顶距 Vz（HOLD）。

4）瞄准第一个目标，将水平角值设置为 0°00′00″（OSET）。转动照准部瞄准另一个目标，则显示屏上直接显示水平度盘角值读数并记录。

5）进行下一步测量工作。

6）测量结束，按 ON/OFF 键关机。

（2）与测距仪联机使用

1）取下电子经纬仪的提手，将测距仪安装在电子经纬仪的支架上，用通信电缆将仪器支架上的通信接口与测距仪通信口进行连接（见图 4-29），然后分别开机。

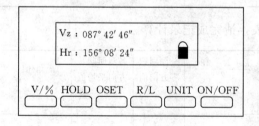

图 4-33 显示屏

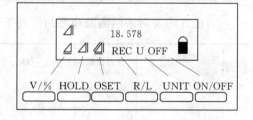

图 4-34 与测距仪联测

2）在测角状态下，按 ON/OFF 键进入测距菜单如图 4-34 所示。

3）根据测量需要和屏幕上显示的符号或文字，按相应键可完成所需的操作。

V/%——平距显示（◿），根据斜距和竖盘读数计算；

HOLD——高差显示（◿），根据斜距和竖盘读数计算；

OSET——向测距仪发送单次测距命令（◿）；

R/L——记录（REC），向外接电子手簿发送测量数据；

UNIT——返回测角状态（U），进行角度测量；

ON/OFF——开/关机。

思考题与习题

1. 什么叫水平角？在同一个竖直面内不同高度的点在水平度盘上的读数是否一样？

2. 经纬仪上有哪些制动与微动螺旋？它们各起什么作用？如何正确使用制动和微动螺旋？

3. 测水平角时，对中、整平的目的是什么？是怎样进行的？

4. 什么叫竖直角？什么是指标差？

5. 利用盘左、盘右观测水平角和竖直角可以消除哪些误差的影响？

6. 经纬仪的各轴线是怎样定义的？它们之间应满足的几何关系是什么？为什么？

7. 经纬仪的检验校正有哪几项？怎样进行检验？

8. 用 DJ$_6$ 型经纬仪按测回法观测水平角，所得数据如图所示，请填表计算 β 角。

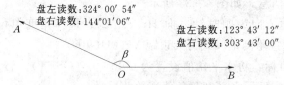

测　站	竖盘位置	目　标	水平度盘读数 (° ′ ″)	半测回角值 (° ′ ″)	一测回角值 (° ′ ″)

9. 按方向观测法两测回观测结果列于下表，请完成记录计算。

测回数	测站	照准点名称	盘左读数 (° ′ ″)	盘右读数 (° ′ ″)	$2c = L-(R\pm180)$ (″)	$\dfrac{L+R\pm180}{2}$ (° ′ ″)	一测回归零方向值 (° ′ ″)	各测回归零方向平均值 (° ′ ″)	角　值 (° ′ ″)
I	O	A	00　00　22	180　00　18					
		B	60　11　16	240　11　09					
		C	131　49　38	311　49　21					
		D	167　34　38	347　34　06					
		A	00　00　27	180　00　13					
II	O	A	90　02　30	270　02　26					
		B	150　13　26	330　13　18					
		C	221　51　42	41　51　26					
		D	257　36　30	77　36　21					
		A	90　02　36	270　02　15					

10. 用 DJ_6 经纬仪测竖直角，盘左瞄准 A 点（望远镜上倾读数减少），其竖盘读数为 $95°15'12''$，盘右瞄准 A 点，读数为 $264°46'12''$，求正确竖直角 α_A，指标差 x，盘右时的正确读数是多少？

11. 下图是两种不同的竖盘注记形式，请分别导出计算竖直角和指标差的公式。

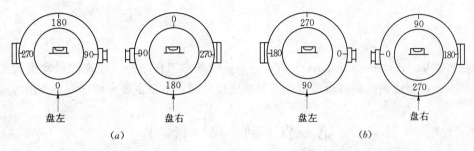

12. 竖直角的观测数据列于下表，请完成其记录计算。

测站	目标	竖盘位置	竖盘读数 (° ′ ″)	半测回角值 (° ′ ″)	指标差 (′ ″)	一测回角值 (° ′ ″)	备　　注
O	M	左	98 41 18				
		右	261 18 48				
O	N	左	86 16 18				
		右	273 44 00				

13. 电子经纬仪的测角原理与光学经纬仪的主要区别是什么？

第五章 距 离 测 量

距离测量（distance measurement）是测量的基本工作之一，距离测量常用的方法有钢尺量距、视距法测距、电磁波测距及卫星定位测距。本章主要介绍前三种方法。

第一节 钢 尺 量 距

一、量距工具

钢尺量距所使用的主要工具有：钢尺、标杆、测钎和垂球。钢尺一般分为 20m、30m、50m 等几种，其基本分划为毫米，每厘米、分米和米处都有数字注记，如图 5-1 所示。钢尺按尺上零点位置的不同，又分为端点尺和刻线尺。端点尺是以尺环的最外边缘作为尺的零点，刻线尺是以尺前端零点刻线作为尺的零点。如图 5-2 所示。

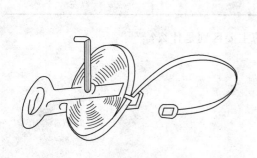

图 5-1 钢尺

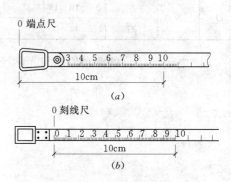

图 5-2 端点尺与刻线尺

标杆一般长为 1~3m，其上面每隔 20cm 涂以红、白漆，用来标定直线方向。测钎是用 8 号铁线制成，每组有 11 支，用来标志点位和记录整尺段数目。垂球主要用于倾斜地面量距时投点定位，如图 5-3 所示。

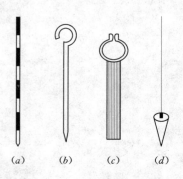

图 5-3 量距辅助工具

二、钢尺量距的一般方法

1. 直线定线

当两点间的距离超过一个整尺段，或者地面起伏较大，分段测量时，为使距离丈量沿直线方向进行，需要在两点间的直线上再标定该直线上的一些点位，以便于分段测量的尺段都在这条直线上，这项工作称为直线定线（line alignment）。在用钢尺一般方法量距时采用标杆目估法定线。

（1）两点间通视时的定线。如图5-4所示，A、B 为地面上互相通视的两点，欲测量它们之间的距离。首先在 A、B 两点上各插一根标杆，测量员甲在 A 点标杆后 $1\sim2\mathrm{m}$ 处，通过 A 点的标杆瞄准 B 点的标杆，然后测量员乙手持标杆在 1 点附近（距 A 点约略小于一尺段之长），按甲的指挥左右移动标杆，直至 1 点位于 AB 直线上为止，并在地面上做一标志，此时，A、1、B 三点在一条直线上。用同样的方法可以确定 2、3、…、等各点的位置。

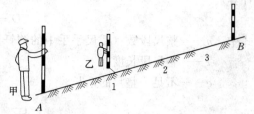

图5-4　两点间通视时的定线

（2）两点间不通视及特殊地形的定线。地面上 A、B 两点不通视 [见图5-5（a）] 或特殊地形 [见图5-5（b）]，要在 A、B 直线上定出 C、D 两点，可采用逐渐接近法定线。

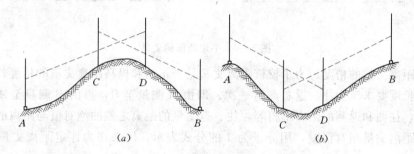

(a)　　　　　　　　　　　　　　　　　(b)

图5-5　两点不通视时的定线

定线时，A、B 两点各立一支花杆，甲、乙两人各持一支花杆立于 C、D 两点间，要求甲能看到乙与 B 点花杆，乙能看到甲与 A 点花杆。首先由甲指挥乙移动，使甲、乙与 B 点花杆成一直线，然后由乙指挥甲移动，使乙、甲与 A 点花杆成一直线。如此移动下去，直到甲在 C 点看到 C、D、B 三杆在同一直线上，而乙在 D 处看到 D、C、A 三杆在同一直线上为止。

2. 丈量方法

地面上 AB 两点之间的水平距离（简称距离）是指通过 A、B 两点的铅垂线投影到同一水平面上的线段长度。如图5-6（a）所示，AB 两点间的距离 D 为 AB 在水平面上的投影。

（1）平坦地面的丈量方法。平坦地区进行距离丈量，先定线后丈量或边定线边丈量均可。丈量工作由两人进行，如图5-6（b）所示。司尺员甲（后尺手）拿着尺的首端位于 A 点，乙（前尺手）拿着尺末端花杆及测钎沿 AB 方向前进，当行至一整尺段时停下，将尺放在地面，立好花杆，根据甲的指挥，乙将花杆立于直线 AB 上，两人同时将钢尺拉紧，拉稳，使尺面保持水平，同时将钢尺靠紧花杆同一侧，乙将测钎对准钢尺末端刻划，铅直插入地面，即图中 1 点位置。然后两人抬起钢尺，同时前进，当甲行至 1 点时，用同样的方法测量出第二尺段，定出 2 点。再前进时，甲应随手拔起 1 点的测钎。如此继续丈量下去，直到终点 B。最后不足一个整尺段的长度叫余长，直线 AB 的水平距离可由下式

计算

$$D = nl + q \qquad (5-1)$$

式中　　n——整尺段数（后尺手手中的测钎数）；

　　　　l——整尺段长度；

　　　　q——不足一整尺的余长。

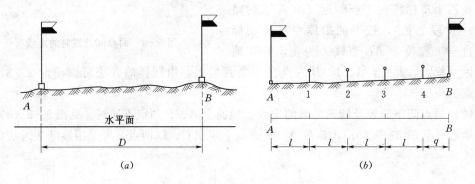

图 5-6　平坦地面的丈量

（2）距离丈量的精度。为了校核距离丈量是否正确和提高距离丈量的精度，对于同一条直线的长度要求至少往、返各测量一次。即由 A 测量至 B，再由 B 测量至 A。由于误差的存在，往测和返测的距离不相等，往、返丈量的距离之差的绝对值与距离的平均值之比，称为距离丈量相对误差，用分子为 1 的分式表示，用来作为评定距离丈量的精度的指标

$$K = \frac{\mid D_{往} - D_{返} \mid}{\frac{1}{2}(D_{往} + D_{返})} = \frac{1}{\frac{1}{2} \frac{(D_{往} + D_{返})}{\mid D_{往} - D_{返} \mid}} = \frac{1}{N} \qquad (5-2)$$

式中　K——相对误差。

平坦地区，钢尺量距的相对误差要求小于 1/3000，一般地区小于 1/2000，在量距困难的山区，相对误差也不应大于 1/1000。如果符合精度要求，就取往、返丈量的平均值作为最后结果。否则应该分析原因，重新丈量。

（3）倾斜地面的丈量方法。倾斜地面距离丈量方法有平量法和斜量法两种：

1）平量法。倾斜地面由于高差较大，整尺法量距有困难，可采用分段丈量。如图 5-7（a）所示，在 AB 两点间根据地面高低变化情况定出 1、2、…、等桩使其在 AB 线上。丈量时，尺面抬高的一端悬挂垂球线，垂球对准一端桩点，另一端直接对准另一桩上点，两人均匀拉紧使尺面水平，读出该段长度 l_1，如此逐段丈量各段，则 AB 两点间水平距离为

$$D = l_1 + l_2 + \cdots + l_n \qquad (5-3)$$

用这种方法量距时不便返测，可增加一次往测代替返测，并用式（5-2）评定量距精度。

2）斜量法。当两点间的高差较大时，可通过直线定线，在地面坡度变化处插钎分段，测出相邻分段点间的斜距和高差按式（5-4）计算各分段的平距，即

$$d_i = \sqrt{l_i^2 - h_i^2} \quad (i = 1, 2, \cdots, n) \qquad (5-4)$$

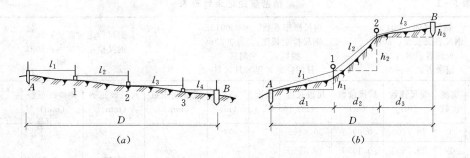

图 5-7 倾斜地面的丈量

三、钢尺量距的精密方法

前面介绍的是钢尺量距的一般方法，距离丈量相对误差可达 1/1000～1/5000。在精度要求较高的距离丈量中，若使精度达到 1/10000～1/40000。就需要采用精密量距方法进行距离丈量，具体方法如下。

1. 准备工作

（1）清理场地。丈量前清除要量测直线上的障碍物及杂草等，保证视线通畅。

（2）直线定线。采用经纬仪定线，用经纬仪定线比用目估定线更为精确。如图 5-8 所示，若在 AB 直线上定出 C 点位置，可在 A 点安置一台经纬仪，对中、整平后瞄准 B 点花杆底部，将水平制动螺旋制动。然后利用望远镜指挥乙移动花杆，当花杆与十字丝竖丝重合时，在花杆底部地面上钉一个木桩，再根据十字丝竖丝，在桩顶

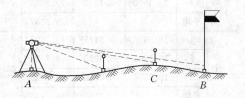

图 5-8 经纬仪法定线

上用小钉标定出 C 点的准确位置。其它各点的标定方法与 C 点相同，依次在所标定的点处分别钉一木桩、相邻两桩顶之间的距离应略小于丈量所有钢尺的一整尺长，桩高应露出地面数厘米，桩顶应水平，钉上一钢钉，钢钉与直线重合。

（3）测量桩顶高程。由于地面不平，桩顶有高有低，用水准仪测量各桩顶间的高差，以便进行倾斜改正。

（4）钢尺检定。丈量前，应对钢尺进行检定，以便进行尺长改正。

2. 丈量方法

用检定过的钢尺在相邻两木桩之间进行丈量，一般由两人拉尺，两人读数，一人记录。拉尺人员将钢尺置于相邻木桩顶，并使钢尺的一侧对准"十"字线，后尺手同时用弹簧秤施加以标准拉力（30m 的钢尺标准拉力一般为 10kg、50m 的钢尺标准拉力一般为 15kg），准备好后，两读数人员同时读取钢尺读数（一般由后尺手或前尺手对准一整数时读数），要求估读到 0.5mm，记录人员将两读数记入手簿（表 5-1），然后将钢尺串动 1～2cm，重新测两次。若 3 次丈量结果互差不超过 2mm，可取 3 次结果的平均值作为该尺段的观测值。若超过 2mm 为不合格，应重新测量 3 次。依次测出其它各尺段长度。每丈量一尺段都应测量钢尺表面温度一次，精确到 0.1℃，以便计算温度改正数。为了校核，往测完毕应立即进行返测。

表 5-1 精密量距记录计算表

钢尺号码：001			钢尺膨胀系数：0.0000125				钢尺检定时温度：20℃			
钢尺名义长度：30m			钢尺检定长度：30.0023m				钢尺检定时拉力：10kg			
观测者：×××　　记录者：×××			测区：××测区　　日期：××年×月×日				天气：晴			

尺段编号	实测次数	前尺读数（m）	后尺读数（m）	尺段长度（m）	温度（℃）	高差（m）	温度改正数（mm）	尺长改正数（mm）	倾斜改正数（mm）	改正后尺段长度（mm）
A-1	1	29.7400	0.0905	29.6495	24.5	-0.271	1.67	2.27	-1.24	29.6564
	2	29.7600	0.1050	29.6550						
	3	29.7800	0.1270	29.6530						
	平均			29.6537						
1-2	1	28.9500	0.0450	28.9050	25.6	-0.184	2.02	2.22	-0.59	28.8952
	2	28.9700	0.0655	28.9045						
	3	29.9900	0.1250	28.8650						
	平均			28.8915						
2-3	1	29.4200	0.0710	29.3490	26.3	-0.206	2.31	2.25	-0.72	29.3585
	2	29.4500	0.1015	29.3485						
	3	29.4900	0.1235	29.3665						
	平均			29.3547						
3-B	1	19.5900	0.8475	18.7425	26.4	-0.097	1.50	1.44	-0.25	18.7459
	2	19.5700	0.8275	18.7425						
	3	19.5500	0.8055	18.7445						
	平均			18.7432						
总和										106.6560

3. 尺段长度计算

精密量距时，每次往测和返测的结果都应按丈量的尺段长度进行尺长改正、温度改正和倾斜改正，求出改正后的尺段长度。

（1）尺长改正。钢尺尺面注记的长度称名义长度，检定时在标准的拉力和温度下的长度称为实际长度。钢尺整尺段的尺长改正数 Δl 为

$$\Delta l = l_\text{实} - l_\text{名} \qquad (5-5)$$

式中　　$l_\text{实}$——钢尺实际长度；

$l_\text{名}$——钢尺名义长度。

丈量时，若一尺段长度为 l，则该尺段的尺长改正数 Δl_l 为

$$\Delta l_l = \frac{\Delta l}{l_\text{名}} l \qquad (5-6)$$

（2）温度改正。钢尺检定时温度为 $t_0℃$，丈量时的温度为 $t℃$，钢尺的膨胀系数为 α（一般为 $1.25 \times 10^{-5}/1℃$），则丈量一个尺段 l 的温度改正数 Δl_t 为

$$\Delta l_t = \alpha(t - t_0)l \qquad (5-7)$$

（3）倾斜改正。丈量时的距离 l 是斜距，如图 5-9 所示，若尺段相邻两点高差为 h，则倾斜改正数 Δl_h 为

$$\Delta l_h = D - l \qquad (5-8)$$

在此由勾股定理知：

$$l^2 = D^2 + h^2$$

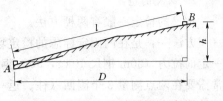

所以 $\qquad \Delta l_h = -\dfrac{h^2}{l+D} \approx -\dfrac{h^2}{2l} \qquad (5-9)$

每个尺段进行以上三项改正后，得改正后的

图 5-9 倾斜改正

尺段长度（即水平距离 D）

$$D = l + \Delta l_l + \Delta l_t + \Delta l_h \qquad (5-10)$$

【例 5-1】 表 5-1 中，钢尺长 30m，检定时温度为 20℃，拉力为 10kg，检定长度为 30.0023m，钢尺膨胀系数为 $1.25 \times 10^{-5}/1℃$。A-1 尺段的丈量长度为 29.6537m，尺段高差为 -0.271m，丈量时钢尺表面温度为 24.5℃。对尺段 A-1 水平距离计算如下

尺长改正 $\qquad \Delta l = l_实 - l_名 = 30.0023 - 30 = 0.0023m$

$$\Delta l_l = \frac{\Delta l}{l_名}l = \frac{0.0023}{30} \times 29.6537 = 2.27 \times 10^{-3}m$$

温度改正

$$\Delta l_t = \alpha(t - t_0)l = 1.25 \times 10^{-5}/1℃ \times (24.5 - 20) \times 29.6537 = 1.67 \times 10^{-3}m$$

倾斜改正 $\qquad \Delta l_h = -\dfrac{h^2}{2l} = -\dfrac{(-0.271)^2}{2 \times 29.6537} = -1.24 \times 10^{-3}m$

该尺段的水平距离为

$$D = l + \Delta l_l + \Delta l_t + \Delta l_h = 29.6537 + 2.27 \times 10^{-3} + 1.67 \times 10^{-3} + (-1.24 \times 10^{-3})$$
$$= 29.6564m$$

在表 5-1 中线段 AB 丈量 4 个尺段，各尺段改正后长度相加，即得其全长。同样方法分别计算出返测全长，用相对误差进行精度评定，若结果符合精度要求，取平均值作为该距离的最后结果，否则应重测。

四、钢尺的检定与尺长方程式

1. 尺长方程式

由于钢尺在制造时产生制造误差，钢尺经过长期使用产生的变形误差，丈量时温度变化使钢尺膨胀产生的误差，以及对钢尺施加拉力不一致产生的误差的综合影响，这些误差使得钢尺的实际长度与名义长度不相等，这样丈量的结果与实际长度不符，为了获得较准确的丈量结果，就必须对钢尺进行检定，计算钢尺在标准温度和标准拉力下的实际长度并给出钢尺的尺长方程式，以便对钢尺的丈量结果进行改正，计算丈量结果的实际长度。通常将钢尺的实际长度随温度而变化的函数式，称为钢尺的尺长方程式。其一般形式为

$$l_t = l_0 + \Delta l + \alpha(t - t_0)l_0 \qquad (5-11)$$

式中 $\quad l_t$——钢尺在 t 温度时的实际长度；

$\quad l_0$——钢尺的名义长度；

$\quad \Delta l$——整尺段的尺长改正数；

$\quad \alpha$——钢尺的膨胀系数；

$\quad t_0$——钢尺检定时的温度（或标准温度）；

$\quad t$——丈量距离时钢尺的温度。

2. 钢尺的检定

钢尺的检定一般有两种方法。

方法一：是在两固定标志的检定场地进行检定，检定时要用弹簧秤（或挂重锤）施加一定的拉力（30m 钢尺 10kg，50m 钢尺 15kg），同时在检定时还要测定钢尺的温度。通常需要在两点测量 3 个测回（往、返一次为一测回），求其平均值作为名义长度，最后通过计算给出钢尺的尺长方程式。

【例 5 - 2】 钢尺的名义长度为 30m，在标准拉力下，在某检定场进行检定，已知两固定标志间的实际长度为 180.0552m，丈量结果为 180.0214m，检定时的温度为 12℃，求该钢尺 20℃时的尺长方程式。

钢尺在 12℃时的尺长改正数为

$$\Delta l = \frac{D' - D_0}{D_0} l_0 = \frac{180.0552 - 180.0214}{180.0214} \times 30 = 0.0056(\text{m})$$

钢尺在 12℃时的尺长方程式为

$$l_t = 30 + 0.0056 + 1.25 \times 10^{-5} \times (t - 12) \times 30(\text{m})$$

钢尺在 20℃时的长度

$$l_{20℃} = 30 + 0.0056 + 1.25 \times 10^{-5} \times (20 - 12) \times 30 = 30 + 0.0086(\text{m})$$

钢尺在 20℃时的尺长方程式为

$$l_t = 30 + 0.0086 + 1.25 \times 10^{-5} \times (t - 20) \times 30(\text{m})$$

方法二：是在精度要求不高时，可用检定过的钢尺作为标准尺来进行检定，此法可在室内水泥地面上进行，首先在地面上约一整尺段位置作两标志点，用检定过的钢尺，在标准拉力下丈量两标志点的水平距离，再根据丈量距离对两标志进行适当调整，并取平均值作为丈量结果。通过对比来求得待检定钢尺的尺长改正数，同时给出尺长方程式。

【例 5 - 3】 标准尺长的尺长方程式

$$l_t = 30 - 0.007 + 1.25 \times 10^{-5} \times (t - 20) \times 30(\text{m})$$

用其在地面上作两标记点，在标准拉力下丈量距离为 30m，用待检定的钢尺在标准拉力下，多次丈量两标志的距离为 29.997m，试求得待检定钢尺的尺长方程式。

$$\begin{aligned} l_{t求} &= l_t + (30 - 29.997) \\ &= 30 - 0.007 + 1.25 \times 10^{-5} \times (t - 20) \times 30 + 0.003 \\ &= 30 - 0.004 + 1.25 \times 10^{-5} \times (t - 20) \times 30(\text{m}) \end{aligned}$$

五、钢尺量距的误差分析及注意事项

(一) 钢尺量距的误差分析

影响钢尺量距精度的因素很多，主要有定线误差、尺长误差、温度测定误差、钢尺倾斜误差、拉力不均误差、钢尺对准误差、读数误差等。现分析各项误差对量距的影响。

1. 定线误差

在量距时由于钢尺没有准确地安放在待量距离的直线方向上，所量的是折线，不是直线，造成量距结果偏大产生误差。

2. 尺长误差

钢尺名义长度与实际长度之差产生的尺长误差对量距的影响，是随着距离的增加而增加的，在高精度量距时应加尺长改正。

3. 温度误差

钢尺温度改正公式为 $\Delta l_t = \alpha (t - t_0) l$，在测量温度时，温度计显示的是空气环境温度，不是钢尺本身的温度，阳光暴晒时，钢尺温度与环境温度可相差达 5℃，所以量距宜在阴天进行。

4. 拉力误差

钢尺具有弹性，受拉会伸长。钢尺弹性模量 $E = 2 \times 10^6 \, \text{kg/cm}^2$。

设钢尺断面积 $A = 0.04 \text{cm}^2$，钢尺的拉力误差为 ΔP，根据虎克定律，钢尺伸长误差为

$$\Delta \lambda_P = \frac{\Delta P l}{EA}$$

当 $\Delta P = 3 \text{kg}$，$l = 30 \text{m}$ 时，钢尺量距误差约为 1mm，所以在精密量距时需要用弹簧秤来控制拉力大小。

5. 钢尺倾斜误差

如果钢尺量距时钢尺不水平，或测量距离时两端高差测定有误差，都会对量距产生误差，使距离测量值偏大。倾斜改正公式为

$$\Delta l_h = -\frac{h^2}{2l}$$

因而高差大小和测定误差对测距精度有影响。对于 $l = 30 \text{m}$ 的钢尺，当 $h = 1 \text{m}$，高差误差为 5mm 时，产生测距误差为 0.17mm。所以在精密量距时，需要用水准仪测定高差。

6. 钢尺对准及读数误差

在量距时测钎插入位置误差、钢尺对准点误差及读数误差都对量距产生误差，在量距时，要仔细认真，一般采用多次丈量取平均值以提高量距精度。

(二) 钢尺量距的注意事项

(1) 量距前检验丈量工具，认清尺面零点位置，有的尺零点位置在尺段 20cm 或 10cm 处。

(2) 丈量时定线要准确，拉力要均匀，尺面要水平，对点要准确，测钎要沿尺的同一侧面铅直插入。

(3) 读数要仔细，第一次读数前可以预读，记录时应复诵，用铅笔要字迹清晰，记错的应划去，在正上方写上正确的数值，不准涂改，弹簧秤拉紧时要同时读数，因为这时尺会串动，往往读数不在同一时刻，以致产生读数错误。

(4) 整尺段丈量，到终点时应校核测钎总数，防止多计或少计整尺段数，野外测量时经常发生漏记尺段的情况。

(5) 注意保护钢尺，在丈量中，防止扭折打卷，被车辆碾压。钢尺不允许在地面上拖行。用毕后应及时用软布擦去灰尘，涂上机油，以防生锈。

第二节 视 距 测 量

视距测量 (stadia measurement) 是利用望远镜内十字丝分划板上的视距丝在视距尺

上进行读数，根据几何光学和三角学原理，同时测定水平距离和高差的一种方法。这种方法具有操作方便，速度快，不受地面高低起伏限制等优点。虽然精度较低，约为 1/300～1/200，但能满足测定碎部点位置的精度要求，因此被广泛应用于过去的白纸测图碎部测量中。视距测量所用的仪器是经纬仪，工具是视距尺（或水准尺）。

一、视线水平时的视距测量公式

如图 5-10 所示，测定 A、B 两点间的水平距离 D 及高差 h，可在 A 点安置经纬仪，B 点立视距尺，设望远镜视线水平，瞄准 B 点视距尺，此时视线与视距尺垂直。若尺上 G、M 点成像在十字丝分划板上的两根视距丝 g、m 处，那么尺上 GM 的长度可由上、下视距丝读数之差求得。上、下丝读数之差称为视距间隔。图 5-10 中 l 为视距间隔，p 为上、下视距丝的间距，f 为物镜焦距，δ 为物镜至仪器中心的距离。由相似三角形 $\Delta m'g'F$ 与 ΔMGF 可得

$$\frac{GM}{g'm'} = \frac{FQ}{FO}$$

式中　　$GM = l$——视距间隔；

　　　　$FO = f$——物镜焦距；

　　　　$g'm' = p$——上下视距丝的间距。于是

$$FQ = \frac{FO}{g'm'} \cdot GM = \frac{f}{p}l$$

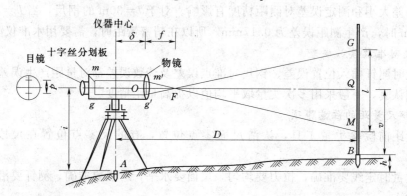

图 5-10　视线水平时的视距测量原理

由图 5-10 可以看出，仪器中心离物镜前焦距点 F 的距离为 $\delta + f$，A、B 两点间的水平距离为

$$D = \frac{f}{p}l + f + \delta$$

令 $\dfrac{f}{p} = K$，$f + \delta = C$

则

$$D = Kl + C \tag{5-12}$$

式中　K、C——视距乘常数和视距加常数。现代常用的内对光望远镜仪器设计时已使 K = 100，C 接近于零，所以公式（5-12）可改写为

$$D = Kl \qquad (5-13)$$

同时，由图 5-10 可以看出 A、B 的高差

$$h = i - v \qquad (5-14)$$

式中 i——仪器高，是桩顶到仪器横轴中心的高度；

v——十字丝中丝在尺上的读数。

二、视线倾斜时的视距测量公式

在地形起伏较大的地区进行视距测量时，必须使视线倾斜才能看到视距尺。如图 5-11 所示。由于视线不垂直于视距尺，故不能直接应用上述公式。下面将讨论视线倾斜时的视距公式。

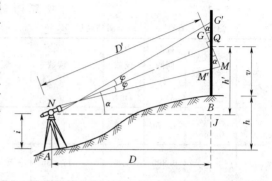

在图 5-11 中，当视距尺垂直立于 B 点时的视距间隔 $G'M'=l$ 假定视线与尺面垂直时的视距间隔 $GM=l'$，按式（5-13）可得倾斜距离 $D'=Kl'$，则水平距离 D 为

$$D = D'\cos\alpha = Kl'\cos\alpha \qquad (5-15)$$

下面求解 l' 与 l 的关系。

图 5-11 视线倾斜时的视距测量原理

在三角形 MQM' 和 $G'QG$ 中

$$\angle M'QM = \angle G'QG = \alpha$$

$$\angle QMM' = 90° - \varphi, \angle QGG' = 90° + \varphi$$

式中 φ 为上（或下）视距丝与中丝间的夹角，其值一般约为 $17'$ 左右很小，所以 $\angle QMM'$ 和 $\angle QGG'$ 可近似地视为直角，于是得

$$l' = GM = QG'\cos\alpha + QM'\cos\alpha = (QG' + QM')\cos\alpha$$

而 $QG' + QM' = G'M' = l$，则有 $l' = l\cos\alpha$，代入式（5-15），得水平距离为

$$D = Kl\cos^2\alpha \qquad (5-16)$$

由图 5-11 中看出，A、B 间的高差 h 为

$$h = h' + i - v$$

式中 h'——初算高差。可按下式计算

$$\left. \begin{aligned} h' &= D'\sin\alpha = Kl\cos\alpha\sin\alpha = \frac{1}{2}Kl\sin2\alpha \\ h' &= D\tan\alpha \end{aligned} \right\} \qquad (5-17)$$

或

所以

$$h = \frac{1}{2}Kl\sin2\alpha + i - v \qquad (5-18)$$

或

$$h = D\tan\alpha + i - v \qquad (5-19)$$

式中 i——仪器高；

v——十字丝中丝在视距尺上的读数。若 $v = i$ 时，则有

$$h = h'$$

三、视距测量的观测与计算

观测步骤如下

（1）在测站点 A 安置经纬仪（图 5-11），量取仪器高 i，在 B 点竖立视距尺。

（2）转动照准部，瞄准 B 点视距尺，分别读出上、下丝和中丝读数，将下丝读数减去上丝读数得视距间隔 l。

（3）转动竖盘水准管气泡调节螺旋使水准管气泡居中，或打开竖盘自动补偿开关，使竖盘指标线处于正确位置，读取竖盘读数计算竖直角 α。

（4）按式（5-16）、式（5-18）或式（5-19）计算水平距离和高差。

记录和计算列于表 5-2。

表 5-2 视 距 测 量 记 录 表

测站名称A　　　　测站高程105.46　　　　仪器高1.48　　　　仪器DJ$_6$

测站	下丝读数 上丝读数 （m）	视距 间隔 l （m）	中丝 读数 v （m）	竖盘读数 （° ′ ″）	竖直角 （° ′ ″）	水平距离 D （m）	高差主值 h' （m）	高差 h （m）	测点高程 H （m）	备注
1	2.237 0.663	1.574	1.48	87　41　12	+2　18　48	157.14	+6.35	+6.35	111.81	盘左 观测
2	2.445 1.555	0.890	2.00	95　17　36	−5　17　36	88.24	−8.18	−8.70	96.76	

四、视距测量误差分析及注意事项

1. 视距测量误差分析

（1）视距乘常数 K 的误差、视距尺分划的误差、竖直角观测的误差以及风力使尺子抖动引起的误差等，都将影响视距测量的精度。

（2）读数误差。视距丝在视距尺上读数的误差，与视距尺分划宽度、水平距离及望远镜放大倍率等有关。

（3）垂直折光影响。视距尺不同部分的光线到达望远镜，越靠近地面的光线受折光影响越大，当视线接近地面在视距尺上读数时，垂直折光引起的误差大，且这与距离的平方成比例地增加。

（4）视距尺（水准尺）倾斜所引起的误差。视距尺倾斜误差的影响与竖直角有关，由表 5-3 可以看出，尺身倾斜对视距精度的影响很大，表中 δ 为视距尺倾斜角，α 为竖直角，m'_D 为视距尺倾斜时所引起的距离误差。

表 5-3 水 准 尺 倾 斜 误 差 表

α（°）＼$\dfrac{m'_D}{D}$	δ			
	30′	1°	2°	3°
5	$\dfrac{1}{1310}$	$\dfrac{1}{655}$	$\dfrac{1}{327}$	$\dfrac{1}{218}$
10	$\dfrac{1}{650}$	$\dfrac{1}{325}$	$\dfrac{1}{162}$	$\dfrac{1}{108}$
20	$\dfrac{1}{315}$	$\dfrac{1}{150}$	$\dfrac{1}{80}$	$\dfrac{1}{50}$
30	$\dfrac{1}{200}$	$\dfrac{1}{100}$	$\dfrac{1}{50}$	$\dfrac{1}{30}$

2. 注意事项

（1）为减少垂直折光的影响，观测时应尽可能使视线离地面 0.1m 以上，在成像稳定的情况下进行观测。

（2）要将视距尺立直。

（3）要严格测定视距常数，K 值应在 100±0.1 之内，否则应加以改正。

（4）视距尺一般应是厘米刻划的整体尺。如果使用塔尺，应注意检查各节尺的接头是否准确。

第三节 电 磁 波 测 距

电磁波测距（electro-magnetic distance measuring，简称 EDM）是以电磁波作为载波，传输光信号来测量距离的一种方法，也就是利用光的传播速度和时间来测量距离。它具有测距精度高、速度快和不受地形影响等优点，已广泛用在工程测量中。

电磁波测距仪有多种分类方法：按其所用的光源可分为普通光源、红外光源和激光光源三类；按其测程可分为短程（小于 5km）、中程（5～15km）和远程（大于 15km）三类；按测量精度划分有：Ⅰ级（1km 测距中误差小于 5mm）、Ⅱ级（1km 测距中误差 5～10mm）和Ⅲ级（1km 测距中误差大于 10mm）；按其光波在测段内传播时间的测定方法，又可分为脉冲法和相位法两类。工程测量多采用相位式短程红外测距仪。

红外测距仪是以砷化镓（GaAs）发光二极管所发的荧光作为载波源，发出的红外线的强度能随注入电信号的强度而变化，因此它兼有载波源和调制器的双重功能。GaAs 发光二极管体积小，亮度高，功耗小，寿命长，且能连续发光，所以红外测距仪获得了更为迅速的发展。本节讨论的就是红外光电测距仪。

一、测距原理

如图 5 - 12 所示，设用相位式红外测距仪测量 AB 两点间的直线长度 D。在 A 点安置测距仪，在 B 点安置反射镜。由测距仪发出的红外光束到达 B 点，经反射镜反射后回到 A 点的仪器中，根据光波在 AB 之间往、返传播所用时间 t，可得测距仪测距的基本公式为：

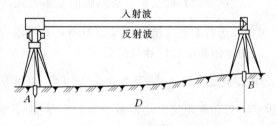

图 5 - 12　红外光测距原理

$$D = \frac{1}{2}ct \tag{5 - 20}$$

式中　c——光波在大气中的传播速度；

　　　t——光波在测程上往、返传播所需时间。

如果将光波在测线上按往、返距离展开，如图 5 - 13 所示，显然，光波回到 A 点时的相位比出发时延迟了一个 ϕ 角，设调制光波的频率为 f，则

$$\phi = 2\pi ft \tag{5 - 21}$$

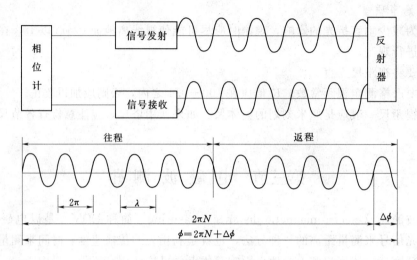

图 5-13　往返光波变化频率示意图

可见
$$D = \frac{1}{2}c\frac{\phi}{2\pi f} = \frac{1}{2}\frac{c}{f}\frac{\phi}{2\pi}$$

式中　$\dfrac{c}{f}$——调制光波的波长，用 λ 表示，相位差 ϕ 可以用 N 个整周期和一个不足整周期的相位尾数之和来表示，即 $\phi = 2\pi N + \Delta\phi$。将其代入上式得

$$D = \frac{1}{2}\lambda\frac{2\pi N + \Delta\phi}{2\pi} = \frac{\lambda}{2}\left(N + \frac{\Delta\phi}{2\pi}\right) = \frac{\lambda}{2}(N + \Delta N) \qquad (5-22)$$

式中，$\Delta N = \dfrac{\Delta\phi}{2\pi}$，其中 N 为正整数，ΔN 为小于 1 的小数。

式（5-22）就是相位法测距的基本公式，式中 $\dfrac{\lambda}{2}$ 称为"光尺"，可看成用尺长为 $\dfrac{\lambda}{2}$ 的"尺子"进行距离丈量，整尺段为 N，余尺段为 ΔN。

由于测相的相位计只能分辨 $0\sim2\pi$ 的相位变化，所以只能测量出不足 2π 的相位尾数 $\Delta\varphi$，即只能测出 ΔN，无法测定 N 值。也就是说，相位法测距仪只能测 $D < \dfrac{\lambda}{2}$ 的距离，因此，需在测距仪中设置多个调制频率测同一段距离。例如用调制光的频率为 15MHz，光尺长度为 10m 的调制光作为精测尺，用调制光的频率为 150kHz，光尺长度为 1000m 的调制光作为粗测尺。见图 5-14，前者测量相当于 $\Delta\varphi_1$ 的距离，即测量出小于 10m 的毫米位、厘米位、分米位和米位距离；后者测量相当于 $\Delta\varphi_2$ 的距离，即测量出十米位和百米位距离。两者测得的距离衔接起来，便得到完整的距离。衔接工作由仪器内部的逻辑电路自动完成，并一次显示测距结果。

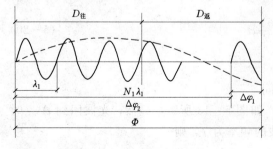

图 5-14　相位式光电测距原理

例如：某测距仪内设两个调制频率，其一为 15MHz（$\lambda_1/2 = 10$m），另一个为 150kHz（$\lambda_2/2 = 1000$m），由 $\lambda_1/2$ 光尺测得

$\Delta N_1 = 0.4656$，由 $\lambda_2/2$ 光尺测得 $\Delta N_2 = 0.265$，则测线长度 D 为：

由 $\lambda_1/2$ 得： $\quad\quad\quad\quad d_1 = 0.4656 \times 10 = 4.656\text{m}$

由 $\lambda_2/2$ 得： $\quad\quad\quad\quad d_2 = 0.265 \times 1000 = 265\text{m}$

最后结果为 269.656m。

二、红外光电测距仪的使用

现在生产的红外测距仪体积小、重量轻，所以测距仪一般安装在经纬仪上使用如图 5 -15 所示。不同厂家生产的测距仪，其结构和操作方法差异较大。所以在使用之前，必须仔细阅读仪器的使用说明书，按说明书的要求进行操作。现就红外测距仪的操作使用方法叙述如下。

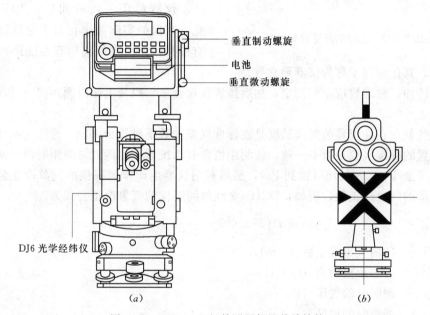

图 5-15 ND3000 红外测距仪及其单棱镜

1. 安置仪器

（1）在待测距离的一端安置经纬仪和测距仪，经纬仪的安置包括对中、整平。

（2）将测距仪安置在经纬仪的上方，不同类型的经纬仪其连接方式有所不同，应参照说明书进行。

（3）接通电源并打开测距仪开关（ON/OFF）检查仪器是否正常工作。

（4）将反射镜安置在待测距离的另一端，进行对中和整平，并将棱镜对准测距仪方向。

2. 距离测量

（1）用望远镜瞄准目标棱镜下方的觇板中心，并测定视线方向的竖直角。

（2）由于测距仪的光轴与经纬仪的视线不一定完全平行，因此还需调节测距仪的调节螺旋，使测距仪瞄准反光棱镜中心。

（3）按测距仪上的测量键，就可以测量距离，并显示测量结果。

3. 测距成果计算

测距仪测量的结果是仪器到目标的倾斜距离，要求的水平距离需要进行如下改正。

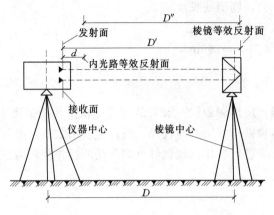

图 5-16　光电测距等效面光路

（1）仪器加常数、乘常数改正。如图 5-16 所示，由于仪器的发射和接收等效面与仪器中心不一致，反光镜的等效反射面与反射镜中心也不一致，加上光波在仪器内部光路走过的光程 d，测距仪测得的距离，实际上是发光等效面到反光镜等效面的距离 D' 与内光路的光程 d 之差，即 D''。待测距离与实测距离 D'' 相差一个常数 K 称为仪器加常数。

仪器使用一段时间后，由于晶体老化，光尺的实际频率相对于它的设计频率有偏移，使所测距离中存在随距离变化的系统误差，其比例因子称为仪器乘常数。

仪器的加、乘常数应定期测定，然后预置在仪器里。以便测距时测距仪自动改正所测距离。

（2）气象改正。仪器的光尺长度是在标准气象参数下推算出来的。测距时的气象参数与仪器设置的标准气象参数不一致，使测距值含有系统误差。因此，测距时尚需测定大气的温度（读至 1℃）和气压（读到 Pa），然后利用仪器生产厂家提供的气象改正公式，计算所测距离的气象改正数，例如，DCH—2 红外测距仪的气象改正公式为

$$\Delta D = D\left(278.699 - \frac{0.387p}{1 + 0.00366t}\right) \qquad (5-23)$$

式中　ΔD——D 的气象改正数（mm）；

$\qquad$ D——所测距离的值（km）；

$\qquad$ p——测距时的气压（Pa）；

$\qquad$ t——测距时的温度（℃）。

若根据实测的 p 和 t 算出式（5-23）中括号内的值，将它作为乘常数预置在 DCH—2 中仪器可自动进行气象改正。

（3）平距计算。如图 5-17 所示，测距仪测得的距离经仪器加、乘常数和气象改正数改正后，是测距仪中心到反射镜中心的斜距 D_s。可用从竖盘上读出的天顶距 Z，依下式计算所测平距 D：

$$D = D_s \sin Z \qquad (5-24)$$

此外，测站点与镜站点间的高差 h 可用下式计算：

$$h = h' + i - v = D_s \cos Z + i - v \qquad (5-25)$$

式中　h'——初算高差；

$\qquad$ i——经纬仪的高度；

$\qquad$ v——觇标高度。

测距时，将天顶距 Z 输入仪器，仪器中的微处理机可自动计算 D 和 h'。

4. 仪器使用时注意事项

（1）仪器应在大气条件下。

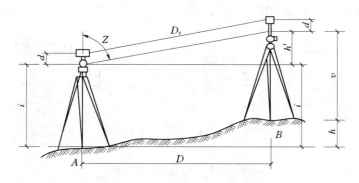

图 5-17 光电测距高差改正

（2）不要将仪器对准玻璃或让视线穿过玻璃，避免反射镜后有类似玻璃材质的标牌等物体。这样会引起干扰眩光，影响测量成果的精度。

（3）开机后不要立即开始测量，因电子线路尚未进入正常工作状态，因此前两次观测结果应舍去。

（4）严防将仪器头对准太阳及其他强光源，以免损坏光电器件，野外测量时应打伞遮阳。

（5）仪器不使用时，应将电池盒取下，保存期超过两周应定期充电。

第四节 全 站 仪 测 量

全站型电子速测仪简称全站仪（total station），由机械、光学、电子元件组合而成的测量仪器。它通过测量斜距、竖直角、水平角，可以自动记录、计算并显示出平距、高差、高程和坐标等相关数据。由于只需一次安置，仪器便可以完成测站上所有的测量工作，故被称为"全站仪"。

早期的全站仪由于体积大、重量重、价格昂贵等因素，其推广应用受到了很大的局限。自 20 世纪 80 年代起，由于大规模集成电路和微处理机及其半导体发光元件性能的不断完善和提高，使全站仪进入了成熟与蓬勃发展阶段。其表现特征是小型、轻巧、精密、耐用、并具有强大的软件功能。特别是 1992 年以来，新颖的电脑智能型全站仪投入世界测绘仪器市场，如：索佳（SOKKIA）SET 系列、拓普康（TOPCON）GTS700 系列、尼康（NIKON）的 DTM—700 系列、徕卡（LEICA）的 TPS1000 系列等，使操作更加方便快捷、测量精度更高、内存量更大、结构造型更精美合理。

一、全站仪的基本构造

1. 全站仪的基本组成

由上所知，全站仪由电子测角、电子测距、电子补偿、微机处理装置四大部分组成，它本身就是一个带有特殊功能的计算机控制系统。其微机处理装置是由微处理器、存储器、输入和输出部分组成。由微处理器对获取的倾斜距离、水平角、竖直角、垂直轴倾斜误差、视准轴误差、垂直度盘指标差、棱镜常数、气温、气压等信息加以处理，从而获得各项改正后的观测数据和计算数据。在仪器的只读存储器中固化了测量程序，测量过程由程序完成。仪器的设计框架如图 5 - 18 所示。

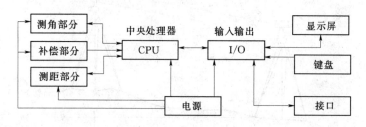

图 5 - 18　仪器的设计框架

其中：

电源部分是可充电电池为各部分供电；

测角部分为电子经纬仪可以测定水平角、竖直角、设置方位角；

补偿部分可以实现仪器垂直轴倾斜误差对水平、垂直角度测量影响的自动补偿改正；

测距部分为光电测距仪可以测定两点之间的距离；

中央处理器接受输入指令、控制各种观测作业方式、进行数据处理等；

输入、输出包括键盘、显示屏、双向数据通信接口。

从总体上看，全站仪的组成可分为两大部分：

（1）为采集数据而设置的专用设备：主要有电子测角系统、电子测距系统、数据存储系统、自动补偿设备等。

（2）测量过程的控制设备：主要用于有序地实现上述每一专用设备的功能，包括与测量数据相联结的外围设备及进行计算、产生指令的微处理机等。

只有上面两大部分有机结合才能真正地体现"全站"功能，既要自动完成数据采集，又要自动处理数据和控制整个测量过程。

2. 全站仪的基本结构

全站仪按其结构可分为组合式（积木式）与整体式两种。

（1）组合式全站仪。组合式结构的全站仪是由测距头、光学经纬仪及电子计算部分拼装组合而成。这种全站仪的出现较早，经不断的改进可将光学角度读数通过键盘输入到测距仪并对倾斜距离进行计算处理，最后得出水平距离、高差、方位角和坐标差。为了把这些结果可自动地传输到外部存储器中，后来发展为把测距头、电子经纬仪及电子计算部分拼装组合在一起（见图 5 - 19）。其优点是能通过不同的构件进行多样组合，当个别构件损坏时，可以用其它构件代替，具有很强的灵活性。早期的全站仪都采用这种结构。

（2）整体式全站仪。整体式结构的全站仪是在一个机器外壳内含有电子测距、测角、补偿、记录、计算、存储等部分（见图 5 - 20）。将发射、接收、瞄准光学系统设计成同轴，共用一个望远镜，角度和距离测量只需一次瞄准，测量结果能自动显示并能与外围设备双向通信。其优点是体积小，结构紧凑，操作方便，精度高。近期的全站仪都采用整体式结构（本节主要介绍整体式全站仪）。

如果仪器有水平方向和竖直方向同轴双速制动及微动手轮，瞄准操作只需单手进行，更适合移动目标的跟踪测量及空间点三维坐标测量，操作更方便、应用更为广泛。

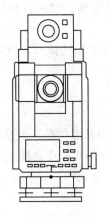

图 5-19 组合式全站仪

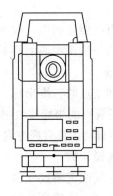

图 5-20 整体式全站仪

二、全站仪的基本功能

全站仪是一个由测距仪、电子经纬仪、电子补偿器、微处理机组合的整体。测量功能可分为基本测量功能和程序测量功能。只要开机，电子测角系统即开始工作并实时显示观测数据；其它测量功能只是测距及数据处理。

基本测量功能：包括电子测距、电子测角（水平角、竖直角）；显示的数据为观测数据。

程序测量功能：包括水平距离和高差的切换显示、三维坐标测量、对边测量、放样测量、偏心测量、后方交会测量、面积计算等；显示的数据为观测数据经处理后的计算数据。

三、全站仪测量

不同型号的全站仪，其具体操作方法会有较大的差异。下面简要介绍全站仪的基本操作与使用方法。

1. 水平角测量

（1）按角度测量键，使全站仪处于角度测量模式，照准第一个目标 A。

（2）设置 A 方向的水平度盘读数为 $0°00'00''$。

（3）照准第二个目标 B，此时显示的水平度盘读数即为两方向间的水平夹角。

2. 距离测量

（1）设置棱镜常数。测距前须将棱镜常数输入仪器中，仪器会自动对所测距离进行改正。

（2）设置大气改正值或气温、气压值。光在大气中的传播速度会随大气的温度和气压而变化，15℃和 760mmHg 是仪器设置的一个标准值，此时的大气改正为 0ppm。实测时，可输入温度和气压值，全站仪会自动计算大气改正值（也可直接输入大气改正值），并对测距结果进行改正。

（3）量仪器高、棱镜高并输入全站仪。

（4）距离测量。照准目标棱镜中心，按测距键，距离测量开始，测距完成时显示斜距、平距、高差。

全站仪的测距模式有精测模式、跟踪模式、粗测模式三种。精测模式是最常用的测距模式，测量时间约 2.5s，最小显示单位 1mm；跟踪模式，常用于跟踪移动目标或放样时连续测距，最小显示一般为 1cm，每次测距时间约 0.3s；粗测模式，测量时间约 0.7s，最小显示单位 1cm 或 1mm。在距离测量或坐标测量时，可按测距模式（MODE）键选择不同的测距模式。

应注意，有些型号的全站仪在距离测量时不能设定仪器高和棱镜高，显示的高差值是全站仪横轴中心与棱镜中心的高差。

3. 坐标测量

（1）设定测站点的三维坐标。

（2）设定后视点的坐标或设定后视方向的水平度盘读数为其方位角。当设定后视点的坐标时，全站仪会自动计算后视方向的方位角，并设定后视方向的水平度盘读数为其方位角。

（3）设置棱镜常数。

（4）设置大气改正值或气温、气压值。

（5）量仪器高、棱镜高并输入全站仪。

（6）照准目标棱镜，按坐标测量键，全站仪开始测距并计算显示测点的三维坐标。

在地形测量时，全站仪测量结束后需要用数据线把数据传到数字化成图软件中，例如 CASS7.0（南方数字化地形地籍成图软件）等。在图上展出坐标点和显示出高程。

四、南方 NTS660 系列全站仪与拓普康 GTS−330N 系列全站仪简介

1. 南方 NTS660 系列全站仪

南方智能型 NTS660 系列全站仪属于南方全站仪的第二代产品，具有全中文菜单，大容量内置内存和完善的全站测绘软件。

（1）基本技术指标。南方 NTS660 系列全站仪的基本技术指标见表 5−4。

表 5-4　　　　　　　　南方 NTS660 系列全站仪的基本技术指标

全站仪型号		NTS—662	NTS—663	NTS—665
距 离 测 量				
最大距离 （良好天气）	单个棱镜	1.8km	1.6km	1.4km
	三个棱镜	2.6km	2.3km	2.0km
数字显示		最大：9999999.999m		最小：1mm
精度		2+2ppm		
测量时间		精测单次 3s，跟踪 1s		
平均测量次数		可选取 1～99 次的平均值		
气象修正		输入参数自动改正		
大气折光和地球曲率改正		输入参数自动改正，$K=0.14/0.2$ 可选		
棱镜常数修正		输入参数自动改正		
角 度 测 量				
测角方式		光电增量式		
最小显示读数		$1''/5''$		
探测方式		水平盘：对径	竖直盘：对径	
精度		$2''$		

（2）仪器各部件名称及其功能。

1）各部件名称。南方 NTS660 系列全站仪各部件名称如图 5−21（a）、（b）所示。

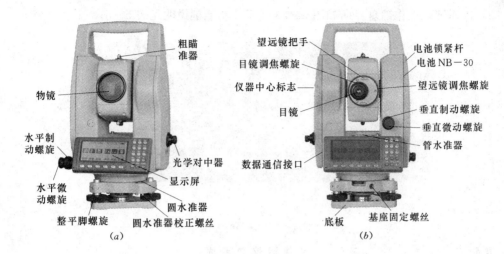

图 5-21 南方 NTS660 系列全站仪

2) 显示屏。① 显示屏。一般上面几行显示观测数据，底行显示软键功能，它随测量模式的不同而变化。② 对比度。利用星键（★）可调整显示屏的对比度和亮度。仪器的显示屏如图 5-22 所示。③ 显示符号含义。显示符号含义见表 5-5。

角度测量模式

```
          [角度测量]

  V：87°56′09″

  HR：180°44′38″




  斜距  平距  坐标  置零  锁定  P1↓
```

垂直角（V）：87°56′09″
水平角（HR）：180°44′38″

距离测量模式

```
          [斜距测量]

  V：87°56′09″
                              psm   30
  HR：180°44′38″
                              ppm    0
  SD：     12.345
                                 (m) F.R

  斜距  平距  坐标  置零  锁定  P1↓
```

垂直角（V）：87°56′09″
水平角（HR）：180°44′38″
斜距（SD）：12.345m

图 5-22 仪器的显示屏

表 5-5   显 示 符 号 含 义 表

符 号	含 义	符 号	含 义
V	垂直角	*	电子测距正在进行
V%	百分度	m	以米为单位
HR	水平角（右角）	ft	以英尺为单位
HL	水平角（左角）	F	精测模式
HD	平距	T	跟踪模式（10mm）
VD	高差	R	重复模式
SD	斜距	S	单测模式
N	北向坐标	N	N 次测量
E	东向坐标	ppm	大气改正值
Z	天顶方向坐标	psm	棱镜常数值

3）操作键。操作键盘界面如图5-23所示，功能键说明见表5-6。

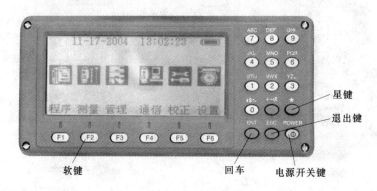

图 5-23 仪器的键盘

表5-6 仪 器 键 位 功 能 表

按 键	名 称	功 能
F1～F6	软键	功能参见所显示的信息
0～9	数字键	输入数字，用于欲置数值
A～Z	字母键	输入字母
ESC	退出键	退回到前一个显示屏或前一个模式
★	星键	用于仪器若干常用功能的操作
ENT	回车键	数据输入结束并认可时按此键
POWER	电源键	控制电源的开/关

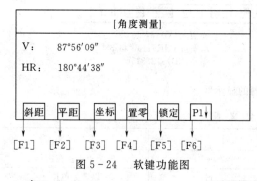

图 5-24 软键功能图

4）功能键（软键）。软键功能标记在显示屏的底行（见图5-24）。该功能随测量模式的不同而改变（见图5-25）。

各功能模式键位说明见表5-7。

5）星键（★键）模式。按下（★）键即可看到仪器的若干操作选项。这些选项分两页屏幕显示。按［F5］（P1）键查看第二页屏幕，再按［F5］（P2）可返回第一页屏幕。

表5-7 测量模式键位说明表

模 式	显 示	软 键	功 能
角度测量	斜距	F1	倾斜距离测量
	平距	F2	水平距离测量
	坐标	F3	坐标测量
	置零	F4	水平角置
	锁定	F5	水平角锁

续表

模式	显示	软键	功能
角度测量	记录	F1	将测量数据传输到数据采集
	置盘	F2	预置一个水平角
	R/L	F3	水平角右角/左角变换
	坡度	F4	垂直角/百分度的变换
	补偿	F5	设置倾斜改正（若打开补偿功能，则显示倾斜改正值）
斜距测量	测量	F1	启动斜距测量［选择连续测量/N 次（单次）测量模式］
	模式	F2	设置单次精测/N 次精测/重复精测/跟踪测量模式
	角度	F3	角度测量模式
	平距	F4	平距测量模式，显示 N 次或单次测量后的水平距离
	坐标	F5	坐标测量模式，显示 N 次或单次测量后的坐标
	记录	F1	将测量数据传输到数据采集器
	放样	F2	放样测量模式
	均值	F3	设置 N 次测量的次数
	m/ft	F4	距离单位米或英尺的变换
平距测量	测量	F1	启动平距测量（选择连续测量/N 次、单次测量模式）
	模式	F2	设置单次精测/N 次精测/重复精测/跟踪测量模式
	角度	F3	角度测量模式
	斜距	F4	斜距测量模式，显示 N 次或单次测量后的倾斜距离
	坐标	F5	坐标测量模式，显示 N 次或单次测量后的坐标
	记录	F1	将测量数据传输到数据采集器
	放样	F2	放样测量模式
	均值	F3	设置 N 次测量的次数
	m/ft	F4	米或英尺的变换
坐标计算	测量	F1	启动坐标测量［选择连续测量/N 次（单次）测量模式］
	模式	F2	设置单次精测/N 次精测/重复精测/跟踪测量模式
	角度	F3	角度测量模式
	斜距	F4	斜距测量模式，显示 N 次或单次测量后的倾斜距离
	平距	F5	平距测量模式，显示 N 次或单次测量后的水平距离
	记录	F1	将测量数据传输到数据采集器
	高程	F2	输入仪器高/棱镜高
	均值	F3	设置 N 次测量次数
	m/ft	F4	米或英尺的变换
	设置	F5	预置仪器测站点坐标

由星键（★）可作如下仪器操作：

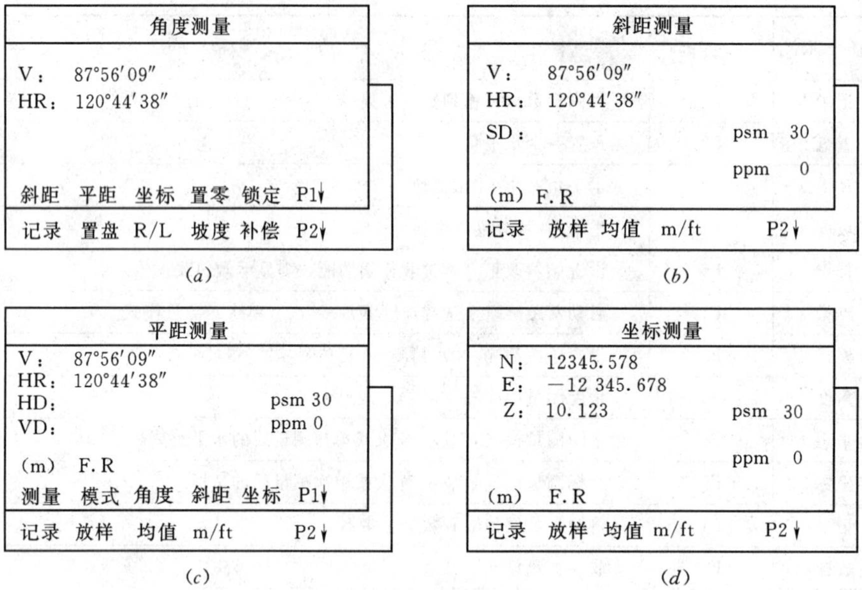

角度测量
V： 87°56′09″
HR： 120°44′38″
斜距 平距 坐标 置零 锁定 P1↓
记录 置盘 R/L 坡度 补偿 P2↓
(a)
斜距测量
V： 87°56′09″
HR： 120°44′38″
SD：
psm 30
ppm 0
(m) F.R
记录 放样 均值 m/ft P2↓
(b)
平距测量
V： 87°56′09″
HR： 120°44′38″
HD：
VD：
psm 30
ppm 0
(m) F.R
测量 模式 角度 斜距 坐标 P1↓
记录 放样 均值 m/ft P2↓
(c)
坐标测量
N： 12345.578
E： −12 345.678
Z： 10.123
psm 30
ppm 0
(m) F.R
记录 放样 均值 m/ft P2↓
(d)

图 5-25 测量模式图

第一页屏幕，如图 5-26（*a*）所示：

①查看日期和时间；

②显示器对比度调节，[F1] 和 [F2]；

③显示器背景灯照明的开/关，[F3]；

④显示内存的剩余量，[F4]。

第二页屏幕，如图 5-26（*b*）所示：

调解对比度
日期与时间
2003—10—15 16:44:25
第1页
P1↓
背景灯照明
显示内存容量
(a)
显示电子气泡
显示回光信号强度
日期与时间
2003—10—15 16:44:25
第2页
ppm
P2↓
设置温度、气压、大气改正值(ppm)和棱镜常数值(psm)
(b)

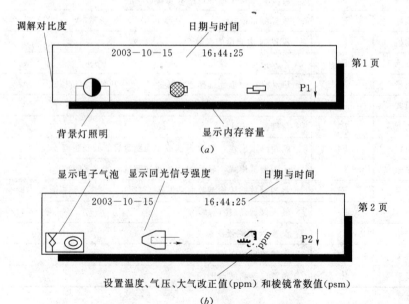

图 5-26 星键（★键）模式图

①电子圆水准器图形显示，[F2]；
②接收光线强度（信号强弱）显示，[F3]；
③设置温度、气压、大气改正值（ppm）和棱镜常数（psm），[F4]；
6）主菜单
主菜单图如图5-27所示，选择菜单项可按软键[F1]～[F6]。

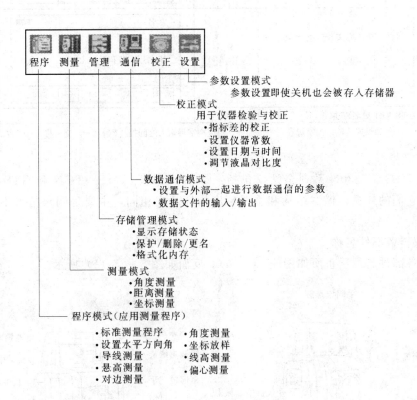

图5-27 主菜单图

7）输入数字和字母的方法
字母与数字可由键盘输入，十分简单快捷。
[示例] 在管理模式下给文件更名，如下：

操作步骤	按键	显示
从主菜单图标屏幕中按[F3]（管理）键，然后按[F6]（文件）键，再按[F2]（更名）键 ①按[F1]（数字）键，进入字母输入模式	[F3] [F6] [F2] [F1]	更名　　　　　　■ 原名[CCC.DAT] 新名[＿] 数字　空格　←　→

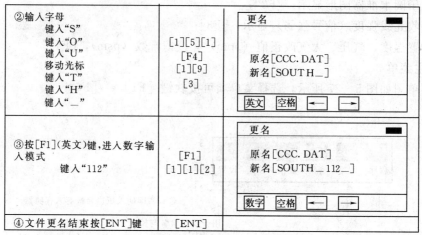

②输入字母 键入"S" 键入"O" 键入"U" 移动光标 键入"T" 键入"H" 键入"_"	[1][5][1] [F4] [1][9] [3]	更名 原名[CCC.DAT] 新名[SOUTH_] 英文 空格 ← →
③按[F1](英文)键,进入数字输 入模式 　　键入"112"	[F1] [1][1][2]	更名 原名[CCC.DAT] 新名[SOUTH_112_] 数字 空格 ← →
④文件更名结束按[ENT]键	[ENT]	

注 如果连续输入的字母在同一按键上,则应在字母输入之间按［F4］(→)键,将光标右移。

2. 拓普康 GTS—330N 系列全站仪

拓普康 GTS—330N 系列全站仪包括:GTS—332N、GTS—335N 和 GTS—336N 三款型号,它们的外观、仪器结构和主要精度指标基本相同,主要是测角精度不同分别为 2″、5″、6″。

1) 仪器各部件名称

仪器各部件名称:正面如图 5-28 (a)、反面如图 5-28 (b) 所示。

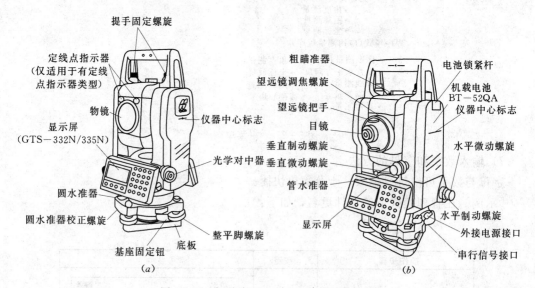

图 5-28 拓普康 GTS—330N 系列全站仪

2) 显示屏

拓扑康 330N 系列全站仪的显示屏和显示符号代表的意义基本上与南方 NTS660 系列的仪器相同,这里不作叙述。

3) 操作键

操作键如图 5-29 所示,各键位功能说明见表 5-8。

表 5-8 　　　　　　　　　　　　**仪 器 键 位 功 能 表**

键	名　称	功　　能
★	星键	星键模式用于如下项目的设置或显示： （1）显示屏对比度（2）十字丝照明（3）背景光 （4）倾斜改正（5）定线点指示器（仅适用于有定线点指示器类型）（6）设置音响模式
⊿	坐标测量键	坐标测量模式
◢	距离测量键	距离测量模式
ANG	角度测量键	角度测量模式
POWER	电源键	电源开关
MENU	菜单键	在菜单模式和正常测量模式之间切换，在菜单模式下可设置应用测量与照明调节、仪器系统误差改正
ESC	退出键	·返回测量模式或上一层模式 ·从正常测量模式直接进入数据采集模式或放样模式 ·也可用作为正常测量模式下的记录键
ENT	确认输入键	在输入值末尾按此键
F1～F4	软键（功能键）	对应于显示的软键功能信息

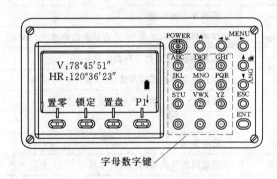

图 5-29　GTS—330 系列全站仪操作键

4）功能键（软键）

功能键的信息显示在显示屏的最底行，各软键的功能见相应的显示信息。具体说明见表 5-9。

5）主菜单

主菜单第一页如图 5-30（a）、第二页如图 5-30（b）、第三页如图 5-30（c）所示。

6）星键（★键）模式

主要是一些仪器的设置功能，大体上同南方 NTS660 全站仪的星键（★键）模式相同。

7）输入数字和字母的方法

参见南方 NTS660 全站仪输入数字和字母的方法。

表 5－9　　　　　　　　　　　　**测量模式键位说明表**

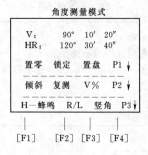

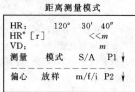

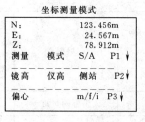

角度测量模式

页数	软键	显示符号	功　　能
1	F1	置零	水平角置为 0°00′00″
	F2	锁定	水平角读数锁定
	F3	置盘	通过键盘输入数字设置水平角
	F4	P1↓	显示第二页软键功能
2	F1	倾斜	设置倾斜改正开或关，若选择开，则显示倾斜改正值
	F2	复测	角度重复测量模式
	F3	V%	垂直角百分比坡度（％）显示
	F4	P2↓	实现第三页软键功能
3	F1	蜂鸣	仪器每转动水平角 90°是否要发出蜂鸣声的设置
	F2	R/L	水平角右/左计数方向的转换
	F3	竖盘	垂直角显示格式（高度角/天顶距）的切换
	F4	P3↓	显示下一页（第一页）软键功能

距离测量模式

页数	软键	显示符号	功　　能
1	F1	测量	启动测量
	F2	模式	设置测距模式精测/粗测/跟踪
	F3	S/A	设置音响模式
	F4	P1↓	显示第二页软键功能
2	F1	偏心	偏心测量模式
	F2	放样	放样测量模式
	F3	m/f/i	米、英尺或者英尺、英寸单位的变换
	F4	P2↓	显示第一页软键功能

坐标测量模式

页数	软键	显示符号	功　　能
1	F1	测量	开始测量
	F2	模式	设置测量模式，精测/粗测/跟踪
	F3	S/A	设置音响模式
	F4	P1↓	显示第二页软键功能

续表

2	F1	镜高	输入棱镜高
	F2	仪高	输入仪器高
	F3	测站	输入测站点（仪器站）坐标
	F4	P2↓	显示第三页软键功能
3	F1	偏心	偏心测量模式
	F3	m/f/i	米、英尺或者英尺、英寸单位的变换
	F4	P3↓	显示第一页软键功能

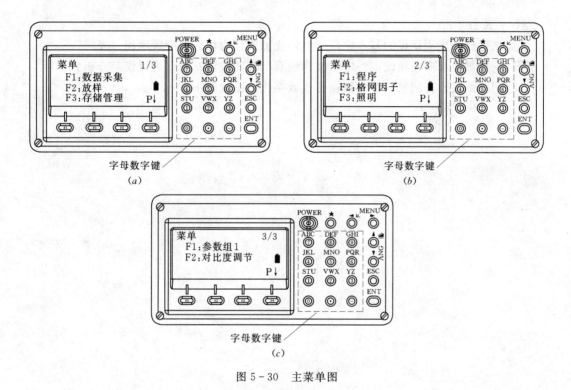

图 5 - 30 主菜单图

思考题与习题

1. 丈量 AB、CD 两段距离，AB 段往测为 137.770m，返测为 137.782m，CD 段往测为 234.422m，返测为 234.410m，问两段距离丈量精度是否相同？为什么？两段丈量结果各为多少？

2. 一钢尺名义长度为 30m，经检定实际长度为 30.002m，用此钢尺量两点间距离为 186.434m，求改正后的水平距离。

3. 一钢尺长 20m，检定时温度为 20℃，用钢尺丈量两点间距离为 125.247m，丈量时钢尺表面温度 12℃，求改正后的水平距离（$\alpha = 1.25 \times 10^{-5}/1℃$）。

4. 已知钢尺的尺长方程式为 $l_t = 30 + 0.005 + 1.25 \times 10^{-5} \times (t - 20) \times 30$（m），今

用该钢尺在 25℃时丈量 AB 的倾斜距离为 125.000m，A、B 两点之间的高差为 1.125m，求 A、B 两点之间的实际水平距离？

5. 用名义长度为 50m 的钢尺，在标准拉力（15kg）下，丈量 A、B 的距离为 49.9832m，丈量时的温度为 25℃，已知 A、B 两点的实际长度为 49.9811m，求该钢尺在 20℃时的尺长方程式（$\alpha = 1.25 \times 10^{-5}/1$℃）。

6. 说明下列现象对距离丈量的结果是长了还是短了？

（1）所用钢尺比标准尺短。

（2）直线定线不准。

（3）钢尺未拉水平。

（4）读数不准。

7. 试述红外光测距仪的基本原理。红外光测距仪为什么要配置两把"光尺"。

8. 钢尺量距有哪几项改正？电磁波测距有哪几项改正？怎么进行误差分析？

9. 用全站仪进行测量，并将数据传入数字化成图软件中。

第六章 测量误差的基本知识

第一节 测量误差概述

一、观测误差

当对某段距离作往返丈量时，常发现量得的长度不相符；在进行闭合水准路线测量时，其高差总和往往不等于零；观测水平角时，上下两个半测回角值经常不符等，这些不符值实质上表现为各次测量所得的数值（简称观测值）与未知量的真实值（简称真值）之间存在差值，这种差值称为测量误差（surveying error），也称观测误差，即

$$测量误差 = 观测值 - 真值$$

记 $$\Delta_i = l_i - x(i = 1, 2, \cdots)$$

测量误差的基本知识将介绍测量误差的基本性质，并从一系列带有误差的观测值中求得最合理、最接近真值的最或是值，消除观测值间的不符值，并计算出观测值的精度，用以鉴定测量成果的优劣；同时，根据测量误差理论制定精度要求，以指导测量工作，力求在最经济的条件下，获得较好的精度。

二、观测误差来源

观测误差的产生，主要是由于观测仪器、工具不可能十分完善；而且观测者感觉和视觉的鉴别能力有限；另外，测量作业是在不断变化着的外界条件（如温度、湿度、气压、风力和大气折光等）下进行的。因此，一切观测值都不可避免地会受到这三方面因素的影响而存在误差，将这三方面因素综合起来，称为观测条件。显然，观测条件的好坏与观测成果的质量密切相关。

三、观测误差的分类及特征

根据误差产生的原因和误差性质的不同，观测误差可以分为系统误差和偶然误差两大类。

1. 系统误差（system error）

在相同的观测条件下（同样的仪器工具、同样的技术与操作方法、同样的外界条件），对某量作一系列观测，其误差保持同一数值、同一符号，或遵循一定的变化规律，这种误差称为系统误差。

例如，用钢尺量距时，用名义尺长为 l_0 的钢尺量得距离为 D。钢尺经鉴定后，发现每一尺长比标准尺长差 Δl_0，这种误差的大小与所测距离的长度成正比、符号相同，可用求改正数的方法予以消除。水准测量时，由于水准仪的视准轴不平行于水准管轴所产生 i 角误差的大小与前后视距离差成正比，且符号相同，因此，采取前后视距离相等的办法可以消除其误差对高差的影响。当经纬仪视准轴不垂直于横轴、横轴不垂直于竖轴时，对水

平角观测所带来的误差，可采用全圆方向观测的观测方法加以消除。大气折光对水准测量所产生的折光差、温度变化对钢尺丈量长度的影响等，可以通过计算加以消除。

综上分析，系统误差具有同一性（误差的大小相等）、单向性（误差的正负号相同）和累计性等特性，因此，系统误差可采取一定的观测方法或通过计算的方法加以消除或减小到可以忽略的程度。

2. 偶然误差（accident error）

在相同的观测条件下，对某量作一系列的观测，其观测误差的大小和符号均不一致，从表面上看没有任何规律性，这种误差称为偶然误差。例如，用经纬仪观测三角形内角 α_1、α_2、α_3，其和与理论值不符，产生真误差 Δ，即

$$\Delta_i = (\alpha_1 + \alpha_2 + \alpha_3)_i - 180°$$

式中 $i = 1$、2、3、…、n。Δ_i 是角度测量时测站对中误差、目标偏斜误差、照准误差、读数误差、仪器校正后的残余误差，以及外界条件变化等所产生误差的综合。而每项误差又是由许多偶然因素（随机因素）所组成的小误差的代数和。例如，土壤性质、空气透明度、风向、风力、大气折光、估读误差甚至包括观测者的情绪等，就单个误差而言，其数值的大小、符号的正负均不能事先预测，呈现出偶然性。

根据大量的实践证明：若对某量进行多次观测，在只含有偶然误差的情况下，偶然误差则呈现出统计学上的规律性。观测次数愈多，这种规律性就愈明显。

为了阐明偶然误差的规律性，设在相同观测条件下，独立地观测了 $n = 217$ 个三角形的内角，由于观测有误差，每个三角形的内角和不等于180°，而产生真误差 Δ，因按观测顺序排列的真误差，其大小、符号没有任何规律，为了便于说明偶然误差的性质，将真误差按其绝对值的大小排列于表 6-1 中，误差间隔 $d\Delta$ 为 $3.0''$，V_i 为误差在各间隔内出现的个数，$\dfrac{V_i}{n}$ 为误差出现在某间隔的频率。

表 6-1　　　　　　　　　　　　真 误 差 分 布 表

误差区间	Δ 为 负 值			Δ 为 正 值			总 计	
	个数 V_i	频率 $\dfrac{V_i}{n}$	$\dfrac{V_i/n}{d\Delta}$	个数 V_i	频率 $\dfrac{V_i}{n}$	$\dfrac{V_i/n}{d\Delta}$	个数 V_i	频率 $\dfrac{V_i}{n}$
$0''\sim3''$	29	0.134	0.044	30	0.138	0.046	59	0.272
$3''\sim6''$	20	0.092	0.031	21	0.097	0.032	41	0.189
$6''\sim9''$	18	0.083	0.028	15	0.069	0.023	33	0.152
$9''\sim12''$	16	0.074	0.025	14	0.064	0.022	30	0.138
$12''\sim15''$	10	0.046	0.015	12	0.055	0.018	22	0.101
$15''\sim18''$	8	0.037	0.012	8	0.037	0.012	16	0.074
$18''\sim21''$	6	0.028	0.009	5	0.023	0.007	11	0.051
$21''\sim24''$	2	0.009	0.003	2	0.009	0.003	4	0.018
$24''\sim27''$	0	0	0	1	0.005	0.002	1	0.005
$27''$以上	0	0	0	0	0	0	0	0
Σ	109	0.503		108	0.497		217	1.000

从表 6-1 可见，单个误差虽然呈现出偶然性（随机性），但就整体而言，却呈现出统计规律。为了形象地表示误差的分布情况，现以横坐标表示误差大小，纵坐标表示频率与误差间隔的比值，绘制成误差直方图（图 6-1）。图中所有矩形面积的总和等于 1，每一矩形面积的大小表示误差出现在该间隔的频率。其中，有斜线的面积表示误差出现在 $0'' \sim -3''$ 区间的相对个数（频率）。这种图形能形象地显示误差的分布情况。当误差间隔无限缩小，

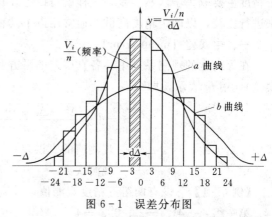

图 6-1　误差分布图

观测次数无限增多时，各矩形上部所形成的折线将变成一条光滑、对称的连续曲线。这就是误差分布曲线，它概括了偶然误差的如下特性：

（1）在一定的观测条件下，偶然误差的绝对值不会超过一定的限值，而超过一定限值的偶然误差出现的频率为零（有界性）。

（2）绝对值小的误差比绝对值大的误差出现的几率大（单峰性）。

（3）绝对值相等的正误差与负误差出现的几率相同（对称性）。

（4）对同一量的等精度观测，其偶然误差的算术平均值随着观测次数的无限增加而趋近于零（抵偿性），即

$$\lim_{n \to \infty} \frac{\Delta_1 + \Delta_2 + \cdots + \Delta_n}{n} = 0$$

测量上常以 〔 〕 表示总和，上式也可写为

$$\lim_{n \to \infty} \frac{[\Delta]}{n} = 0 \tag{6-1}$$

在实际工作中，观测次数是有限的，但只要误差对其总和的影响都是均匀地小，没有一个误差占绝对优势，它们的总和将近似地服从正态分布。为了工作上的方便，都是以正态分布作为描述偶然误差分布的数学模型。

从图 6-1 还可以看出，在相同观测条件下的一列观测值，其各个真误差彼此不相等，甚至相差很大，但它们所对应的误差分布曲线是相同的，所以称其为等精度观测值。不同精度对应着不同的误差分布曲线，而曲线愈陡、峭峰顶愈高者（图 6-1 中 a 曲线）说明误差分布就愈密集或称离散度小，它就比曲线较平缓、峰顶较低者（图 6-1 中 b 曲线）精度高。

在测量工作中，除了上述两类性质的误差外，还可能发生错误，例如测错、记错、算错等。错误的发生是由于观测值在工作中粗心大意造成的，又称为粗差（gross error）。凡含有粗差的观测值应舍去不用，并需重测。

第二节　衡量观测值精度的标准

精度又称精密度，它是指在对某一量的多次观测中，各个观测值之间的离散程度。由

于精度主要取决于偶然误差，这样就可以把在相同观测条件下得到的一组观测误差排列起来进行比较，以确定精度高低。通常用以下几种精度指标作为评定精度的标准。

一、中误差（mean error）

在等精度的观测系列中，各真误差的平方和的平均值的平方根，称为中误差（或均方误差），用 m 表示，即

$$m = \pm\sqrt{\frac{\Delta_1^2 + \Delta_2^2 + \cdots + \Delta_n^2}{n}} = \pm\sqrt{\frac{[\Delta\Delta]}{n}} \tag{6-2}$$

式中　Δ_1、Δ_2、$\cdots$、Δ_n——观测值的真误差；

$\quad\quad\quad n$——观测次数。

【例 6-1】　设有两组等精度观测值，其真误差分别为

第一组：$-4''$、$-2''$、$0''$、$-4''$、$+3''$

第二组：$+6''$、$-5''$、$0''$、$+1''$、$-1''$

求其中误差，并比较其观测精度。

解：按式（6-2）得

$$m_1 = \pm\sqrt{\frac{(-4)^2 + (-2)^2 + 0^2 + (-4)^2 + 3^2}{5}} = \pm 3.''0$$

$$m_2 = \pm\sqrt{\frac{(+6)^2 + (-5)^2 + 0^2 + (+1)^2 + (-1)^2}{5}} = \pm 3.''5$$

两组观测值的中误差为 $m_1 = \pm 3.''0$、$m_2 = \pm 3.''5$。显然，第一组的观测精度较第二组的观测精度高。

由此可以看出，第二组的观测误差比较离散，相应的中误差就大，精度就低。因此，在测量工作中，通常情况下采用中误差作为衡量精度的标准。

应该指出的是：中误差 m 是表示一组观测值的精度。例如，m_1 是表示第一组观测值的精度，故 m_1 表示了第一组中每一次观测值的精度；同样，m_2 表示了第二组中每一次观测值的精度。通常称 m 为观测值中误差。

二、相对误差（relative error）

上面提到的中误差，与被观测的量的大小无关，是带有测量单位的有名数，称为绝对误差。而当测量精度与被测量的量的大小有关时，若再用绝对误差来衡量成果的精度，就会出现不明显或不可靠的情况。例如，分别丈量了 1000m 及 80m 的两段距离，设观测值的中误差均为 $\pm 0.1m$，能否说两段距离的丈量精度相同呢？显然不能。因为，两者虽然从表面上看误差相同，但就单位长度而言，两者的精度却并不相同。为了更客观地衡量精度，引入与观测值大小有关的相对误差。把误差的绝对值与其相应的观测量之比称为相对误差，它是无名数，通常以分子为 1 的分数表示。本例中，丈量 1000m 的距离，其相对误差为 $\frac{0.1}{1000} = \frac{1}{10000}$，而后者为 $\frac{0.1}{80} = \frac{1}{800}$。

要注意的是：相对误差不能用作衡量角度观测的精度指标。

三、极限误差与允许误差（limit and admissible error）

极限误差又称允许误差。由偶然误差的性质可知，在一定的观测条件下，偶然误差的

绝对值不会超过一定的限值。从大量的测量实践中得出，在一系列等精度的观测误差中，绝对值大于两倍中误差的偶然误差出现的几率为 4.5%；绝对值大于 3 倍中误差的偶然误差出现的几率仅为 0.3%，实际上是不可能出现的事件。所以，通常以 3 倍的中误差作为偶然误差的允许值，即

$$f_允 = 3m \tag{6-3}$$

在测量实践中，也有采用 $2m$ 作为允许误差的情况。

在测量规范中，对每一项测量工作，根据不同的仪器和不同的测量方法，分别规定了允许误差的值，在进行测量工作时必须遵循。如果个别误差超过了允许值，就被认为是错误的，此时，应舍去相应的观测值，并重测或补测。

第三节　误差传播定律

有些未知量往往不便于直接测定，而是由观测值间接计算出来的。例如，地面上两点间的坐标增量是根据实测的边长 D 与方位角 α，用下面的公式间接计算出来的

$$\Delta x = D\cos\alpha$$
$$\Delta y = D\sin\alpha$$

也就是说坐标增量是边长 D 与方位角 α 的函数。

因为直接观测值包含有误差，所以它的函数也必然要受其影响而存在误差，阐述函数的中误差与观测值中误差之间关系的定律称为误差传播定律（error propagation law）。

下面按线性函数关系和非线性函数关系分别进行讨论。

一、线性函数的中误差

线性函数关系的一般表达式为

$$F = k_1 x_1 \pm k_2 x_2 \pm \cdots \pm k_n x_n \tag{6-4}$$

式中　x_1、x_2、$\cdots$、x_n——n 个互相独立的观测值；

k_1、k_2、$\cdots$、k_n——独立观测值 x_i 的常系数。

式（6-4）实质是倍函数的和差关系式。为便于说明问题，现以观测值的倍函数与观测值的和差函数两种关系分别进行讨论，然后再推导出线性函数的中误差。

1. 观测值的倍函数

设有函数

$$F = kx \tag{6-5}$$

式中　k——常数；

x——观测值。

若观测值中误差为 m_x，求函数 F 的中误差 m_F。

用 Δ_x 和 Δ_F 分别表示 x 和 F 的真误差，则

$$F + \Delta_F = k(x + \Delta_x)$$

将上式减去式（6-5），得

$$\Delta_F = k\Delta_x$$

这就是函数的真误差与观测值真误差之间的关系式。

设 x 共观测了 n 次，则与上式相似的关系式可得 n 个

$$\Delta_{F_1} = k\Delta_{x_1}$$
$$\Delta_{F_2} = k\Delta_{x_2}$$
$$\cdots$$
$$\Delta_{F_n} = k\Delta_{x_n}$$

将等式两边平方，并求其总和，得

$$\Delta_{F_1}^2 = k^2\Delta_{x_1}^2$$
$$\Delta_{F_2}^2 = k^2\Delta_{x_2}^2$$
$$\cdots$$
$$\frac{\Delta_{F_n}^2 = k^2\Delta_{x_n}^2 \,(+)}{[\Delta_F^2] = k^2[\Delta_x^2]}$$

两边同除以 n 得

$$\frac{[\Delta_F^2]}{n} = k^2\frac{[\Delta_x^2]}{n}$$

根据式（6-2），得

$$\frac{[\Delta_F^2]}{n} = m_F^2 ; \quad \frac{[\Delta_x^2]}{n} = m_x^2$$

故

$$m_F^2 = k^2 m_x^2$$

或

$$m_F = \pm k m_x \qquad (6-6)$$

这就是观测值倍函数的中误差公式。

【例 6-2】　在 1∶2000 比例尺的地形图上量得某线段长度为 202.4mm，其中误差 $m_d = \pm 0.1\text{mm}$，求该线段的实际长度 D 及其中误差 m_D。

解： $D = Md = 2000 \times 202.4 = 404.8\text{m}$

$m_D = k m_d = 2000 \times (\pm 0.1) = \pm 0.2\text{m}$

最后结果写为 $D = 404.8 \pm 0.2\text{m}$

2. 观测值的和或差函数

设两观测值之和或差的函数为

$$F = x \pm y \qquad (6-7)$$

以 Δ_x 与 Δ_y 表示观测值 x 与 y 的真误差，Δ_F 表示函数 F 的真误差。则

$$F + \Delta_F = (x + \Delta_x) \pm (y + \Delta_y)$$

将上式减去式（6-7），得

$$\Delta_F = \Delta_x \pm \Delta_y$$

这就是真误差的关系式。设两个观测值各观测了 n 次，则与上式相似的关系式有 n 个

$$\Delta_{F_1} = \Delta_{x_1} \pm \Delta_{y_1}$$
$$\Delta_{F_2} = \Delta_{x_2} \pm \Delta_{y_2}$$
$$\cdots$$
$$\Delta_{F_n} = \Delta_{x_n} \pm \Delta_{y_n}$$

将等式两边平方，并求其总和，得

$$\Delta_{F_1}^2 = \Delta_{x_1}^2 + \Delta_{y_1}^2 \pm 2\Delta_{x_1}\Delta_{y_1}$$

$$\Delta_{F_2}^2 = \Delta_{x_2}^2 + \Delta_{y_2}^2 \pm 2\Delta_{x_2}\Delta_{y_2}$$

$$\cdots$$

$$\Delta_{F_n}^2 = \Delta_{x_n}^2 + \Delta_{y_n}^2 \pm 2\Delta_{x_n}\Delta_{y_n}$$

$$\overline{[\Delta_F^2] = [\Delta_x^2] + [\Delta_y^2] \pm 2[\Delta_x\Delta_y]}$$

两边同除以 n，得

$$\frac{[\Delta_F^2]}{n} = \frac{[\Delta_x^2]}{n} + \frac{[\Delta_y^2]}{n} \pm \frac{2[\Delta_x\Delta_y]}{n} \tag{a}$$

根据式（6-2），得

$$\frac{[\Delta_F^2]}{n} = m_F^2; \quad \frac{[\Delta_x^2]}{n} = m_x^2; \quad \frac{[\Delta_y^2]}{n} = m_y^2$$

因为 Δ_{x_1}、Δ_{x_2}、$\cdots$、Δ_{x_n} 及 Δ_{y_1}、Δ_{y_2}、$\cdots$、Δ_{y_n} 都是偶然误差，它们的乘积 $\Delta_{x_1}\Delta_{y_1}$、$\Delta_{x_2}\Delta_{y_2}$、$\cdots$、$\Delta_{x_n}\Delta_{y_n}$ 同样具有偶然误差的特性。当 n 很大时，则

$$\lim_{n \to \infty} \frac{[\Delta_x\Delta_y]}{n} = 0$$

式（a）中的最后一项 $\pm \frac{2[\Delta_x\Delta_y]}{n}$ 可以认为等于零。

将上述这些关系式代入式（a），得

$$m_F^2 = m_x^2 + m_y^2$$

或

$$m_F = \pm\sqrt{m_x^2 + m_y^2} \tag{6-8}$$

这就是两个观测值的和或差函数的中误差公式。

如果

$$m_x = m_y = m$$

则

$$m_F = m\sqrt{2} \tag{6-9}$$

如果函数 F 等于 n 个观测值的和或差

即

$$F = x_1 \pm x_2 \pm \cdots \pm x_n$$

根据前面推导的方法可以得到相应的函数中误差公式为

$$m_F = \pm\sqrt{m_{x1}^2 + m_{x2}^2 + \cdots + m_{xn}^2} \tag{6-10}$$

【例 6-3】 自水准点 BM_1 向水准点 BM_2 进行水准测量（见图6-2），设各段所测高差及中误差分别为

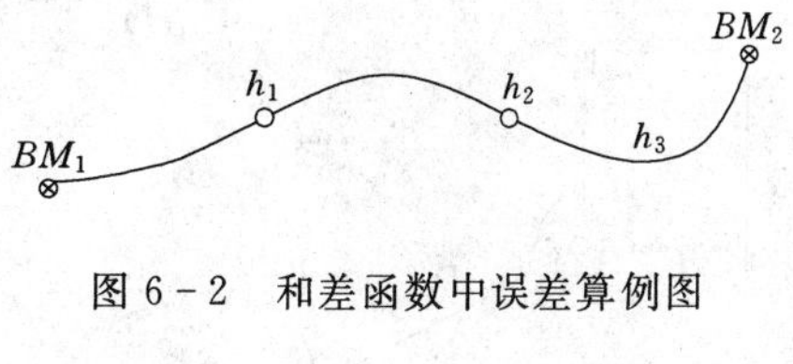

$$h_1 = +3.584\text{m} \pm 5\text{mm}$$

$$h_2 = +5.234\text{m} \pm 4\text{mm}$$

$$h_3 = +7.265\text{m} \pm 3\text{mm}$$

图 6-2 和差函数中误差算例图

求：BM_1、BM_2 两点间的高差及其中误差。

解：两点间高差 $h = h_1 + h_2 + h_3 = 16.083\text{m}$ 两点间高差中误差为

$$m_h = \pm\sqrt{m_1^2 + m_2^2 + m_3^2} = \pm\sqrt{5^2 + 3^2 + 4^2} = \pm7.1\text{mm}$$

3. 线性函数的中误差

由式（6-6）及式（6-10）可直接得出线性函数的一般式（6-4）的函数中误差为

$$m_F = \pm \sqrt{k_1^2 m_{x1}^2 + k_2^2 m_{x2}^2 + \cdots + k_n^2 m_{xn}^2} \qquad (6-11)$$

二、一般函数的中误差

设一般函数的一般表达式为

$$F = f(x_1, x_2, \cdots, x_n) \qquad (6-12)$$

式中　x_1，x_2，$\cdots$，x_n——n 个互相独立的观测值。

对式（6-12）取全微分，得

$$dF = \frac{\partial F}{\partial x_1} dx_1 + \frac{\partial F}{\partial x_2} dx_2 + \cdots + \frac{\partial F}{\partial x_n} dx_n \qquad (b)$$

式（b）中 dF 为函数 F 的真误差，dx_1、dx_2、$\cdots$、dx_n 分别为观测值 x_1、x_2、$\cdots$、x_n 的真误差，因此，真误差关系式为

$$\Delta_F = \frac{\partial F}{\partial x_1} \Delta_{x_1} + \frac{\partial F}{\partial x_2} \Delta_{x_2} + \cdots + \frac{\partial F}{\partial x_n} \Delta_{x_n} \qquad (c)$$

式中　$\dfrac{\partial F}{\partial x}$——函数对各自变量的偏导数，为常数。

令

$$\frac{\partial F}{\partial x_1} = k_1, \frac{\partial F}{\partial x_2} = k_2, \cdots, \frac{\partial F}{\partial x_n} = k_n \qquad (d)$$

将式（d）代入式（c），得　$\Delta_F = k_1 \Delta_{x_1} + k_2 \Delta_{x_2} + \cdots + k_n \Delta_{x_n}$

这是一个线性函数的真误差关系式，按式（6-11），变为中误差的关系式为

$$m_F^2 = k_1^2 m_{x_1}^2 + k_2^2 m_{x_2}^2 + \cdots + k_n^2 m_{x_n}^2$$

所以

$$m_F = \pm \sqrt{\left(\frac{\partial F}{\partial x_1}\right)^2 m_{x_1}^2 + \left(\frac{\partial F}{\partial x_2}\right)^2 m_{x_2}^2 + \cdots + \left(\frac{\partial F}{\partial x_n}\right)^2 m_{x_n}^2} \qquad (6-13)$$

式（6-13）为非线性函数中误差的计算公式。

【例 6-4】　一直线 AB 的长度 $D = 215.463\text{m} \pm 0.005\text{m}$，方位角 $\alpha = 119°45'00'' \pm 6''$，求直线端点 B 的点位中误差（图 6-3）。

解：坐标增量的函数式为 $\Delta x = D\cos\alpha$，$\Delta y = D\sin\alpha$，设 $m_{\Delta x}$、$m_{\Delta y}$、m_D、m_α 分别为 Δx、Δy、D 及 α 的中误差。将以上两式对 D 及 α 求偏导数，得

$$\frac{\partial(\Delta x)}{\partial D} = \cos\alpha; \frac{\partial(\Delta x)}{\partial \alpha} = -D\sin\alpha$$

$$\frac{\partial(\Delta y)}{\partial D} = \sin\alpha; \frac{\partial(\Delta y)}{\partial \alpha} = D\cos\alpha$$

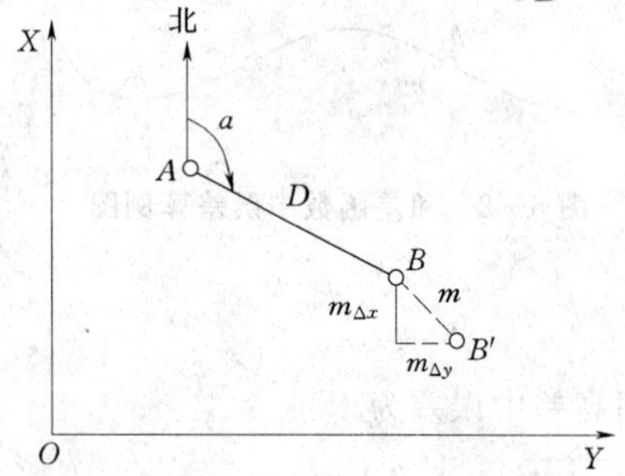

由式（6-13）得

$$m_{\Delta x}^2 = (m_D\cos\alpha)^2 + \left(-D\sin\alpha\,\frac{m_\alpha}{\rho''}\right)^2$$

$$m_{\Delta y}^2 = (m_D\sin\alpha)^2 + \left(-D\cos\alpha\,\frac{m_\alpha}{\rho''}\right)^2$$

图 6-3　点位误差示意图

由图 6-3 可知 B 点的点位中误差为

$$m^2 = m_{\Delta x}^2 + m_{\Delta y}^2 = m_D^2 + \left(D\frac{m_a}{\rho''}\right)^2$$

$$m = \pm\sqrt{m_D^2 + \left(D\frac{m_a}{\rho''}\right)^2}$$

因　　　　　$m_D = \pm 5\text{mm}, m_a = \pm 6'', \rho'' = 206265'', D = 215.463\text{m}$

所以　　　　$m = \pm\sqrt{5^2 + \left(215.463 \times 1000 \times \frac{6}{206265}\right)^2} = \pm 8\text{mm}$

三、误差传播定律的应用

（一）有关水准测量的精度分析

1. 在水准尺上读一个数的中误差

影响水准尺上读数的因素很多，其中产生较大影响的有：水准仪置平误差、瞄准误差、读数误差。

（1）水准仪置平误差的影响。当水准仪的主要条件得到满足后，视线是否水平决定于水准管置平的精度。调节气泡时，由于视觉的限制，不可能把气泡置于完全居中的位置。实验证明，气泡偏离中点的误差约为水准管分划值的 0.15 倍。它对距水准仪 $S(\text{m})$ 处的水准尺上读数的影响为

$$m_1 = \pm\frac{0.15\tau'' \times S}{\rho''}$$

一般水准测量所用的水准仪 $\tau = 20''/2\text{mm}$，S 不大于 100m，则

$$m_1 = \pm\frac{0.15 \times 20'' \times 100 \times 1000}{206265} = \pm 1.45(\text{mm})$$

（2）瞄准误差的影响。人眼看两点的视角小于 $1'$ 时，通常分辨不出是两点，而看成一点，这 $1'$ 的角度称为分辨视角。若用放大倍数为 V 的望远镜，则照准精度为 $\frac{60''}{2V} = \frac{30''}{V}$，由此，距水准仪 S 处水准尺上读数的影响为

$$m_2 = \pm\frac{30''}{V\rho''} \times S$$

当 $V = 30$，$S = 100\text{m}$ 时，$m_2 = \pm\frac{30''}{30 \times 206265''} \times 100 \times 1000 = \pm 0.48\ (\text{mm})$

（3）读数误差。读数误差的大小与水准尺分划值有关。一般水准尺的分划为 1cm 时，读数误差约为 1.5mm，即 $m_3 = \pm 1.5\text{mm}$。

综合上述影响，在水准尺上读一个数的中误差为

$$m_{读} = \pm\sqrt{m_1^2 + m_2^2 + m_3^2} = \pm 2.1\text{mm}$$

2. 一个测站高差的中误差

在一个测站上测得的高差等于后视读数减去前视读数，一个测站的高差中误差为

$$m_{站} = \sqrt{2}m_{读}$$

以 $m_{读} = \pm 2.1\text{mm}$ 代入，得

$$m_{站} = \pm 3\text{mm}$$

在三、四等水准测量中，均要求由红、黑面读数求两次高差，而后取中数，则其中误差为

$$m_h = \frac{m_{站}}{\sqrt{2}} = m_{读}$$

例如，在四等水准测量中，水准仪的 $\tau'' = 20''$，$V = 25$ 倍，最大视距 $S = 100\text{m}$，则

$$m_h = \pm \sqrt{\left(0.15^2 \times 20^2 + \frac{30^2}{25^2}\right) \frac{100000^2}{206265^2} + (1.5)^2} = \pm 2.1(\text{mm})$$

3. 水准路线的高差中误差及允许误差

设在两点间进行水准测量，共测了 n 个测站，求得高差为

$$h = h_1 + h_2 + \cdots + h_n$$

h_1、h_2、$\cdots$、h_n 为每个测站测得的高差，其中误差均为 $m_{站}$，则

$$m_h = \pm m_{站}\sqrt{n} \tag{a}$$

以 $m_{站} = \pm 3\text{mm}$ 代入，得

$$m_h = \pm 3\sqrt{n} \quad \text{mm}$$

取 3 倍中误差作为限差，并考虑其他因素的影响，规定水准测量高差闭合差的允许值为

$$f_{h允} = \pm 12\sqrt{n} \quad \text{mm}$$

上式为普通水准测量按测站数 n 计算的限差。

对于起伏不大的地区，各站的视线长度大致相同，每公里的测站数接近相等，因而每公里的水准测量高差中误差可以认为相同，设为 m_{km}。设水准路线长度为 $L\text{km}$，各站视线长度为 $S\text{km}$ 时，则水准路线的测站数可表示为 $n = L/S$。

由（a）式得

$$m_h = \pm m_{站}\sqrt{n} = \pm m_{站}\sqrt{1/S}\sqrt{L} = \pm m_{km}\sqrt{L} \tag{b}$$

若每公里设 16 个测站，则得 $m_h = \pm 12\sqrt{L}$，取 3 倍中误差作为限差值，规范上取用 $f_{h允} = \pm 40\sqrt{L}$，L 为水准路线的长度，以 km 计。

每公里测站数多于 16 站时，求 $f_{h允}$ 取用 $\pm 12\sqrt{n}$；每公里测站数不足 16 站时，求 $f_{h允}$ 取用 $\pm 40\sqrt{L}$。

（二）有关水平角观测的精度分析

用 DJ_6 级光学经纬仪观测水平角，其一个方向的一个测回的中误差为 $\pm 6''$，则一个方向的半测回的中误差即照准一个方向的中误差为

$$m_{方} = \pm \sqrt{2} \times 6'' = \pm 8.5''$$

1. 用测回法观测水平角的限差分析

（1）半测回角值的中误差。半测回角值等于两方向之差，故半测回角值的中误差为

$$m_{\beta半} = m_{方}\sqrt{2} = \pm 8.5'' \times \sqrt{2} = \pm 12''$$

（2）上、下半测回的限差。两个半测回角值之差 $\Delta\beta$ 的中误差为

$$m_{\Delta\beta} = m_{\beta半}\sqrt{2} = \pm 12''\sqrt{2} = \pm 17''$$

取 2 倍中误差作为允许误差，则

$$f_{\Delta\beta允} = \pm 2 \times 17'' = \pm 34''（规范为 \pm 40''）$$

（3）测角中误差。因为一个水平角是取上、下两个半测回角值的平均值，故测角中误

差为

$$m_\beta = \frac{m_{\beta\#}}{\sqrt{2}} = \pm \frac{12''}{\sqrt{2}} = \pm 8.5''$$

（4）测回差的限差。测回差为两个测回角值之差，它的中误差为

$$m_{\beta\text{测回差}} = m_\beta\sqrt{2} = \pm 8.5''\sqrt{2} = \pm 12''$$

取 2 倍中误差作为允许误差，则测回差的限差为

$$f_{\beta\text{测回差允}} = \pm 2 \times 12'' = \pm 24''$$

2. 用方向观测法观测水平角的限差分析

（1）半测回归零差为每次照准零方向读数之差，所以半测回归零差的中误差为

$$m_{\#0} = \pm\sqrt{2} \times 8.5'' = \pm 12''$$

取 2 倍中误差作为限值

$$f_{\#0允} = \pm 2 \times 12'' = \pm 24''$$

（2）各测回同一方向归零后方向值的互差。一测回方向值中误差为

$$m_{方} = \pm 6''$$

一测回归零后方向值中误差

$$m_{方0} = \sqrt{2} m_{方} = \pm 8.5''$$

（3）各测回同一方向归零后方向值互差的中误差为

$$\pm\sqrt{2} \times 8.5'' = \pm 12''$$

取 2 倍中误差作为限值

$$f_{测回允} = \pm 2 \times 12'' = \pm 24''$$

（三）菲列罗公式

三角形的 3 个内角之和理论值为 $180°$，由于观测误差的影响，产生三角形闭合差。设等精度观测 n 个三角形的 3 个内角分别为 a_i、b_i 和 c_i，其测角中误差均为 $m_\beta = m_a = m_b = m_c$，三角形闭合差为 f_1、f_2、$\cdots$、f_n，即真误差，其计算关系式为

$$f_i = a_i + b_i + c_i - 180°(i = 1, 2, \cdots, n)$$

根据误差传播定律可知

$$m_f^2 = m_a^2 + m_b^2 + m_c^2 = 3m_\beta^2$$

经整理得到

$$m_\beta = \frac{m_f}{\sqrt{3}}$$

按照中误差定义，三角形闭合差的中误差为

$$m_f = \pm\sqrt{\frac{[f_i f_i]}{n}}$$

则

$$m_\beta = \pm\sqrt{\frac{[f_i f_i]}{3n}}$$

将上式称为菲列罗公式，它是小三角测量评定测角精度的基本公式。

第四节　等精度直接观测平差

一、最或是值的计算

设在相同观测条件下，一个量的观测值为 l_1、l_2、$\cdots$、l_n，其真值为 X，算术平均值（arithmetic average）为 L，真误差为 Δ_i，改正数（或称最或是误差）为 V_i，则

$$\Delta_1 = l_1 - X$$
$$\Delta_2 = l_2 - X$$
$$\cdots \tag{a}$$
$$\Delta_n = l_n - X$$

将式（a）对应相加，得

$$[\Delta] = [l] - nX \tag{b}$$

将式（b）除以 n 得

$$\frac{[\Delta]}{n} = \frac{[l]}{n} - X = L - X \tag{6-14}$$

式中　L——算术平均值。

$$L = \frac{l_1 + l_2 + \Lambda + l_n}{n} = \frac{[l]}{n} \tag{6-15}$$

根据偶然误差的特性，当 $n \to \infty$ 时，$\dfrac{[\Delta]}{n} \to 0$，于是 $L \approx X$。即当观测次数 n 无限多时，算数平均值就趋向于未知量的真值。当观测次数有限时，可以认为算数平均值是根据已有的观测数据所能求得的最接近真值的近似值，称为最或是值或最或然值。用最或是值作为该未知量的真值的估计。每一个观测值与最或是值之差，称为最或是误差，用符号 $v_i (i = 1, 2, \cdots, n)$ 来表示

$$V_i = l - L \tag{6-16}$$

最或是值与每一个观测值的差值，称为该观测值的改正数，与最或是误差绝对值相同，符号相反

$$V_1 = L - l_1$$
$$V_2 = L - l_2$$
可见 $$\cdots \tag{c}$$
$$V_n = L - l_n$$

将式（c）相加得

$$[V] = nL - [l]$$
得 $$[V] = 0 \tag{6-17}$$

即改正数总和为零。可用式（6-17）作为计算中的校核。

二、评定精度

1. 同精度观测值的中误差

用公式 $m = \pm \sqrt{\dfrac{[\Delta\Delta]}{n}}$ 求同精度观测值中误差时，需要知道观测值的真误差 Δ_1、Δ_2、

…、Δ_n。真误差是各观测值与真值的差。在实际工作中，观测值的真值往往是难以得到的，因此，用真误差来计算观测值的中误差是不可能的。但是，对于同精度的一组观测值的最或是值即算术平均值是可以求得的，如果在每一个观测值上加一个改正数，使其等于最或是值，即改正数为算术平均值与观测值之差。则观测值的中误差就可以利用改正数来计算。

设在相同观测条件下，一个量的观测值为 l_1、l_2、…、l_n，其真值为 X，算术平均值为 L，真误差为 Δ_i，改正数（或称最或是误差）为 V_i，则

$$\left.\begin{aligned}\Delta_1 &= l_1 - X\\\Delta_2 &= l_2 - X\\&\cdots\\\Delta_n &= l_n - X\end{aligned}\right\} \tag{d}$$

$$\left.\begin{aligned}V_1 &= L - l_1\\V_2 &= L - l_2\\&\cdots\\V_n &= L - l_n\end{aligned}\right\} \tag{e}$$

将式（d）、式（e）对应相加，得

$$\left.\begin{aligned}\Delta_1 + V_1 &= L - X\\\Delta_2 + V_2 &= L - X\\&\cdots\\\Delta_n + V_n &= L - X\end{aligned}\right\} \tag{f}$$

令 $L - X = \delta$，代入式（f），并整理得

$$\left.\begin{aligned}\Delta_1 &= -V_1 + \delta\\\Delta_2 &= -V_2 + \delta\\&\cdots\\\Delta_n &= -V_n + \delta\end{aligned}\right\} \tag{g}$$

式（g）两边分别平方得

$$\left.\begin{aligned}\Delta_1^2 &= V_1^2 - 2V_1\delta + \delta^2\\\Delta_2^2 &= V_2^2 - 2V_2\delta + \delta^2\\&\cdots\\\Delta_n^2 &= V_n^2 - 2V_n\delta + \delta^2\end{aligned}\right\} \tag{h}$$

式（h）两边相加，并同除以 n，得

$$\frac{[\Delta\Delta]}{n} = \frac{[VV]}{n} - 2\delta\frac{[V]}{n} + \delta^2 \tag{6-18}$$

由式（e）可得

$$[V] = nL - [l]$$

因 $L = \dfrac{[l]}{n}$，即 $nL = [l]$，所以 $[V] = 0$。即对同一个量进行多次观测，取其算术平均值作为最或是值，则最或是误差的总和等于零。于是式（6-18）可写成

$$\frac{[\Delta\Delta]}{n} = \frac{[VV]}{n} + \delta^2 \qquad (6-19)$$

又因为

$$\delta = L - X = \frac{[l]}{n} - X = \frac{[l-X]}{n} = \frac{[\Delta]}{n}$$

所以

$$\delta^2 = \frac{[\Delta]^2}{n^2} = \frac{1}{n^2}(\Delta_1 + \Delta_2 + \cdots + \Delta_n)^2$$

$$= \frac{1}{n^2}(\Delta_1^2 + \Delta_2^2 + \cdots + \Delta_n^2 + 2\Delta_1\Delta_2 + 2\Delta_1\Delta_3 + \cdots)$$

$$= \frac{1}{n^2}[\Delta^2] + \frac{2}{n^2}(\Delta_1\Delta_2 + \Delta_1\Delta_3 + \cdots)$$

式中 $\Delta_1\Delta_2$、$\Delta_1\Delta_3$、$\cdots$ 同样具有偶然误差的特性，即当 $n \to \infty$ 时，其总和应等于零。当 n 有限时，其值很小，可以忽略。故式（6-19）可近似地写成

$$\frac{[\Delta\Delta]}{n} = \frac{[VV]}{n} + \frac{[\Delta\Delta]}{n^2}$$

由 $m = \pm\sqrt{\dfrac{[\Delta\Delta]}{n}}$，代入上式整理得

$$m = \pm\sqrt{\frac{[VV]}{n-1}} \qquad (6-20)$$

式（6-20）即为用观测值的改正数求观测值中误差的公式。

2. 算术平均值的中误差

算术平均值的函数式为

$$L = \frac{[l]}{n} = \frac{1}{n}l_1 + \frac{1}{n}l_2 + \cdots + \frac{1}{n}l_n$$

观测值 l_1，l_2，$\cdots$，l_n 是同精度观测，$\dfrac{1}{n}$ 为常数，设各观测值的中误差均等于 m，根据式（6-11）可得算术平均值 L 的中误差 M 为

$$M = \pm\sqrt{\left(\frac{1}{n}m\right)^2 + \left(\frac{1}{n}m\right)^2 + \cdots + \left(\frac{1}{n}m\right)^2}$$

故 $\qquad\qquad\qquad M = \pm\dfrac{m}{\sqrt{n}} \qquad\qquad\qquad\qquad (6-21)$

式中　m——观测值中误差；

　　　　n——观测次数。

将式（6-20）代入式（6-21）中即得用观测值改正数求算术平均值中误差的公式

$$M = \pm\sqrt{\frac{[VV]}{n(n-1)}} \qquad (6-22)$$

从式（6-21）可以看出，算术平均值中误差与观测次数的平方根成反比。

现以不同的观测次数求 M 值，如表 6-2 所示。

表 6 - 2　　　　　　　　　　　　算术平均值中误差 M 与观测次数 n 的关系

观测次数	M 值 （m）	观测次数	M 值 （m）
$n=2$	0.58	$n=10$	0.38
$n=4$	0.56	$n=12$	0.35
$n=6$	0.42	$n=14$	0.31
$n=8$	0.40	$n=16$	0.27

观测值中误差 m 是表示同精度观测列中任一观测值的精度。而算术平均值中误差 M 则表示由观测值求出最后结果的精度，它比同精度观测列中任一个中误差都小，因此，增加观测次数可以提高算术平均值的精度。

设 $m=1$，则 $M=\pm\dfrac{1}{\sqrt{n}}$。

将 $n=1$、$2\cdots$代入式中，得到相应的 M 值，现以纵坐标表示 M，横坐标表示 n，绘成曲线见图 6 - 4。由图可见，当 m 不变时，M 随着 n 增大而减小，但当观测次数达到一定数值后，中误差的减小逐渐缓慢，所以，为了提高观测

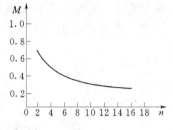

图 6 - 4　　M 与 n 的关系图

结果的精度，除了适当增加观测次数外，还必须选用相应精度的观测仪器和适当的观测方法，才能获得最经济的效果。在一般情况下，观测 2～4 次，测量结果的精度已能明显地提高。

【例 6 - 5】　对某距离 AB 丈量了 5 次，其观测值列在表 6 - 3 中，求观测值的中误差 m 及算术平均值中误差 M。

计算过程及计算结果列于表 6 - 3 中。

表 6 - 3　　　　　　　　　　观测值及算术平均值中误差计算表

观测 次序	观测值 l_i （m）	V （cm）	VV （cm²）	计　　　算
1	242.46	-2	4	$L=242.40+1/5\,(0.06+0.01+0.02+0.05+0.06)=242.44\mathrm{m}$
2	242.41	3	9	$m=\pm\sqrt{\dfrac{[VV]}{n-1}}=\pm\sqrt{\dfrac{22}{5-1}}=\pm2.6\mathrm{cm}$
3	242.42	2	4	
4	242.45	-1	1	$M=\dfrac{m}{\sqrt{n}}=\pm\dfrac{0.026}{\sqrt{5}}=\pm0.012\mathrm{m}$
5	242.46	-2	4	观测成果：242.44m±0.012m
Σ	$L=242.44$	$[V]=0$	$[VV]=22$	

【例 6 - 6】　用同一台经纬仪对某水平角进行了 6 次观测，观测值分别为 $83°23'56''$、$83°24'06''$、$83°23'56''$、$83°23'54''$、$83°23'48''$ 和 $83°24'02''$，中误差均为 $\pm8.5''$，试求该角的算术平均值及其中误差。

解：在实际工作中，计算算术平均值的公式可改写为

$$L=l_0+\frac{1}{n}(l'_1+l'_2+\cdots+l'_n)$$

式中　　　　　　l_0——各观测值的基数；

l'_1、l'_2、…、l'_n——各观测值 l_1、l_2、…、l_n 与基数 l_0 的差值。

因此，该角的算术平均值为

$$L = 83°24'00'' + \frac{1}{6}[(-4'') + 6'' + (-4'') + (-6'') + (-12'') + 2''] = 83°23'57''$$

按式（6-22）得算术平均值的中误差

$$M = \pm \frac{8.5''}{\sqrt{6}} = \pm 3.5''$$

【例 6-7】 一角度观测 16 次，算术平均值中误差为 $\pm 2.5''$，若要使算术平均值中误差达到 $\pm 1.8''$ 时，需要观测多少次？

解： 设角度观测中误差为 m，观测次数为 n，则

$$m = M\sqrt{n} = \pm 2.5'' \sqrt{16} = \pm 10''$$

$$n = \frac{m^2}{M^2} = \frac{(10'')^2}{(1.8'')^2} = 31$$

第五节 不同精度直接观测平差

一、权与中误差的关系

在实际测量中，除了同精度观测外，还有不同精度观测。如图 6-5 所示，当进行水准测量时，由高级水准点 A、B、C、D 分别经过不同长度的水准路线，测得 E 点的高程为 H_{E1}、H_{E2}、H_{E3}、H_{E4}。在这种情况下，即使所使用的仪器和方法相同，但由于水准路线的长度不同，因而，测得的高程观测值的中误差彼此不相同，也就是说，四个高程观测值的可靠程度不同。一般来说，水准路线愈长，可靠程度愈低。因此，不能简单地取四个高程观测值的算术平均值来作为最或是值。那么，怎样根据这些不同精度的观测

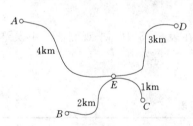

图 6-5 不同精度观测示意图

结果来求 E 点的最或是值 H_E，又怎样来衡量它的精度呢？这就需要引入"权"的概念。

1. 权

测量上所谓的权（weight），就是一个表示观测结果可靠程度的相对性数值，用 P 来表示。

2. 权的性质

权具有如下性质：

（1）权愈大，表示观测值愈可靠，即精度愈高。

（2）权始终取正号。

（3）由于权是一个相对性数值，因此，对于单独一个观测值来讲无意义。

（4）同一问题中的权，可以用同一个数去乘或除，而不会改变其性质。

3. 确定权的常用方法

（1）利用观测值中误差来确定权的大小。设一组不同精度观测值为 l_1、l_2、…、l_n，其相应的中误差为 m_1、m_2、…、m_n。由于中误差愈小，观测值精度愈高，权愈大；并根

据权的性质，测量上规定由下列公式来计算权的数值

$$P_1 = \frac{\lambda}{m_1^2}, \ P_2 = \frac{\lambda}{m_2^2}, \ \cdots, \ P_n = \frac{\lambda}{m_n^2}$$

式中 λ 为任意常数，选取任意的 λ 值，都不会改变权的性质，即它们相互间的比值不变。

例如，某两个不同精度的观测值 l_1 的中误差 $m_1 = \pm 2''$，l_2 的中误差 $m_2 = \pm 8''$，则它们各个的权可以确定为

$$P_1 = \frac{\lambda}{m_1^2} = \frac{\lambda}{2^2} = \frac{\lambda}{4}$$

$$P_2 = \frac{\lambda}{m_2^2} = \frac{\lambda}{8^2} = \frac{\lambda}{64}$$

若取 $\lambda = 4$，则 $P_1 = 1$，$P_2 = \dfrac{1}{16}$；

若取 $\lambda = 64$，则 $P_1 = 16$，$P_2 = 1$。

而
$$P_1 : P_2 = 1 : \frac{1}{16} = 16 : 1$$

（2）从实际观测情况出发来确定权的大小。在水准测量中，由于实际上存在着水准路线愈长，测站数愈多，观测结果的可靠程度就愈低的情况，因此，可以取不同的水准路线长度 L 的倒数或测站数 N_i 的倒数来定权，可记作

$$P_1 = \frac{C}{L_1}, P_2 = \frac{C}{L_2}, \cdots, P_n = \frac{C}{L_n}$$

或
$$P_1 = \frac{C}{N_1}, P_2 = \frac{C}{N_2}, \cdots, P_n = \frac{C}{N_n}$$

式中　C——任意常数。

为说明上述关系，设水准测量每公里的高差中误差为 m_0，按和函数的误差传播关系可得各条水准路线的高差中误差为

$$m_1 = m_0 \sqrt{L_1}$$
$$m_2 = m_0 \sqrt{L_2}$$
$$\cdots$$
$$m_n = m_0 \sqrt{L_n}$$

按中误差与权的关系

$$P_i = \frac{\lambda}{m_i^2}$$

得

$$P_1 = \frac{\lambda}{m_0^2 L_1}, P_2 = \frac{\lambda}{m_0^2 L_2}, \cdots, P_n = \frac{\lambda}{m_0^2 L_n}$$

若令任意常数 $\lambda = Cm_0^2$，则

$$P_1 = \frac{C}{L_1}, P_2 = \frac{C}{L_2}, \cdots, P_n = \frac{C}{L_n}$$

同理可证明

$$P_1 = \frac{C}{N_1},\ P_2 = \frac{C}{N_2}, \cdots, P_n = \frac{C}{N_n}$$

权是表示不同精度观测值的相对可靠程度，因此，可取任一观测值的权作为标准，以求其他观测值的权。在权与中误差关系式 $P_i = \dfrac{\lambda}{m_i^2}$ 中，设以 P_1 为标准，并令其为 1，即取 $\lambda = m_1^2$，则

$$P_1 = \frac{m_1^2}{m_1^2} = 1,\ P_2 = \frac{m_1^2}{m_2^2}, \cdots, P_n = \frac{m_1^2}{m_n^2}$$

等于 1 的权称为单位权，权等于 1 的观测值中误差称为单位权中误差。设单位权中误差为 μ，则权与中误差的关系为

$$P_i = \frac{\mu^2}{m_i^2} \tag{6-23}$$

单位权中误差 μ 可按下式计算

$$\mu = \pm \sqrt{\frac{[PVV]}{n-1}} \tag{6-24}$$

式中　V——观测值的改正数；

　　　n——观测值的个数。

二、加权平均值与其中误差

设对某量进行 n 次不同精度观测，观测值为 l_1，l_2，$\cdots$，l_n，其相应的权值为 P_1，P_2，$\cdots$，P_n，测量上取加权平均值为该量的最或是值，即

$$x = \frac{P_1 l_1 + P_2 l_2 + \cdots + P_n l_n}{P_1 + P_2 + \cdots + P_n} \tag{6-25}$$

不同精度观测值的最或是值即加权平均值 L 的中误差为

$$M_L = \frac{\mu}{\sqrt{[P]}} \tag{6-26}$$

【例 6-8】　对某一角度，采用不同测回数，进行了 4 次观测，其观测值列于表 6-4 中，求该角度的观测结果及其中误差。

表 6-4　　　　　　　　　不同精度观测最后结果及其中误差计算表

次数	观测值 L	测回数	权 P	V	PV	PVV
1	63°44′54″	6	6	+5″	+30	150
2	63°45′02″	5	5	−3″	−15	45
3	63°44′59″	4	4	0″	0	0
4	63°45′04″	3	3	−5″	−15	75
	63°44′59″		[P]=18		[PV]=0	[PVV]=270

$$L = 63°44′54″ + \frac{6 \times 0″ + 5 \times 8″ + 4 \times 5″ + 3 \times 10″}{6+5+4+3}$$

$$= 63°44'59''$$

$$\mu = \pm\sqrt{\frac{[PVV]}{n-1}} = \pm\sqrt{\frac{270}{4-1}} = \pm 9.5''$$

$$M_L = \frac{\mu}{\sqrt{[p]}} = \pm\frac{9.5''}{\sqrt{18}} = \pm 2.2''$$

该角的最后观测结果为 $63°44'59'' \pm 2.2''$。

思考题与习题

1. 系统误差有何特点？它对测量结果产生什么影响？

2. 偶然误差能否消除？它有何特性？

3. 容许误差是如何定义的？它有什么作用？

4. 何谓等精度观测？何谓不等精度观测？权的定义和作用？

5. 用钢尺丈量距离，有下列几种情况，使量得的结果产生误差，试分别判定误差的性质及符号。

（1）尺长不准确；

（2）测钎插位不准确；

（3）估计小数不准确；

（4）尺面不水平；

（5）尺端偏离直线方向。

6. 在水准测量中，有下列几种情况，使水准尺读数带有误差，试判别误差的性质。

（1）视准轴与水准轴不平行；

（2）仪器下沉；

（3）读数不正确；

（4）水准尺下沉。

7. 为鉴定经纬仪的精度，对已知精确测定的水平角（$\alpha = 62°00'00.0''$）作 n 次观测，结果为

$62°00'03''$	$61°59'57''$	$61°59'58''$	$62°00'02''$
$62°00'02''$	$62°00'03''$	$62°00'01''$	$61°59'58''$
$61°59'58''$	$61°59'57''$	$62°00'04''$	$62°00'02''$

设 α 为真值，试求观测值的中误差。如果该角不是真值，求观测结果、观测值中误差和算术平均值中误差。

8. 已知两段距离测量的长度及中误差为 $301.728\text{m} \pm 3.7\text{cm}$，$602.372\text{m} \pm 3.7\text{cm}$，它们的精度是多少？

9. 放样 B 点，已知测角结果为 $63°44'59'' \pm 2.2''$，测边结果为 $78.345\text{m} \pm 43\text{mm}$，求 B 的点位误差。

10. 用经纬仪观测水平角，测角中误差为 $\pm 9''$，欲使角度结果的精度达到 $\pm 5''$，问需要观测几个测回？

11. 在水准测量中，设一个测站的高差中误差为±3mm，1km 线路有 9 个站，求 1km 线路高差的中误差和 K 公里线路高差的中误差。

12. 在同样观测条件下，作了 4 条路线的水准测量，它们的长度分别为 $L_1 = 11.4km$，$L_2 = 9.6km$，$L_3 = 3.8km$，$L_4 = 14.7km$，求各条路线的权及单位权观测的线路长度。

第七章 小地区控制测量

第一节 概　述

进行地形测量或施工测量必须遵循"先整体、后局部"的原则，采用"先控制、后碎部"的工作步骤。控制测量就是在测区内选择若干控制点，用较高的精度对控制点进行测量，以确定其空间位置。由控制点构成的几何图形称为控制网。控制测量的作用是控制误差的连续传播，保证测图和测设必要的精度，使分区域施测的碎部能以一定的精度连成一个整体。

控制测量（control survey）分平面控制测量［测定控制点的平面位置（X，Y）］和高程控制测量［测定控制点的高程（H）］，根据控制网的测量精度不同，控制网可分为国家基本控制网、城市控制网、小地区控制网和图根控制网，现分述如下。

一、国家基本控制网

1. 平面控制网

建立平面控制网的常用方法有三角测量和精密导线测量。如图7-1所示，由A、B、C、D、E、F组成互相邻接的三角形，观测三角形的内角并至少测量其中一条边长（称为基线）及方位角，通过计算获得它们之间的相对位置，进行这种控制测量称为三角测量（triangulation）。三角形顶点称为三角点（triangulation point），构成的网形称为三角网。如图7-2所示，控制点1、2、3、4、5、6用折线连接起来，测量各边的长度和各转折角，并测定一条边的方位角，通过计算同样可获得它们之间的相对位置，这种控制测量称为导线测量（traverse survey），控制点称为导线点（traverse point）。

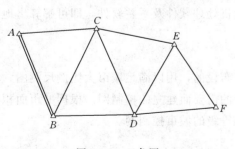

图7-1　三角网

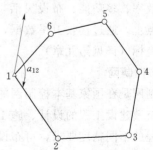

图7-2　导线网

国家平面控制网（horizontal control network）是在全国范围内主要按三角网和精密导线网布设，按精度分为一、二、三、四等4个等级，其中一等精度最高，二、三、四等精度逐级降低，低一级控制网是在高一级控制网的基础上建立的。控制点的密度，一等最小，逐级增大，如图7-3所示，一等三角网沿经纬线方向布设，一般称为一等三角锁，它不仅作为低等级平面控制网的基础，还为研究地球的形状和大小提供精确的科学资料。二等三角网布设于一等三角锁内，是扩展低等级平面控制网的基础，三、四等三角网作为一、二等控制网的进一步加密，满足测绘各种比例尺地形图和各项工程建设的需要。

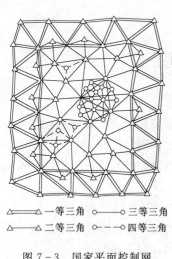

△———△ 一等三角 ○———○ 三等三角

△———△ 二等三角 ○- - -○ 四等三角

图7-3 国家平面控制网

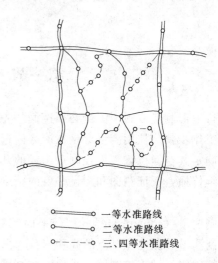

●———● 一等水准路线

○———○ 二等水准路线

○- - -○ 三、四等水准路线

图7-4 国家高程控制网

2. 高程控制网

建立国家高程控制网（vertical control network）的主要方法是采用水准测量的方法，按精度分一、二、三、四等，逐级控制，逐级加密。如图7-4所示，一等水准测量精度最高，由它建立的一等水准网是国家高程控制网的骨干，二等水准网在一等水准环内布设，是国家高程控制网的基础，三、四等水准网是国家高程控制网的加密，主要为测绘各种比例尺地形图和各项工程建设提供高程的起算数据。

全球卫星定位技术的出现，给控制测量带来了革命性的突破，应用GPS空间定位技术建立的控制网称为GPS网，按精度分为A、B、C、D、E 5级。GPS测量具有精度高、全天候、高效率、多功能、布设灵活，操作简单、应用广泛等优点。只要将GPS接收机安置于控制点上，通过接收卫星数据，利用随机处理软件及平差软件，即可解算出地面控制点的三维坐标（详见第九章）。

二、城市控制网

城市控制网是在国家基本控制网的基础上布设的，用以满足城市大比例尺测图、城市规划和各种市政建设工程的设计、施工及管理的需要而建立的控制网。根据城市面积的大小和市政工程的不同精度要求，可布设为不同等级的城市控制网。

三、小地区控制网

小地区控制网是为小地区（测区面积小于15km²）大比例尺测图或工程建设所布设的控制网，在这个范围内进行平面控制测量时，水准面可视为水平面，不需要将测量成果归算到高斯平面上，直接采用平面直角坐标系计算控制点坐标。小地区平面控制网建立时，应尽量与国家或城市已建立的高级控制网联测，将已知的高级控制点的坐标作为小地区控制网的起算数据。如果测区内或附近无国家或城市高级已知控制点，或者联测不便，可建立独立的平面控制网。

小地区高程控制网是根据测区面积的大小和工程建设的具体要求，采用分级建立的方法，一般情况下以国家或城市高级控制点为基础。在测区范围内建立三、四等水准路线或水准网。对于地形起伏较大的山区可采用三角高程测量的方法建立高程控制网。

四、图根控制网

直接为地形测图而建立的控制网称为图根控制网，其控制点称为图根控制点。图根控制测量也分为图根平面控制测量和图根高程控制测量。图根平面控制测量通常采用图根导线测量、小三角测量和交会定点等方法来建立。图根高程控制测量一般采用三、四、五等水准测量和三角高程测量。

第二节 直线定向与坐标计算

一、直线定向

确定地面直线与标准方向间的水平夹角称为直线定向。

（一）标准方向的种类

1. 真子午线方向

通过地球表面上一点的真子午线的切线方向称为该点的真子午线方向（true meridian direction），用 N 表示。真子午线方向是通过天文观测方法或陀螺经纬仪来测定。

2. 磁子午线方向

通过地球表面上一点的磁子午线的切线方向称为该点的磁子午线方向（magnetic meridian direction），用 N' 表示。磁针自由静止时其 N 极所指的方向即为磁子午线方向，磁子午线方向可用磁针或罗盘仪测定。

3. 坐标纵轴方向

我国采用高斯平面直角坐标系，将其每一投影带中央子午线的投影作为坐标纵轴方向（coordinates axis direction），即 X 轴方向。

（二）表示直线方向的方法

测量工作中，表示直线方向的方法常用方位角（azimuth angle）和象限角（quadrantal angle）来表示。

1. 方位角

由标准方向线的北端起顺时针方向量到某直线的水平夹角，称为该直线的方位角。角值范围为 $0°\sim360°$。根据标准方向线的不同，方位角又分为真方位角、磁方位角和坐标方位角三种，如图 7-5 所示。

（1）真方位角：由真子午线方向线的北端起顺时针方向量到某直线的水平夹角，称为该直线的真方位角（true azimuth），用 A 表示。

（2）磁方位角：由磁子午线方向线的北端起顺时针方

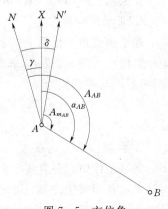

图 7-5 方位角

向量到某直线的水平夹角，称为该直线的磁方位角（magnetic azimuth），用 A_m 表示。

（3）坐标方位角：由坐标纵轴方向北端起顺时针方向量到某直线的水平夹角，称为该直线的坐标方位角（coordinate azimuth），用 α 表示。

2. 三种方位角之间的关系

由于地球的真南北极与磁南北极不重合，因此，过地球表面上一点的真子午线方向与磁子午线方向也不重合，两者之间的夹角称为磁偏角，用 δ 表示。在高斯投影中，中央子午线投影后是一条直线，也就是该带的坐标纵轴，其他子午线投影后均为收敛于两极的曲线。过地面上一点的子午线的切线方向与坐标纵轴之间的夹角称为子午线收敛角，用 γ 表示。以真子午线方向北端为基准，磁子午线和坐标纵轴方向偏于真子午线以东叫东偏，δ、γ 为正；偏于西侧叫西偏，δ、γ 为负。不同点的 δ、γ 值一般是不同的，如图 7-5 所示的情况，直线 AB 的三种方位角之间的关系如下

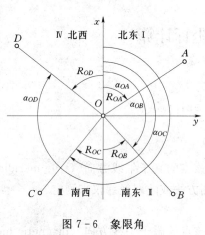

图 7-6 象限角

$$A_{AB} = A_{m_{AB}} + \delta$$
$$A_{AB} = \alpha_{AB} + \gamma \qquad (7-1)$$
$$\alpha_{AB} = A_{m_{AB}} + \delta - \gamma$$

3. 象限角

由标准方向线的北端或南端起顺时针或逆时针量到某直线的水平夹角，称为象限角，用 R 表示，其值在 $0°\sim90°$ 之间。如图 7-6 所示，象限角不但要表示角度的大小，而且还要注记该直线位于第几象限。将 I～IV 象限，分别用北东、南东、南西和北西表示。同理，象限角也有真象限角、磁象限角和坐标象限角。

象限角一般只在坐标计算时用，这时所说的象限角是指坐标象限角。坐标象限角与坐标方位角之间的关系如下：

I 象限：$\alpha = R$，$R = \alpha$；
II 象限：$\alpha = 180° - R$，$R = 180° - \alpha$；
III 象限：$\alpha = 180° + R$，$R = \alpha - 180°$；
IV 象限：$\alpha = 360° - R$，$R = 360° - \alpha$。

4. 正反坐标方位角

在平面直角坐标系中，表示直线的方位角通常是用坐标方位角来表示。如直线 AB 的坐标方位角可用 α_{AB} 或 α_{BA} 来表示，则称 α_{AB} 为正坐标方位角，α_{BA} 为反坐标方位角，如图 7-7 所示，其关系式为

$$\alpha_{BA} = \alpha_{AB} \pm 180°$$

或 $$\alpha_反 = \alpha_正 \pm 180°$$

5. 坐标方位角的推算

测量工作中，各直线的坐标方位角不是直接测定的，而是测定各相邻边之间的水平夹角 β_i，然后通过起始边已知坐标方位角和各观测角推算出各边的坐标方位角。

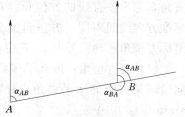

图 7-7 正反坐标方位角

在推算时，β_i 角有左角和右角之分，其公式也有所不同。所谓左角（右角）是指该角位于前进方向左侧（右侧）的水平夹角。

如图 7-8 所示，已知 α_{12}，观测前进方向的左角 $\beta_{2左}$、$\beta_{3左}$、$\beta_{4左}$（或 $\beta_{2右}$、$\beta_{3右}$、$\beta_{4右}$），α_{23}、α_{34}、α_{45} 的计算公式如下

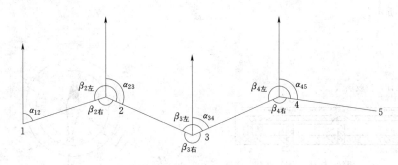

图 7-8 坐标方位角推算

左角

$$\alpha_{23} = \alpha_{12} + \beta_{2左} - 180°$$
$$\alpha_{34} = \alpha_{23} + \beta_{3左} - 180°$$
$$\alpha_{45} = \alpha_{34} + \beta_{4左} - 180°$$

通用公式 $\qquad \alpha_{i,i+1} = \alpha_{i-1,i} + \beta_{i左} - 180°$ $\qquad\qquad$ (7-2)

右角

$$\alpha_{23} = \alpha_{12} - \beta_{2右} + 180°$$
$$\alpha_{34} = \alpha_{23} - \beta_{3右} + 180°$$
$$\alpha_{45} = \alpha_{34} - \beta_{4右} + 180°$$

通用公式 $\qquad \alpha_{i,i+1} = \alpha_{i-1,i} - \beta_{i右} + 180°$ $\qquad\qquad$ (7-3)

式中 $\alpha_{i-1,i}$、$\alpha_{i,i+1}$ 分别表示直线前进方向上相邻边中后一边的坐标方位角和前一边的坐标方位角。一般为

$$\alpha_{前} = \alpha_{后} \pm \beta_{左右} \pm 180° \qquad (7-4)$$

用式（7-4）算得的 α 值超过 360°时，应减去 360°。

（三）用罗盘仪测定磁方位角

罗盘仪（compass）是测量直线磁方位角的仪器，如图 7-9 所示。该仪器构造简单，使用方便，但精度不高，外界环境对仪器的影响较大，如钢铁建筑和高压电线都会影响其精度。当测区内没有国家控制点，需要在小范围内建立假定坐标系的平面控制网时，可用罗盘仪测量磁方位角，作为该控制网起始边的坐标方位角。

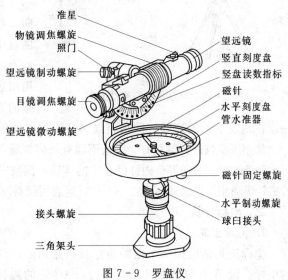

图 7-9 罗盘仪

准星
物镜调焦螺旋
照门
望远镜制动螺旋
目镜调焦螺旋
望远镜微动螺旋
望远镜
竖直刻度盘
竖盘读数指标
磁针
水平刻度盘
管水准器
磁针固定螺旋
水平制动螺旋
球臼接头
接头螺旋
三角架头

1. 罗盘仪的构造

罗盘仪的主要部件有磁针、刻度盘、望远镜和基座。

(1)磁针。磁针用人造磁铁制成,磁针在度盘中心的顶针尖上可自由转动。为了减轻顶针尖的磨损,在不用时,可用位于底部的固定螺旋升高杠杆,将磁针固定在玻璃盖上,如图7-10所示。

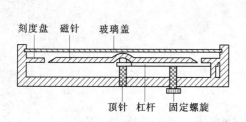

图7-10 罗盘仪结构图

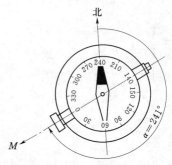

图7-11 罗盘仪刻度及读数

(2)刻度盘。用钢或铝制成的圆环,随望远镜一起转动,每隔10°有一注记,按逆时针方向从0°注记到360°,最小分划为1°或30′。刻度盘内装有一个圆水准器或者两个相互垂直的管水准器,用手控制气泡居中,使罗盘仪水平。

(3)望远镜。望远镜装在刻度盘上,物镜端与目镜端分别在刻划线0°与180°的上面,见图7-11。罗盘仪在定向时,刻度盘与望远镜一起转动指向目标,当磁针静止后,度盘上由0°逆时针方向至磁针北端所指的读数,即为所测直线的方位角。

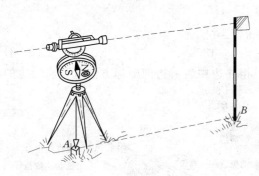

图7-12 罗盘仪测定直线方向

(4)基座。采用球臼结构,松开球臼接头螺旋,可摆动刻度盘,使水准气泡居中,度盘处于水平位置,然后拧紧接头螺旋。

2. 用罗盘仪测定直线磁方位角的方法

如图7-12所示,为了测定直线AB的方向,将罗盘仪安置在A点,用垂球对中,使度盘中心与A点处于同一铅垂线上,再用仪器上的水准管使度盘水平,然后放松磁针,用望远镜瞄准B点,等磁针静止后,磁针所指的方向即为磁子午线方向,按磁针指北的一端在刻度盘上的读数,即得直线AB的磁方位角。

使用罗盘仪进行测量时,附近不能有任何铁器,并要避免高压线,否则磁针会发生偏转,影响测量结果。必须等待磁针静止才能读数,读数完毕应将磁针固定以免磁针的顶针被磨损。若磁针摆动相当长时间还静止不下来,这表明仪器使用太久,磁针的磁性不足,应进行充磁。

二、坐标计算

1. 坐标正算

坐标正算是已知一个点的坐标及该点到未知点的水平距离和坐标方位角,推算未知点的坐标。设A点的坐标(X_A,Y_A),AB边的边长D_{AB}及坐标方位角α_{AB}均为已知,现求

B 点的坐标（X_B，Y_B）。如图 7－13 所示。

$$\left.\begin{aligned} X_B &= X_A + \Delta X_{AB} \\ Y_B &= Y_A + \Delta Y_{AB} \end{aligned}\right\} \tag{7-5}$$

其中坐标增量为

$$\left.\begin{aligned} \Delta X_{AB} &= D_{AB}\cos\alpha_{AB} \\ \Delta Y_{AB} &= D_{AB}\sin\alpha_{AB} \end{aligned}\right\} \tag{7-6}$$

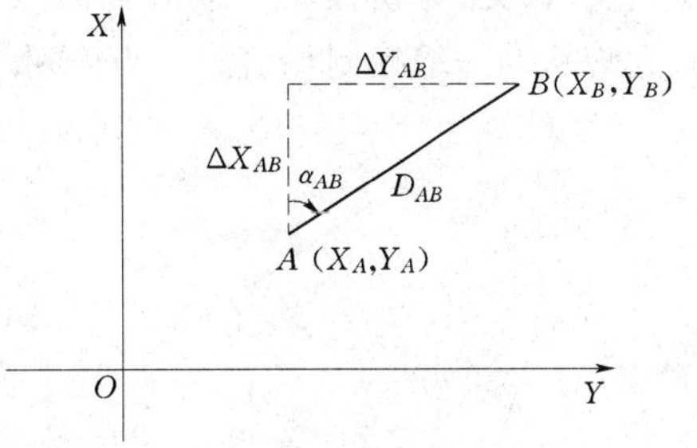

图 7－13　坐标计算

则有

$$\left.\begin{aligned} X_B &= X_A + D_{AB}\cos\alpha_{AB} \\ Y_B &= Y_A + D_{AB}\sin\alpha_{AB} \end{aligned}\right\} \tag{7-7}$$

式（7－7）为坐标正算的基本公式，即根据两点间的边长和坐标方位角，计算两点间的坐标增量，再根据已知点的坐标，计算另一未已知的坐标。

2. 坐标反算

坐标反算是已知两个点的坐标，求两点间的水平距离和坐标方位角。设 A、B 两点的坐标（X_A，Y_A），（X_B，Y_B）均为已知，现计算 α_{AB} 和 D_{AB}。由图 7－13 可知

$$\left.\begin{aligned} \alpha_{AB} &= \arctan\frac{\Delta Y_{AB}}{\Delta X_{AB}} = \arctan\frac{Y_B - Y_A}{X_B - X_A} \\ D_{AB} &= \frac{\Delta X_{AB}}{\cos\alpha_{AB}} = \frac{\Delta Y_{AB}}{\sin\alpha_{AB}} = \sqrt{(X_B - X_A)^2 + (Y_B - Y_A)^2} \end{aligned}\right\} \tag{7-8}$$

式（7－8）为坐标反算的基本公式。当求直线 AB 的坐标方位角 α_{AB} 时，还应根据 ΔX_{AB}、ΔY_{AB} 的“＋”、“－”符号来确定 α_{AB} 所在的象限。

第三节　导　线　测　量

一、导线的布设形式

1. 闭合导线（closed traverse）

自某一已知点出发经过若干点的连续折线仍回至原来一点，形成一个闭合多边形，如图 7－14 所示。

2. 附合导线（connecting traverse）

自某一高一级的控制点（或国家控制点）出发，附合到另一个高一级的控制点上的导线。如图 7－15 所示，A、B、C、D 为高一级的控制点，从控制点 B（作为附合导线的第 1 点）出发，经 2、3、4、5 等点附合到另一控制点 C（作为附合导线的最后一点 6），布设成附合导线。

3. 支导线（open traverse）

支导线仅是一端连接在高一级控制点上的伸展导线，如图 7－15 中的 4—支$_1$—支$_2$，4

点对支$_1$、支$_2$来讲是高一级的控制点。支导线在测量中若发生错差，无法校核，故一般只允许从高一级控制点引测一点，对1∶2000、1∶5000比例尺测图可连续引测两点。

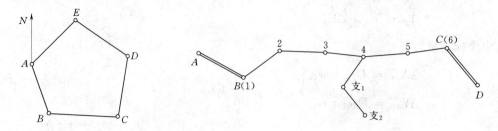

图 7-14 闭合导线   图 7-15 附合导线与支导线

导线按测量边长方法的不同有：钢尺量距导线、电磁波测距导线等。二者仅测距方法不同，其余工作完全相同。

二、导线测量的等级与技术要求

在进行导线测量时，究竟采用何种形式，应根据原有控制点可利用的情况和密度、地形条件、测量精度要求及仪器设备而定。

用导线测量的方法建立小地区平面控制网，通常可分为一级导线、二级导线、三级导线和图根导线（mapping traverse）几个等级，其主要技术指标列入表7-1中，表中 n 为测角个数。

表 7-1   平面控制网主要技术指标

等 级	测 图 比例尺	导线全长 (m)	平均边长 (m)	往返丈量相对中误差	测角中误差 (″)	导线全长相对闭合差	测 回 数		角度闭合差 (″)
							DJ$_6$	DJ$_2$	
一级		2500	250	1/20000	±5	1/10000	2	4	±10$\sqrt{n}$
二级		1800	180	1/15000	±8	1/7000	1	3	±16$\sqrt{n}$
三级		1200	120	1/1000	±12	1/5000	1	2	±24$\sqrt{n}$
图根	1∶500	500	75	1/3000	±20	1/2000		1	±60$\sqrt{n}$
	1∶1000	1000	110						
	1∶2000	2000	180						

注 n 为测角个数。

三、导线测量的外业工作

导线测量的外业工作包括踏勘选点、测角、量边和连测等。

1. 踏勘选点

测量前应广泛搜集与测区有关的测量资料，如原有三角点、导线点、水准点的成果，各种比例尺的地形图等。然后作出导线的整体布置设计，并到实地踏勘，了解测区的实际情况，最后根据测图的需要，在实地选定导线点的位置，并埋设点位标志，给予编号或命名。选点时应注意做到：

（1）导线应尽量沿交通线布设，相邻导线点间应通视良好，地势平坦，便于丈量边长；

（2）导线点应选择在有利于安置仪器和保存点位的地方，最好选在土质坚硬的地面上；

（3）导线点应选在视野比较开阔的地方，不应选在低洼、闭塞的角落，这样便于碎部测量或加密；

（4）导线边长应大致相等或按表7－1规定的平均边长，尽量避免由短边突然过渡到长边，短边应尽量少用，以减小照准误差的影响和提高导线测量的点位精度；

（5）导线点在测区内应有一定的数量，密度要均匀，便于控制整个测区。

导线点选定后，要用明显的标志固定下来，通常是用一木桩打入土中，桩顶高出地面 $1\sim2cm$，并在桩顶钉一小钉，作为临时性标志。当导线点选择在水泥、沥青等坚硬地面时，可直接钉一钢钉作为标志，需要长期保存使用的导线点要埋设混凝土桩，桩顶刻"＋"字，作为永久性标志。导线点选定后，应进行统一编号。为了方便寻找，还应对每个导线点绘制"点之记"，如图7－16所示，注明导线点与附近固定地物点的距离。

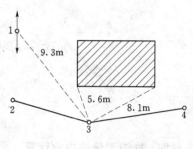

图 7－16　点之记

2. 测角

用测回法观测导线的转折角，导线的转折角分左角和右角，位于导线前进方向左侧的角叫左角，位于导线前进方向右侧的角叫右角。附合导线中，测量导线的左角，闭合导线中均测内角，若闭合导线按逆时针方向编号，则其内角也就是左角，这样便于坐标方位角的推算。对于图根导线，一般用 DJ_6 级光学经纬仪观测一个测回，其角度闭合差按导线测角技术要求见表7－1。

3. 量边

用来计算导线点坐标的导线边长应是水平距离。边长可以用测距仪单程观测，也可用检定过的钢尺丈量。对于等级导线，要按钢尺量距的精密方法丈量。对于图根导线，用一般方法直接丈量，可以往、返各丈量1次，也可以同一方向丈量2次，取其平均值，其相对误差不应大于 $1/3000$。

4. 测定方位角或连接角和边

导线必须与高一级控制点连接，以取得坐标和方位角的起始数据。闭合导线的连接测量分两种情况：一是没有高一级控制点可以连接，或在测区内布设的是独立闭合导线，这时，需要在第1点上测出第一条边的磁方位角，并假定第1点的坐标，就具有起始数据，如图7

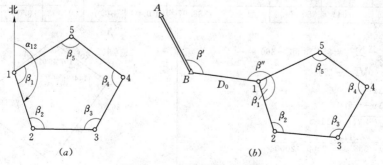

图 7－17　闭合导线连接测

－17（a）所示。第二种情况如图 7-17（b）所示，A、B 为高一级控制点，1、2、3、4、5 等点组成闭合导线，则需要测出连接角 β' 及 β''，以及连接边长 D_0，才具有起始数据。

附合导线的两端点均为已知点，如图 7-18 所示，只要在已知点 B 及 C 上测出连接角 β_1 及 β_6，就能获得起始数据。

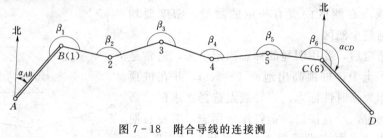

图 7-18 附合导线的连接测

四、导线测量的内业计算

导线测量内业计算的目的是计算各导线点的坐标。因此，在外业工作结束后，首先应整理外业测量资料，导线测量内业计算所必须具备的资料有：各导线边的水平距离、导线各转折角和导线边与已知边所夹的连接角、高级控制点的坐标。当导线不与高级控制点连测时，应假定一起始点的坐标，并用罗盘仪测定起始边的坐标方位角。

计算前应对上述数据进行检查复核，当确认无误后，可绘制导线草图，注明已知数据和观测数据，并填入"闭合导线坐标计算表"（表 7-2）。

表 7-2 闭合导线坐标计算表

点号	观测角 (° ′ ″)	改正数 (″)	改正角 (° ′ ″)	方位角 (° ′ ″)	距 离 (m)	增量计算值		改正后增量		坐标值	
						Δx (m)	Δy (m)	Δx (m)	Δy (m)	Δx (m)	Δy (m)
1	2	3	4=2+3	5	6	7	8	9	10	11	12
1				144 36 00	77.38	−2 −63.07	−1 44.82	−63.09	44.81	500.00	800.00
2	89 33 47	+16	89 34 03	54 10 03	128.05	−3 74.96	−2 103.81	74.93	103.79	436.91	844.81
3	72 59 47	+16	73 00 03	307 10 06	79.38	−2 47.96	−1 −63.26	47.94	−63.27	511.84	948.60
4	107 49 02	+16	107 49 18	234 59 24	104.16	−2 −59.76	−1 −85.31	−59.78	−85.33	559.78	885.33
1	89 36 20	+16	89 36 36	144 36 00						500.00	800.00
2											
总和	359 58 56	+64	360 00 00		388.97	+0.09	+0.06	0.00	0.00		

辅助计算	$f_\beta = \sum \beta_{测} - \sum \beta_{理} = 359°58'56'' - 360° = -64''$ $f_{\beta容} = \pm 60''\sqrt{4} = \pm 120''$ $f_x = \sum \Delta x = +0.09$ $f_y = \sum \Delta y = +0.06$ $f_D = \sqrt{f_x^2 + f_y^2} = 0.11$ $K = \dfrac{f_D}{\sum D} = \dfrac{0.11}{388.97} = \dfrac{1}{3500} \leqslant \dfrac{1}{2000}$	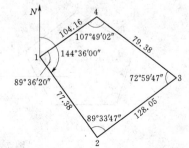

（一）闭合导线坐标计算

闭合导线是由各导线点组成的一多边形，因此，它必须满足两个条件：一是多边形内角和条件；二是坐标条件，即由起始点的已知坐标，逐点推算导线点的坐标到最后一点后继续推算起始点的坐标，推算得出的坐标应等于已知坐标。现以表 7 - 2 中草图为例，说明其计算步骤如下。

1. 角度闭合差的计算与调整

具有 n 条边的闭合导线，内角总和理论上应满足下列条件

$$\sum \beta_{理} = (n-2) \times 180° \tag{7-9}$$

设内角观测值的总和为 $\sum \beta_{测}$，则角度闭合差（angle closed error）

$$f_\beta = \sum \beta_{测} - (n-2) \times 180° \tag{7-10}$$

角度闭合差是角度观测质量的检验条件，各级导线角度闭合差的容许值按表 7 - 1 的规定计算。若 $f_\beta \leqslant f_{\beta容}$，说明该导线水平角观测的成果可用，否则，应返工重测。

由于角度观测的精度是相同的，角度闭合差的调整往往采用平均分配原则，即将角度闭合差按相反符号平均分配到各角中（计算到秒），其分配值称角改正数 V_β，用下式计算

$$V_\beta = -\frac{f_\beta}{n} \tag{7-11}$$

调整后的角值为 $$\beta = \beta_{测} + V_\beta \tag{7-12}$$

调整后的内角和应满足多边形内角和条件。

2. 坐标方位角推算

用起始边的坐标方位角和改正后的各内角可推算其他各边的坐标方位角，按式（7 - 4）推算。

以表 7 - 2 中的图为例，按 1 - 2 - 3 - 4 - 1 逆时针方向推算，使多边形内角即为导线前进方向的左角。为了检核，还应推算回起始边。

3. 坐标增量闭合差的计算与调整

根据导线各边的边长和坐标方位角，按坐标正算公式计算各导线边的坐标增量。对于闭合导线，其纵、横坐标增量代数和的理论值应分别等于零（图 7 - 19），即

$$\left. \begin{array}{l} \sum \Delta X_{理} = 0 \\ \sum \Delta Y_{理} = 0 \end{array} \right\} \tag{7-13}$$

由于量边的误差和角度闭合差调整后的残余误差，使得由起点 1 出发，经过各点的坐标增量计算，其纵、横坐标增量的总和 $\sum \Delta X_{测}$、$\sum \Delta Y_{测}$ 都不等于零，这就存在着导线纵、横坐标增量闭合差（closed error in coordinate increment）f_x 和 f_y，其计算式为

$$\left. \begin{array}{l} f_x = \sum \Delta X_{测} - \sum \Delta X_{理} = \sum \Delta X_{测} \\ f_y = \sum \Delta Y_{测} - \sum \Delta Y_{理} = \sum \Delta Y_{测} \end{array} \right\} \tag{7-14}$$

如图 7 - 20 所示，由于坐标增量闭合差 f_x、f_y 的存在，从导线点 1 出发，最后不是闭合到出发点 1，而是 $1'$ 点，期间产生了一段差距 1—$1'$，这段距离称为导线全长闭合差（total length closed error of traverse）f_D，由图 7 - 20 可知

$$f_D = \sqrt{f_x^2 + f_y^2} \qquad (7-15)$$

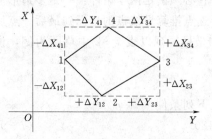
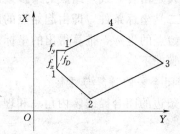

图 7 - 19 坐标增量　　　　　　　　　　图 7 - 20 坐标增量闭合差

导线全长闭合差是由测角误差和量边误差共同引起的，一般说来，导线越长，全长闭合差就越大。因此，要衡量导线的精度，可用导线全长闭合差 f_D 与导线全长 $\sum D$ 的比值来表示，得到导线全长相对闭合差（或叫导线相对精度）（relative length closing error of traverse）K，且化成分子是 1 的分数形式

$$K = \frac{f_D}{\sum D} = \frac{1}{\sum D / f_D} \qquad (7-16)$$

不同等级的导线其导线全长相对闭合差有着不同的限差，见表 7 - 1。当 $K \leqslant K_{容}$ 时，说明该导线符合精度要求，可对坐标增量闭合差进行调整。调整的原则是将 f_x、f_y 反符号与边长成正比例分配到各边的纵、横坐标增量中去，即

$$\left.\begin{array}{l} V_{xi} = -\dfrac{f_x}{\sum D} D_i \\[3mm] V_{yi} = -\dfrac{f_y}{\sum D} D_i \end{array}\right\} \qquad (7-17)$$

式中　V_{xi}、V_{yi}——第 i 条边的坐标增量改正数；

　　　　D_i——第 i 条边的边长。

计算坐标增量改正数 V_{xi}、V_{yi} 时，其结果应进行凑整，满足

$$\left.\begin{array}{l} \sum V_{xi} = -f_x \\[2mm] \sum V_{yi} = -f_y \end{array}\right\} \qquad (7-18)$$

4. 导线点坐标计算

根据起始点的坐标和改正后的坐标增量 $\Delta X_i'$、$\Delta Y_i'$，可以依次推算各导线点的坐标，即

$$\left.\begin{array}{l} \Delta X_i' = \Delta X_i + V_{xi} \\[2mm] \Delta Y_i' = \Delta Y_i + V_{yi} \end{array}\right\} \qquad (7-19)$$

$$\left.\begin{array}{l} X_{i+1} = X_i + \Delta X_i' \\[2mm] Y_{i+1} = Y_i + \Delta Y_i' \end{array}\right\} \qquad (7-20)$$

最后还应推算起始点的坐标，其值应与原有的数值一致，以作校核。计算结果见表 7 - 2。

（二）附合导线的计算

附合导线的计算方法与闭合导线的计算方法基本相同，但由于计算条件有些差异，致使角度闭合差与坐标增量闭合差的计算有所不同。

如图 7-21 所示，1—2—3—…—$(n-1)$—n 为一附合导线，它的起点 1 和终点 n 分别与高一级的控制点 A、B 和 C、D 连接，后者的坐标已知，因此可按坐标反算式（7-8），计算起始边和终了边的方位角 α_{AB} 和 α_{CD}，即：$\alpha_{AB}=\arctan\dfrac{y_B-y_A}{x_B-x_A}$、$\alpha_{CD}=\arctan\dfrac{y_D-y_C}{x_D-x_C}$。

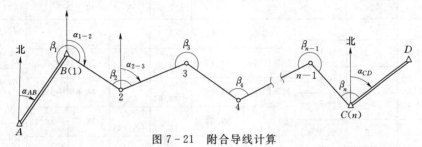

图 7-21　附合导线计算

1. 角度闭合差的计算

附合导线的角度闭合条件是方位角条件，即由起始边的坐标方位角 α_{AB} 和左角 β_i，推算得终了边的坐标方位角 α'_{CD} 应与已知 α_{CD} 一致，否则，就存在角度闭合差。现以图 7-21 为例推算角度闭合差 f_β 如下

$$\left.\begin{aligned}
\alpha_{12} &= \alpha_{AB} + \beta_1 \pm 180° \\
\alpha_{23} &= \alpha_{12} + \beta_2 \pm 180° \\
&\cdots \\
\alpha'_{CD} &= \alpha_{(n-1)n} + \beta_n \pm 180° \\
\hline
\alpha'_{CD} &= \alpha_{AB} + \sum\beta_{测} \pm n \times 180°
\end{aligned}\right\} \tag{7-21}$$

式（7-21）算得的方位角应减去若干个 360°，使其角在 0°～360°之间。附合导线的角度闭合差为

$$f_\beta = \alpha'_{CD} - \alpha_{CD} \tag{7-22}$$

附合导线角度闭合差的容许值的计算公式及闭合差的调整方法，与闭合导线相同。

2. 坐标增量闭合差计算

附合导线两个端点——起点 B 及终点 C，都是高一级的控制点，它们的坐标值精度较高，误差可忽略不计，故

$$\left.\begin{aligned}
\sum\Delta X_{理} &= X_{终} - X_{始} \\
\sum\Delta Y_{理} &= Y_{终} - Y_{始}
\end{aligned}\right\} \tag{7-23}$$

由于测角和量距含有误差，坐标增量不能满足理论上的要求，产生坐标增量闭合差，即

$$\left.\begin{aligned}
f_x &= \sum\Delta X_{测} - \sum\Delta X_{理} = \sum\Delta X_{测} - (X_{终} - X_{始}) \\
f_y &= \sum\Delta Y_{测} - \sum\Delta Y_{理} = \sum\Delta Y_{测} - (Y_{终} - Y_{始})
\end{aligned}\right\} \tag{7-24}$$

求得坐标增量闭合差后，闭合差的限差和调整以及其他计算与闭合导线相同。附合导线坐标计算的全过程见表7-3的算例。

表7-3　　　　　　　　　　　　　附合导线坐标计算表

点号	观测角(° ′ ″)	改正数(″)	改正角(° ′ ″)	方位角(° ′ ″)	距离(m)	增量计算值 Δx(m)	增量计算值 Δy(m)	改正后增量 Δx'(m)	改正后增量 Δy'(m)	坐标值 Δx(m)	坐标值 Δy(m)
1	2	3	4=2+3	5	6	7	8	9	10	11	12
A				224 02 52						843.40	1264.29
B(1)	114 17 00	−2	114 16 58							640.93	1068.44
				158 19 50	81.17	+0 −76.36	+1 +30.34	−76.36	+30.35		
2	146 59 30	−2	146 59 28							564.57	1098.79
				125 19 18	77.28	+0 −44.68	+1 +63.05	−44.68	+63.06		
3	135 11 30	−2	135 11 28							519.89	1161.85
				80 30 45	89.64	+0 +14.77	+2 +88.41	+14.77	+88.43		
4	145 38 30	−2	145 38 28							534.66	1250.28
				46 09 14	79.84	+0 +55.31	+1 +57.58	+55.31	+57.59		
C(5)	158 00 00	−2	157 59 58							589.97	1307.87
D				24 09 12						793.61	1399.19
总和	700 06 30	−10	700 06 20		388.97	−50.96	239.38	−50.96	239.43		

辅助计算：

$$\alpha_{AB} = \arctan\frac{y_B - y_A}{x_B - x_A} = 224°02'52''$$

$$\alpha_{CD} = \arctan\frac{y_D - y_C}{x_D - x_C} = 24°09'12''$$

$$\alpha'_{CD} = \alpha_{AB} + \sum\beta_{测} - n\times180° = 24°09'22''$$

$$f_\beta = \alpha'_{CD} - \alpha_{CD} = 24°09'22'' - 24°09'12'' = +10''$$

$$f_{\beta容} = \pm60\sqrt{5} = \pm134°$$

$$f_x = \sum\Delta x - (x_C - x_B) = +0.09$$

$$f_y = \sum\Delta y - (y_C - y_B) = -0.05$$

$$f_D = \sqrt{f_x^2 + f_y^2} = 0.05$$

$$K = \frac{f_D}{\sum D} = \frac{0.05}{328.93} = \frac{1}{6600} \leq \frac{1}{2000}$$

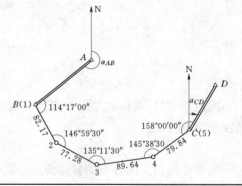

第四节 交 会 定 点

当已有控制点的数量不能满足测图或施工放样需要时，可采用交会定点（intersection location）的方法加密控制点。

一、全站仪极坐标法

极坐标法定位，实质上是支一个点的支导线定位。全站仪的应用，使得同时观测极角 β 和极距 D 成为可能，给地面点定位带来很大的方便。

如图7-22，A、B 为已知定向边，若观测了 β 和边长 D_{AP}，则可在推算出 AP 边坐标方位角基础上用式（7-7）推算点 P 的坐标。

利用全站仪的坐标测量键，可直接显示观测点的坐标。其工作步骤如下：

（1）如图 7 – 22，安装仪器于已知点 A，量出仪器高，于待定点 P 安棱镜，量出镜高，并键入全站仪；

（2）键入已知点 A 的坐标和高程；

（3）瞄准 B 点，键入 AB 边的坐标方位角；

（4）瞄准 P 点，进行坐标测量；

（5）显示 P 点的坐标和高程：x_P，y_P，z_P。

如果需要还可显示斜距、平距和竖直角。同时，将全部成果存入内存。

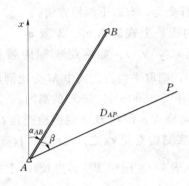

图 7 – 22　极坐标法

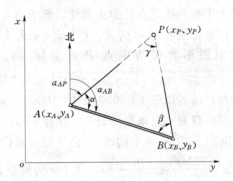

图 7 – 23　前方交会法

二、测角前方交会法

如图 7 – 23，用经纬仪在已知点 A、B 上测出 α 和 β 角，计算待定点 P 的坐标，就是测角前方交会定点。计算公式推导如下

$$\left.\begin{array}{l} x_P - x_A = D_{AP}\cos\alpha_{AP} \\ y_P - y_A = D_{AP}\sin\alpha_{AP} \end{array}\right\} \tag{7-25}$$

$$\alpha_{AP} = \alpha_{AB} - \alpha \tag{7-26}$$

式中 α_{AB} 由已知坐标反算而得。将式（7 – 26）代入式（7 – 25），得

$$\left.\begin{array}{l} x_P - x_A = D_{AP}(\cos\alpha_{AB}\cos\alpha + \sin\alpha_{AB}\sin\alpha) \\ y_P - y_A = D_{AP}(\sin\alpha_{AB}\cos\alpha - \cos\alpha_{AB}\sin\alpha) \end{array}\right\} \tag{7-27}$$

因为

$$\cos\alpha_{AB} = \frac{x_B - x_A}{D_{AB}}, \sin\alpha_{AB} = \frac{y_B - y_A}{D_{AB}}$$

则

$$\left.\begin{array}{l} x_P - x_A = \dfrac{D_{AP}}{D_{AB}}\sin\alpha\big[(x_B - x_A)\mathrm{ctg}\alpha + (y_B - y_A)\big] \\ y_P - y_A = \dfrac{D_{AP}}{D_{AB}}\sin\alpha\big[(y_B - y_A)\mathrm{ctg}\alpha + (x_A - x_B)\big] \end{array}\right\} \tag{7-28}$$

由 $\triangle ABP$ 可得

$$\frac{D_{AP}}{D_{AB}} = \frac{\sin\beta}{\sin(\alpha + \beta)}$$

上式等号两边乘以 $\sin\alpha$，得

$$\frac{D_{AP}}{D_{AB}}\sin\alpha = \frac{\sin\beta\sin\alpha}{\sin\alpha\cos\beta + \cos\alpha\sin\beta} = \frac{1}{\cot\alpha + \cot\beta} \tag{7-29}$$

将式（7-29）代入式（7-28），经整理后得

$$\left.\begin{array}{l} x_P = \dfrac{x_A\cot\beta + x_B\cot\alpha + (y_B - y_A)}{\cot\alpha + \cot\beta} \\[3mm] y_P = \dfrac{y_A\cot\beta + y_B\cot\alpha + (x_A - x_B)}{\cot\alpha + \cot\beta} \end{array}\right\} \tag{7-30}$$

为了提高精度，交会角 γ（图 7-23）最好在 90°左右，一般不应小于 30°或大于 120°。同时为了校核所定点位的正确性，要求由 3 个已知点进行交会，有以下两种方法。

（1）分别在已知点 A、B、C（见表 7-4 算例中的图）上观测角 α_1、β_1 及 α_2、β_2，由两组图形算得待定点 P 的坐标 (x_{p1}, y_{p1}) 及 (x_{p2}, y_{p2})。如两组坐标的较差 $f(\pm\sqrt{(x_{p1} - x_{p2})^2 + (y_{p1} - y_{p2})^2}) \leqslant 0.2M$ 或 $0.3M\,\text{mm}$，则取平均值。式中 M 为比例尺的分母；前者用于 1:5000 及 1:10000 的测图，后者用于 1:500~1:2000 的测图。

（2）观测一组角度 α_1、β_1，计算坐标，而以另一方向检查，即在 B 点观测检查角 $\varepsilon_{测}$ $\angle PBC$（见表 7-4 中的图）。由坐标反算检查角 $\varepsilon_{算}$，与实测检查角 $\varepsilon_{测}$ 之差 $\Delta\varepsilon''$ 进行检查，$\varepsilon'' \leqslant \pm\dfrac{0.15M\rho''}{s}$ 或 $\pm\dfrac{0.2M\rho''}{s}$，式中 s 为检查方向的边长（表 7-4 图中 BC 的边长）。上式前者用于 1:5000、1:10000 的测图，后者用于 1:500~1:2000 的测图。

表 7-4　　　　　　　　　　　　　　前 方 交 会 计 算 表

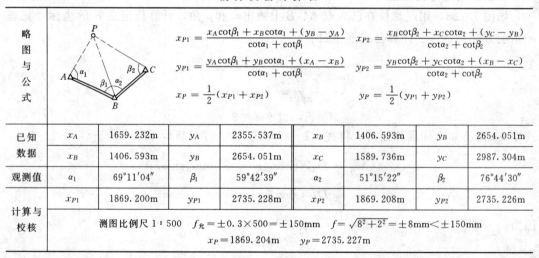

略图与公式		$x_{P1} = \dfrac{x_A\cot\beta_1 + x_B\cot\alpha_1 + (y_B - y_A)}{\cot\alpha_1 + \cot\beta_1}$ $y_{P1} = \dfrac{y_A\cot\beta_1 + y_B\cot\alpha_1 + (x_A - x_B)}{\cot\alpha_1 + \cot\beta_1}$ $x_P = \dfrac{1}{2}(x_{P1} + x_{P2})$		$x_{P2} = \dfrac{x_B\cot\beta_2 + x_C\cot\alpha_2 + (y_C - y_B)}{\cot\alpha_2 + \cot\beta_2}$ $y_{P2} = \dfrac{y_B\cot\beta_2 + y_C\cot\alpha_2 + (x_B - x_C)}{\cot\alpha_2 + \cot\beta_2}$ $y_P = \dfrac{1}{2}(y_{P1} + y_{P2})$	
已知数据	x_A	1659.232m	y_A	2355.537m	x_B 1406.593m y_B 2654.051m
	x_B	1406.593m	y_B	2654.051m	x_C 1589.736m y_C 2987.304m
观测值	α_1	69°11′04″	β_1	59°42′39″	α_2 51°15′22″ β_2 76°44′30″
计算与校核	x_{P1}	1869.200m	y_{P1}	2735.228m	x_{P2} 1869.208m y_{P2} 2735.226m
	测图比例尺 1:500 $f_允 = \pm 0.3 \times 500 = \pm 150\text{mm}$ $f = \sqrt{8^2 + 2^2} = \pm 8\text{mm} < \pm 150\text{mm}$ $x_P = 1869.204\text{m}$ $y_P = 2735.227\text{m}$				

算例见表 7-4。如果按第二种方法进行交会，在上例中除观测 α_1 及 β_1 外，在测站 B 同时观测检查角 $\varepsilon_{测}$（即 α_2），不必再到 C 点观测 β_2。计算时，由 α_1 及 β_1 算出 x_p（1869.200m）及 y_p（2735.228m），而后由坐标反算计算检查角 $\varepsilon_{算}$ 如下

$$\alpha_{BP} = \arctan^{-1}\frac{y_P - y_B}{x_P - x_B} = \arctan^{-1}\frac{2735.228 - 2654.051}{1869.200 - 1406.593} = 9°57'10''$$

$$\alpha_{BC} = \arctan^{-1}\frac{y_C - y_B}{x_C - x_B} = \arctan^{-1}\frac{2987.304 - 2654.051}{1589.736 - 1406.593} = 61°12'31''$$

$$\varepsilon_{算} = \alpha_{BC} - \alpha_{BP} = 51°15'21''$$

$$\Delta\varepsilon = \varepsilon_{测} - \varepsilon_{算} = +1''$$

测图比例尺为 1∶500 时，$\Delta\varepsilon_{允} = \dfrac{0.2 \times 500 \times 206265}{380.868 \times 1000} = 54''$；$\Delta\varepsilon < \Delta\varepsilon_{允}$，因此，$P$ 点坐标为 $x_P = 1869.200$m，$y_P = 2735.228$m。

三、测边交会法

随着电磁波测距仪的广泛应用，前方交会可采用边长进行交会。

如图 7-24 (a)，A、B 为已知点，测量了边长 D_a、D_b，求待定点 P 的坐标。

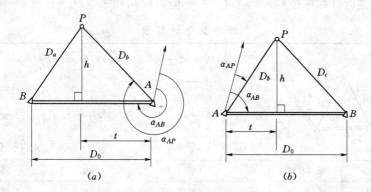

图 7-24　边长前方交会

根据已知数据由坐标反算，得

$$D_0 = \sqrt{(x_B - x_A)^2 + (y_B - y_A)^2} = \sqrt{\Delta x_{AB}^2 + \Delta y_{AB}^2}$$

$$\cos\alpha_{AB} = \frac{\Delta x_{AB}}{D_0}, \sin\alpha_{AB} = \frac{\Delta y_{AB}}{D_0}$$

按余弦定理，有

$$\cos A = \frac{D_0^2 + D_b^2 - D_a^2}{2D_0 D_b}$$

由图可知

$$\left. \begin{array}{l} t = D_b\cos A = \dfrac{1}{2D_0}(D_0^2 + D_b^2 - D_a^2) \\[3mm] h = D_b\sin A = \pm\sqrt{D_b^2 - t^2} \end{array} \right\} \tag{7-31}$$

另 $\alpha_{AP} = \alpha_{AB} + A$，则

$$\Delta x_{AP} = D_b\cos\alpha_{AP} = D_b\cos(\alpha_{AB} + A) = D_b\cos\alpha_{AB}\cos A - D_b\sin A\sin\alpha_{AB}$$

$$= t\cos\alpha_{AB} - h\sin\alpha_{AB} = \frac{1}{D_0}(t\Delta x_{AB} - h\Delta y_{AB})$$

同理

$$\Delta y_{AP} = \frac{1}{D_0}(t\Delta y_{AB} + h\Delta x_{AB})$$

由此得 P 点的坐标为

$$x_P = x_A + \Delta x_{AP} = x_A + \frac{1}{D_0}(t\Delta x_{AB} - h\Delta y_{AB})$$

$$y_P = y_A + \Delta y_{AP} = y_A + \frac{1}{D_0}(t\Delta y_{AB} + h\Delta x_{AB})$$

$$(7-32)$$

若 ABP 按逆时针顺序排列，见图 7-24（b），$\alpha_{AP} = \alpha_{AB} - A$，$h$ 应取 "$-$" 号。

为了校核 P 点坐标的正确性，也需要由 3 个已知点观测 3 条边长。算例见表 7-5。表中 $ABCP$ 按逆时针顺序排列，h 应取 "$-$" 值，即 $h_1 = -\sqrt{D_a^2 - t_1^2}$ 和 $h_2 = -\sqrt{D_b^2 - t_2^2}$。

表 7-5   **测边交会计算表**   单位：m

略图与公式	$t_1 = \frac{1}{2D_0}(D_0^2 + D_a^2 - D_b^2)$ $\quad x_{P1} = x_A + \frac{1}{D_0}(t_1\Delta x_{AB} - h_1\Delta y_{AB})$				
	$h_1 = -\sqrt{D_a^2 - t_1^2}$ $\quad y_{P1} = y_A + \frac{1}{D_0}(t_1\Delta y_{AB} + h_1\Delta x_{AB})$				
	$t_2 = \frac{1}{2D_0'}(D_0'^2 + D_b^2 - D_c^2)$ $\quad x_{P2} = x_B + \frac{1}{D_0'}(t_2\Delta x_{BC} - h_2\Delta y_{BC})$				
	$h_2 = -\sqrt{D_b^2 - t_2^2}$ $\quad y_{P2} = y_B + \frac{1}{D_0'}(t_2\Delta y_{BC} + h_2\Delta x_{BC})$				
已知数据	x_A 64374.87	y_A 66564.14	观测值	D_a	565.658
	x_B 65144.96	y_B 66083.07		D_b	487.299
	x_C 64512.97	y_C 65541.71		D_c	551.926
计算数据	Δx_{AB} 770.09	Δy_{AB} −481.07	D_0		908.002
	t_1 499.435	h_1 −265.582	x_{P1} 64657.74		y_{P1} 66074.33
	Δx_{BC} −631.99	Δy_{BC} −541.36	D_0'		832.155
	t_2 375.723	h_2 −310.310	x_{P2} 64657.74		y_{P2} 66074.31
计算结果	x_P	64657.74		y_P	66074.32
检核	$f = \sqrt{D^2 + 0.02^2} = 0.02\text{m} = 20\text{mm} < f_{允} = 0.3 \times 500 = 150\text{mm}$（测图比例尺 1：500）				

四、边角后方交会法

当使用全站仪在待定点 P 设站时，观测待定点至两已知点（A、B）间的夹角和待定点至两已知点的距离，即可确定 P 点的坐标。

如图 7-25，将 A、B、P 组成一个三角形，则有

$$\angle A = \arccos \frac{D_{AB}^2 + D_{PA}^2 - D_{PB}^2}{2D_{AB}D_{PA}}$$

$$\alpha_{AP} = \alpha_{AB} - \angle A$$

$$x_P = x_A + D_{PA}\cos\alpha_{AP}$$

$$y_P = y_A + D_{PA}\sin\alpha_{AP}$$

$$(7-33)$$

由 P 点的计算坐标值与已知点 A、B 的坐标计算出 α_{PA}、α_{PB}，从而计算

$$\gamma' = \alpha_{PA} - \alpha_{PB} \qquad (7-34)$$

将 γ' 值与观测得到的 γ 值相比较，计算出差值为

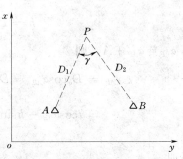

图 7-25 边角后方交会法

$$\Delta \gamma = \gamma' - \gamma \qquad\qquad (7-35)$$

当交会点是图根点时，$\Delta\gamma$ 的允许值为 $\pm 40''$。边角后方交会计算实例见表 7 - 6。

表 7 - 6 边角后方交会计算表

略图			坐标值	x_A	1035.147	y_A	2601.295
				x_B	1501.710	y_B	3270.053
			观测值	D_1		703.760	
				D_2		670.486	
				γ		$72°45'12''$	
$x_B - x_A$	466.563	$y_B - y_A$	668.758	D_0		815.425	
α_{AB}	$55°05'54''$	$\angle A$	$51°44'39''$	x_P	1737.701	y_P	2642.471
α_{PA}	$183°21'15''$	α_{PB}	$110°36'28''$	γ'		$72°44'47''$	
公式	$\angle A = \arccos \dfrac{D_{AB}^2 + D_{PA}^2 - D_{PB}^2}{2 D_{AB} D_{PA}}$ $\alpha_{AP} = \alpha_{AB} - \angle A$			$\left.\begin{array}{l} x_P = x_A + D_{PA}\cos\alpha_{AP} \\ y_P = y_A + D_{PA}\sin\alpha_{AP} \end{array}\right\}$			
校核			$\Delta\gamma = \gamma' - \gamma = -25''$				

若使用的全站仪具有程序功能时，可在 P 点安置仪器，依据全站仪的观测程度，输入已知点 A、B 的坐标。然后分别瞄准 A、B 点，测出夹角 γ 和 D_{PA}、D_{PB}，利用全站仪的内部计算程序即可计算出 P 点的坐标。若输入相应的已知点的高程、目标高、仪器高，可同时测出 P 点的高程。

第五节 Ⅲ、Ⅳ 等 水 准 测 量

一、Ⅲ、Ⅳ等水准测量技术要求

Ⅲ、Ⅳ等水准测量所使用的水准仪，其精度应不低于 S_3 型的精度指标，水准仪望远镜放大倍率应大于 30 倍，符合水准器的水准管分划值为 $20''/2\text{mm}$。Ⅲ、Ⅳ等水准测量的技术要求见表 7 - 7。

表 7 - 7 Ⅲ、Ⅳ等水准测量技术要求

项目 等级	使用仪器	高差闭合差的限差（mm）		视线长度（m）	视线高度	前后视距离差（m）	前后视距离累积差（m）	黑红面读数差（mm）	黑红面所测高差之差（mm）
		附合、闭合路线	往返测						
Ⅲ	DS₃	$\pm 12\sqrt{L}$	$\pm 12\sqrt{K}$	$\leqslant 75$	三丝能读数	$\leqslant 2$	$\leqslant 5$	2	3
Ⅳ	DS₃	$\pm 20\sqrt{L}$	$\pm 20\sqrt{K}$	$\leqslant 100$	三丝能读数	$\leqslant 3$	$\leqslant 10$	3	5

注 1. L 为水准路线长度，以 km 计；
　2. K 为路线或测段长度，以 km 计。

二、观测方法

Ⅲ、Ⅳ等水准测量主要采用双面水准尺观测法，除各种限差有所区别外，观测方法大

同小异。现以Ⅲ等水准测量的观测方法和限差进行叙述。

每一测站上，首先安置仪器，调整圆水准器使气泡居中。分别瞄准后、前视水准尺，估读视距，使前、后视距离差不超过 2m。如超限，则需移动前视尺或水准仪，以满足要求。然后按下列顺序进行观测，并记于手簿中（见表 7-8）。

表 7-8

三 等 水 准 测 量 手 簿

测自Ⅲ₃ 至 BM_6	观测者 刘××	记录者 徐××
1990 年 4 月 8 日	天 气 晴间多云	仪器型号 S_3 210045
开始7 时40 分	结 束 8 时30 分	呈 像 清晰稳定

测站编号	点 号	后尺 下丝 上丝 后距(m) 前后视距离差(m)	前尺 下丝 上丝 前距(m) 累积差(m)	方向及尺号	水准尺读数(m) 黑色面	水准尺读数(m) 红色面	K+黑减红(mm)	高差中数(m)	备 注
		(1) (2) (9) (11)	(4) (5) (10) (12)	后 前 后—前	(3) (6) (16)	(8) (7) (17)	(13) (14) (15)	(18)	
1	Ⅲ₃~TP_1	1.614 1.156 45.8 +1.0	0.774 0.326 44.8 +1.0	后 1 前 2 后—前	1.384 0.551 +0.833	6.171 5.239 +0.932	0 −1 +1	+0.8325	K_1=4.787 K_2=4.687
2	TP_1~TP_2	2.188 1.682 50.6 +1.2	2.252 1.758 49.4 +2.2	后 2 前 1 后—前	1.934 2.008 −0.074	6.622 6.796 −0.174	−1 −1 0	−0.0740	
3	TP_2~TP_3	1.922 1.529 39.3 −0.5	2.066 1.668 39.8 +1.7	后 1 前 2 后—前	1.726 1.866 −0.140	6.512 6.554 −0.042	+1 −1 +2	−0.1410	
4	TP_3~BM_6	2.041 1.622 41.9 −1.1	2.220 1.790 43.0 +0.6	后 2 前 1 后—前	1.832 2.007 −0.175	6.520 6.793 −0.273	−1 +1 −2	−0.1740	
校核		$\sum$(9)=177.6 $\sum$(10)=177.0 (12)末站=+0.6 总距离=354.6			$\sum$(3)=6.876 $\sum$(8)=25.825 $\sum$(6)=6.432 $\sum$(7)=25.382 $\sum$(16)=+0.444 $\sum$(17)=+0.443 $\frac{1}{2}[\sum(16)+\sum(17)]$=+0.4435 =$\sum$(18)			$\sum$(18)= +0.4435	

(1) 读取后视尺黑面读数：下丝（1），上丝（2），中丝（3）。

(2) 读取前视尺黑面读数：下丝（4），上丝（5），中丝（6）。

(3) 读取前视尺红面读数：中丝（7）。

(4) 读取后视尺红面读数：中丝（8）。

测得上述 8 个数据后，随即进行计算，如果符合规定要求，可以迁站继续施测；否则应重新观测，直至所测数据符合规定要求时才能迁站。

三、计算与校核

测站上的计算有下面几项（参见表7-8）。

1. 视距部分

后距（9）＝〔（1）－（2）〕×100。

前距（10）＝〔（4）－（5）〕×100。

后、前视距离差（11）＝〔（9）－（10）〕，绝对值不超过2m。

后、前视距离累积差（12）＝本站的（11）＋前站的（12），绝对值不应超过5m。

2. 高差部分

后视尺黑、红面读数差（13）＝K_1＋（3）－（8），绝对值不应超过2mm。

前视尺黑、红面读数差（14）＝K_2＋（6）－（7），绝对值不应超过2mm。

上两式中的 K_1 及 K_2 分别为两水准尺的黑、红面的起点差，亦称尺常数。

黑面高差（16）＝（3）－（6）。

红面高差（17）＝（8）－（7）。

黑红面高差之差（15）＝〔（16）－（17）±0.100〕＝〔（13）－（14）〕，绝对值不超过3mm。

由于两水准尺的红面起始读数相差0.100m，即4.787与4.687之差，因此，红面测得的高差应为（17）±0.100m，"加"或"减"应以黑面高差为准来确定。例如表7-8中第一个测站红面高差为（17）－0.100，第二个测站因两水准尺交替，红面高差为（17）＋0.100，以后单数站用"减"，双数站用"加"

每一测站经过上述计算，符合要求，才能计算高差中数（18）＝$\frac{1}{2}$〔（16）＋（17）±0.100〕，作为该两点测得的高差。

表7-8为Ⅲ等水准测量手簿，（）内的数字表示观测和计算校核的顺序。当整个水准路线测量完毕，应逐页校核计算有无错误，校核方法是：

先计算Σ（3），Σ（6），Σ（7），Σ（8），Σ（9），Σ（10），Σ（16），Σ（17），Σ（18），而后用下式校核

$$\Sigma（9）-\Sigma（10）=（12）末站$$

$\frac{1}{2}$〔Σ（16）＋Σ（17）±0.100〕＝Σ（18）——当测站总数为奇数时。

$\frac{1}{2}$〔Σ（16）＋Σ（17）〕＝Σ（18）——当测站总数为偶数时。

最后算出水准路线总长度 $L=\Sigma（9）+\Sigma（10）$。

Ⅳ等水准测量一个测站的观测顺序，可采用后（黑、）后（红）、前（黑）、前（红），即读取后视尺黑面读数后随即读红面读数，而后瞄准前视尺，读取黑面及红面读数。

四、Ⅲ、Ⅳ 等水准测量的成果整理

当一条水准路线的测量工作完成后，首先应将手簿的记录计算进行详细检查，并计算高差闭合差是否超限，确实无误后，才能进行高差闭合差的调整和高程的计算，否则要局部返工，甚至全部返工。

单一水准路线高差闭合差应符合表7-7规定的限差要求。闭合差的调整及高程计算与第三章普通水准测量中的方法相同，对闭合水准路线、符合水准路线是把闭合差反符号，按线段的距离成正比进行分配。支水准路线进行往、返测量，取往、返测高差的平均值计算高程。

第六节 三角高程测量

地面起伏变化较大时，进行水准测量往往比较困难。由于光电测距仪和全站仪的普及，可以用光电测距仪三角高程测量（trigono - metric leveling）的方法或全站仪三角高程测量的方法测定两点间的高差，从而推算各点的高程。

一、三角高程测量的计算公式

如图7-26所示，如果用经纬仪配合测距仪或用全站仪测定两点间的水平距离D，及竖直角α，则AB两点间的高差计算公式可按下式求得

$$h = D\mathrm{tg}\alpha + i - s \qquad (7-36)$$

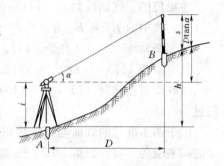

图7-26 三角高程测量

式（7-36）是在假定地球表面为水平面，观测视线为直线的条件下导出的，地面上两点间距离较近时（一般在300m以内）可以运用。如果两点间的距离大于300m，就要考虑地球曲率及观测视线由于大气垂直折光的影响。前者为地球曲率差，简称球差，后者为大气垂直折光差，简称气差。由第三章式（3-20），得球气差的改正数

$$f = \frac{D^2}{2R} - \frac{D^2}{7 \times 2R} = 0.43\frac{D^2}{R}$$

用不同的D值为引数，计算出改正值列于表7-9。考虑球气差改正时，三角高程测量的高差计算公式为

$$h = D\tan\alpha + i - s + f \qquad (7-37)$$

施测仅从A点向B点观测，称为单向观测。当距离超过300m时，测得的高差应加球气差改正。如果不仅由A点向B点观测，而且又从B点向A点观测，则称为双向观测或对向观测。因为两次观测取平均值可以自行消减地球曲率和大气垂直折光的影响，所以一般采用对向观测。另外，为了减少大气垂直折光的影响，观测视线应高出地面或障碍物1m以上。

表7-9　地球曲率与大气折光改正值表

D (m)	$f=0.43\dfrac{D^2}{R}$ (cm)	D (m)	$f=0.43\dfrac{D^2}{R}$ (cm)
100	0.1	600	2.4
200	0.3	700	3.3
300	0.6	800	4.3
400	1.1	900	5.5
500	1.7	1000	6.8

二、三角高程测量的观测

三角高程测量中，应将已知高程点和待测高程点按照闭合路线、附合路线、支路线等形式进行观测、计算，以确保成果的精度。

在测站上安置经纬仪（或全站仪），量取仪器高 i，在目标点上安置棱镜，量取棱镜高 s，i 和 s 用小钢卷尺量两次取平均数，读数至 1mm。

按经纬仪三角高程测量的方法测定两点间的高差，经纬仪竖直角观测的测回数及其限差规定见表 7-10。

表 7-10　　　　　　　　　　　　竖直角观测测回数及限差

项　　目	一、二、三级导线		图根导线
	DJ$_2$	DJ$_6$	DJ$_6$
测回数	1	2	1
各测回竖直角互差	15″	25″	25″
各测回指标差互差	15″	25″	25″

三、三角高程测量的计算

三角高程测量的往、返测高差按式（7-37）计算。由对向观测求得往、返测高差（经球气差改正）之差的容许值为

$$f_{\Delta h容} = \pm 0.1D \text{ m} \qquad (7-38)$$

式中　D——两点间水平距离，km。

图 7-27 为在 A、B、C 三点间进行三角高程测量并构成闭合路线的实测数据略图，已知 A 点的高程为 56.432m，已知数据及观测数据注于图上，在表 7-11 中进行高差计算。

由对向观测所求得高差平均值，计算闭合路线或附合路线的高差闭合差的容许值为

$$f_{h容} = \pm 0.05 \sqrt{[D^2]} \text{ m} \qquad (7-39)$$

式中 D 以 km 为单位，$[D^2] = \sum D^2$。

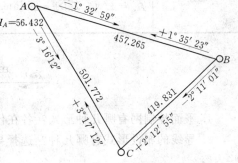

图 7-27　三角高程测量实测数据略图

表 7-11　　　　　　　　　　　　三角高程测量高差计算

测站点	A	B	C	B	C	A
目标点	B	A	C	B	A	C
水平距离 D	457.265	457.265	419.831	419.831	501.772	501.772
竖直角	−1°32′59″	+1°35′23″	−2°11′01″	+2°12′55″	+3°17′12″	−3°16′16″
测站仪器高 i	1.465	1.512	1.512	1.562	1.563	1.465
目标棱镜高 s	1.762	1.568	1.623	1.704	1.618	1.595
球气差改正 f	0.014	0.014	0.012	0.012	0.017	0.017
单向高差 h	−12.654	+12.648	−16.107	+16.111	+28.777	−28.791
$f_{\Delta h容}$	0.046		0.042		0.050	
平均高差 $\bar{h}$	−12.651		−16.109		+28.784	

本例的三角高程测量闭合线路的高差闭合差计算、高差调整及高程计算在表7－11及表7－12中进行。高差闭合差按两点间距离成正比反号分配。

表7－12　　　　　　　　　三角高程测量成果整理　　　　　　　单位：m

点　号	水平距离	观测高差	改正值	改正后高差	高　程
A					56.432
	457.265	−12.651	−0.008	−12.659	
B					43.773
	419.831	−16.109	−0.007	−16.116	
C					27.657
	501.772	+28.784	−0.009	+28.775	
A					56.432
Σ	1378.868	+0.024	−0.024	0.000	
备注	$f_h=+0.024\text{m}$，$[D^2]=0.6371\text{km}$ $f_{h容}=\pm0.05\sqrt{[D]^2}=\pm0.040\text{m}$，$f_h\leqslant f_{h允}$（合格）				

思考题与习题

1. 平面控制网有哪几种形式？各在什么情况下采用？

2. 导线的布设形式有哪几种？选择导线点应注意哪些事项？导线的外业工作包括哪些内容？

3. Ⅲ、Ⅳ等水准测量的技术要求包括哪些内容？各指标是多少？

4. Ⅲ、Ⅳ等水准测量中，有时黑、红面尺高差会出现正负号，是否是观测错误？举例说明。

5. 地球曲率和大气折光对三角高程测量的影响在什么情况下应予考虑？在施测时应如何减弱它们的影响？

6. 简述闭合导线坐标计算的步骤。

7. 如下图所示：（a）已知 $\alpha_{12}=56°06'$，求其余各边的坐标方位角；（b）$\alpha_{AB}=156°24'$，求其余各边的坐标方位角。

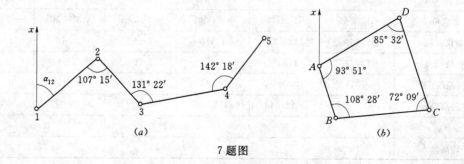

7题图

8. 何谓直线的正、反坐标方位角？如图已知 $\alpha_{AB}=15°36'27''$，$\beta_1=49°54'56''$，$\beta_2=203°27'36''$，$\beta_3=82°38'14''$，$\beta_4=62°47'52''$，$\beta_5=114°48'25''$，求 DC 边的坐标方位角 $\alpha_{DC}=?$

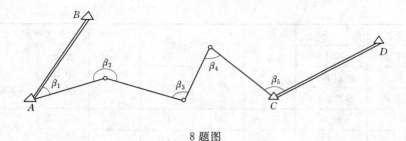

8 题图

9. 如下图根据已知点 A，其坐标为 $x_A=500.00\text{m}$，$y_A=1000.00\text{m}$，布设闭合导线 $ABCDA$，观测数据标在图中，计算 B、C、D 三点的坐标。

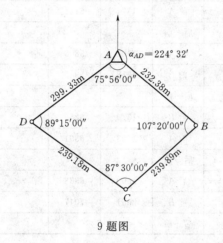

9 题图

10. 在下图的附合导线 $B2\,3C$ 中，已标出已知数据和观测数据，计算 2、3 两点的坐标。

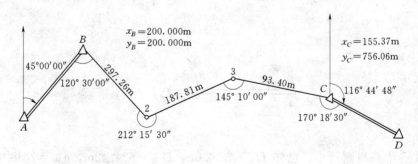

10 题图

11. 交会定点有哪几种交会方法？采取什么方法来检查交会成果正确与否？

12. 根据下表所列的一段Ⅳ等水准测量观测数据，按记录格式填表并进行检核，说明观测成果是否符合现行水准测量规范的要求。

13. 前方交会如下图所示，已知 A、B、C 三点坐标 A（500.000，500.000），B（473.788，664.985），C（631.075，709.566）；观测值 $\alpha=69°01'04''$，$\beta=50°06'25''$，$\varepsilon_{测}=46°41'36''$。计算 P 点的坐标并进行校核计算。

12 题表

测站编号	后尺		前尺		方向及尺号	水准尺读数		$K+$黑$-$红	高差中数	备注
	下丝		下丝			黑面	红面			
	上丝		上丝							
	后距		前距							
	视距差 d		累积差 $\sum d$							
1	1832	0926			后 A	1379	6165			A 尺：$K=4787$
	0960	0065			前 B	0495	5158			
					后—前					
2	1742	1631			后 B	1469	6156			B 尺：$K=4687$
	1194	1118			前 A	1374	6161			
					后—前					
3	1519	1671			后 A	1102	5890			单位：mm
	0692	0836			前 B	1258	5945			
					后—前					
4	1919	1968			后 B	1570	6256			
	1220	1242			前 A	1603	6391	·		
					后—前					
5	2058	2832			后 A	1600	6388			
	1141	1892			前 B	2361	7047			
					后—前					

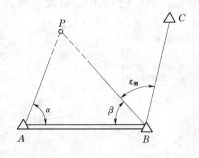

13 题图

14. 在三角高程测量中，已知 $H_A=78.29\text{m}$，$D_{AB}=624.42\text{m}$，$\alpha_{AB}=2°38'07''$，$i_A=1.42\text{m}$，$s_B=3.50\text{m}$，从 B 点向 A 点观测时 $\alpha_{BA}=2°23'15''$，$i_B=1.51\text{m}$，$s_A=2.26\text{m}$，试计算 B 点高程。

15. 已知 A 点的磁偏角 $-5°15'$，过 A 点的真子午线与中央子午线的收敛角 $\gamma=+2'$，直线 AC 的坐标方位角 $\alpha_{AC}=130°10'$，求 AC 的真方位角和磁方位角，并绘图加以说明。

第八章 地形图测绘与应用

第一节 地形图的基本知识

地面的高低起伏形态如高山、丘陵、平原、洼地等称地貌（geomorphy）。而地表面天然或人工形成的各种固定建筑物如河流、森林、房屋、道路和农田等总称为地物（feature）。

地形图（topographic map）是将一定范围内的地物和地貌特征点按规定的比例尺（scale）和图式符号测绘到图纸上形成的正射投影图（orthographic projection）。图 8-1 为 1∶5000 比例尺的地形图样图。

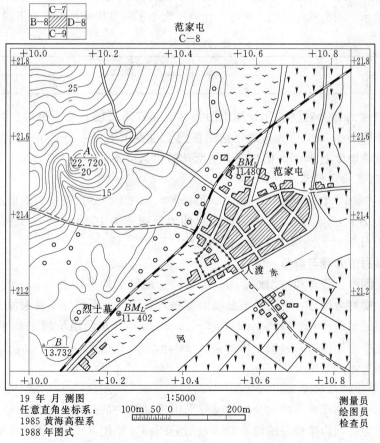

图 8-1 范家屯 1∶5000 地形图

一、地形图的比例尺

（一）比例尺的表示方法

图上任一线段的长度与其地面上相应线段的水平距离之比，称为地形图的比例尺。比例尺的表示形式有数字比例尺和图式比例尺两种。

1. 数字比例尺

以分子为1分母为整数的分数形式表示的比例尺称为数字比例尺。设图上一直线段长度为d，其相应的实地水平距离为D，则该图的比例尺为

$$\frac{d}{D} = \frac{1}{M} \tag{8-1}$$

式中 M——比例尺分母。M越小，比例尺越大，地形图表示的内容越详尽。

2. 图示比例尺

常用的图示比例尺是直线比例尺。在绘制地形图时，通常在地形图上同时绘制图示比例尺，图示比例尺一般绘于图纸的下方，具有随图纸同样伸缩的特点，从而减小图纸伸缩变形的影响。如图8-1正下方标注的1：5000的直线比例尺，其基本单位为2cm。使用时从直线比例尺上直接读取基本单位的1/10，估读到1/100。

（二）比例尺精度

人眼的分辨率为0.1mm，在地形图上分辨的最小距离也是0.1mm。因此把相当于图上0.1mm的实地水平距离称为比例尺精度。比例尺大小不同其比例尺精度也不同，见表8-1。

表 8-1　　　　　　　　　　比 例 尺 精 度

比例尺	1：500	1：1000	1：2000	1：5000	1：10000
比例尺精度	0.05	0.1	0.2	0.5	1.0

比例尺精度的概念对测图和设计用图都具有非常重要的意义。例如在测1：2000图时，实地只需取到0.2m，因为量的再精细在图上也表示不出来。又如在设计用图时，要求在图上能反映地面上0.05m的精度，则所选的比例尺不能小于1：500。

（三）地形图按比例尺分类

通常把1：500、1：1000、1：2000、1：5000、1：10000比例尺的地形图称为大比例尺图；1：2.5万、1：5万、1：10万比例尺的地形图称为中比例尺图；1：20万、1：50万、1：100万比例尺的地形图称为小比例尺图。

二、地形图的分幅与编号

为了便于测绘、管理和使用地形图，需将同一地区的地形图进行统一的分幅和编号。地形图的编号简称为图号，它是根据分幅的方法而定的。地形图分幅有两种方法：一种是按经纬线分幅的梯形分幅（trapezoid map-subdivision）法，用于国家基本地形图的分幅；另一种是按坐标格网划分的矩形分幅（rectangular map-subdivision）法，用于工程建设的大比例尺地形图的分幅。

（一）梯形分幅与编号

我国的基本比例尺地形图的分幅与编号采用国际统一的规定，它们都是以1：100万比例尺地形图为基础，按规定的经差和纬差划分图幅，如图8-2所示，基本比例尺地形图之间的划分存在着层次关系（图中虚线表示现已不用）。

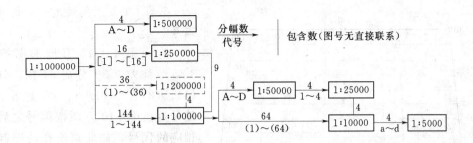

图 8-2 我国基本比例尺地形图的分幅编号系统图

1. 1:100 万比例尺地形图的分幅与编号

1:100 万比例尺地形图的分幅与编号是将整个地球表面子午线分成 60 个 6°纵列，由经线 180°起，自西向东用阿拉伯数字 1～60 编列号数。同时，由赤道起分别向南向北直至纬度 88°止，每隔 4°的纬圈分成许多横行，这些横行用大写的拉丁字母 A、B、C、…、V 标明，以两极为中心，以纬度 88°为界的圈，则用 Z 标明。也就是说一张 1:100 万地形图是由经差 6°的子午圈和纬差 4°的纬圈所形成的梯形。其编号采用行列式编号法，由"横行—纵列"格式组成，如图 8-3 所示。例如，北京所在地的经度为东经 116°28′13″，纬度为北纬 39°54′23″，则其所在的 1:100 万的编号为 J-50。

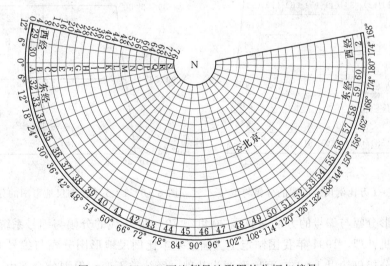

图 8-3 1:100 万比例尺地形图的分幅与编号

上述规定分幅适用于纬度在 60°以下的情况，当纬度在 60°～76°时，则以经差 12°、纬差 4°分幅；纬度在 76°～88°时，则以经差 24°、纬差 4°分幅。

由于南北半球的经度相同而纬度对称，为了区别南北半球对应图幅的编号，规定在南半球的图号前加一个 S。如 SL-50 表示南半球的图幅，而 L-50 表示北半球的图幅。

2. 1:10 万比例尺地形图的分幅与编号

将一幅 1:100 万地形图按经差 30′、纬差 20′分成 144 幅，分别以 1、2、3、…、144 表示，其编号是在 1:100 万图幅编号之后加上相应的代号，如北京所在的图幅的编号为 J-50-5，见图 8-4。

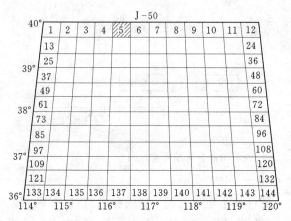

图 8-4　1:10 万比例尺地形图的分幅与编号

3. 1:1 万比例尺地形图的分幅与编号

将一幅 1:10 万地形图按经差 3′45″、纬差 2′30″ 分成 64 幅，分别以 (1)、(2)、(3)、…、(64) 表示，其编号是在 1:10 万图幅编号之后加上相应的代号，如北京所在的图幅的编号为 J-50-5-(24)，见图 8-5。

4. 1:5 千比例尺地形图的分幅与编号

将一幅 1:1 万地形图按经差 1′52.5″、纬差 1′15″ 分成 4 幅，分别以 a、b、c、d 表示，其编号是在 1:1 万图幅编号之后加上相应的代号，如北京所在的图幅的编号为 J-50-5-(24)-b，见图 8-6。

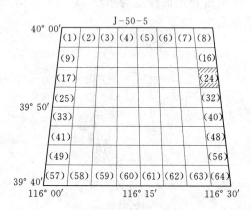

图 8-5　1:1 万比例尺地形图的分幅与编号

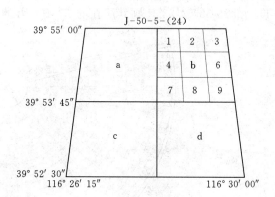

图 8-6　1:5 千比例尺地形图的分幅与编号

以上梯形分幅与编号的方法是我国 20 世纪 70~80 年代的分幅与编号系统。为了图幅编号的计算机处理，1991 年我国制定了《国家基本比例尺地形图分幅与编号方法》，其主要特点是：分幅仍然以 1:100 万地形图为基础，经纬差不变，但划分全部由 1:100 万地形图逐次加密划分，编号也以 1:100 万地形图编号为基础，由下接相应比例尺的行、列代码所组成，并增加了比例尺代码，见表 8-2，所有地形图的图号均由 5 个元素 10 位编码组成，如图 8-7 所示。

表 8-2　　　　　　　　　　　　地形图比例尺代码表

比例尺	1:50 万	1:25 万	1:10 万	1:5 万	1:2.5 万	1:1 万	1:5 千
代码	B	C	D	E	F	G	H

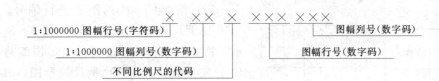

图 8-7 1：50 万～1：5 千比例尺地形图图号的构成

值得一提的是，我国基本比例尺地形图的分幅与编号曾有过几次变化，而且有的至今还在混合使用，现将各种比例尺地形图分幅与编号方法列于表 8-3 中，以供参考。

表 8-3　　　　　　　　　　　　　　**梯 形 分 幅 与 编 号**

比例尺	行列数	图幅大小		图幅数	图幅代码	甲地所在图幅编号	
		经差	纬差			20 世纪 70～80 年代的编号系统	1991 年的国家标准编号系统
1：50 万	2	3°	2°	4	A～D	J-50-A	J50B001001
1：25 万	4	1°30′	1°	16	[1]～[16]	J-50-[2]	J50C001002
1：20 万	8	60′	40′	36	(1)～(36)	J-50-(3)	
1：10 万	12	30′	20′	144	1～144	J-50-5	J50D001005
1：5 万	24	15′	10′	4	A～D	J-50-5-B	J50E001010
1：2.5 万	48	7′30″	5′	4	1～4	J-50-5-B-4	J50F002020
1：1 万	96	3′45″	2′30″	64	(1)～(64)	J-50-5-(24)	J50G003040
1：5 千	192	1′37.5″	1′15″	4	a～d	J-50-5-(24)-b	J50H005080

注　行列数是以 1：100 万图幅为基础所划分的相应比例尺地形图行数和列数。

（二）矩形分幅与编号

大比例尺地形图通常采用矩形分幅，图幅的图廓线是平行于纵、横坐标轴的直角坐标格网线，以整公里或整百米进行分幅，图幅的大小见表 8-4。

表 8-4　　　　　　　　　　　　**大比例尺地形图图幅的大小**

比 例 尺	图幅大小（cm×cm）	实地面积（km）	1：5000 图幅内的分幅数
1：5000	40×40	4	1
1：2000	50×50	1	4
1：1000	50×50	0.25	16
1：500	50×50	0.0625	64

矩形分幅的编号有两种方式：

（1）按本幅图的西南角坐标进行编号。按图幅西南角坐标公里数，x 坐标在前，y 坐标在后，中间用短线连接。图号的小数位：1：500 取至 0.01km；1：1000、1：2000 取至 0.1km；1：5000 取至 1km。例如 1：2000，1：1000，1：500 三幅图的西南角坐标分别为：$x = 20.0$km，$y = 10.0$km；$x = 21.5$km，$y = 11.5$km；$x = 20.00$km，$y = 10.75$km，它们的编号相对应为 20.0-10.0；21.5-11.5；20.00-10.75。

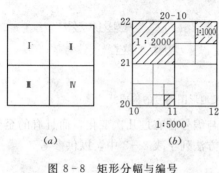

图 8-8 矩形分幅与编号

（2）按 1：5000 的图号进行编号。以 1：5000 比例尺地形图为基础，如图 8-8（a）所示，将一幅 1：5000 比例尺地形图编号为 20-10 分成 4 幅 1：2000 比例尺地形图，其编号分别为在 1：5000 比例尺地形图的编号附加各自的代码Ⅰ、Ⅱ、Ⅲ、Ⅳ；每幅 1：2000 又分成 4 幅 1：1000 图；每幅 1：1000 图又分成 4 幅 1：500 图，编号均附加各自的代码Ⅰ、Ⅱ、Ⅲ、Ⅳ。另外，各种比例尺的编号的编排顺序均为自西向东，自北向南。

如图 8-8（b）所示，绘有阴影线的 1：2000 图号为 20-10-Ⅰ，绘有阴影线的 1：1000 图号为 20-10-Ⅱ-Ⅱ，而绘有阴影线的 1：500 图号为 20-10-Ⅲ-Ⅳ-Ⅳ。

三、地形图的图外注记

1. 图名、图号

图名是用本图内最著名的地名、最大的村庄或最突出的地物、地貌等名称命名的。除图名外还要注明图号。图号是根据统一分幅规则进行编号的。图号、图名注记在北图廓上方的中央。如图 8-1 的图名为范家屯，图号为 21.0-10.0。

2. 接图表

如图 8-1 所示，图的左上角是接图表，中间带斜线的用来代表本图幅，其余 8 格表示相邻图幅的图名，以说明本图幅与相邻图幅的关系，供检索和拼接相邻图幅时使用。

3. 比例尺

在每幅图的南图廓外的中央均注有测图的数字比例尺，下方并绘出图示比例尺，如图 8-1 中下部所示。

4. 图廓与坐标格网

地形图有内、外图廓。内图廓线较细，是图幅的范围线；外图廓线较粗，是图幅的装饰线。矩形图幅的内图廓是坐标格网线，在图幅内绘有 1cm×1cm 的坐标格网交点短线，图廓的四角注记有坐标。梯形图幅的内图廓是经纬（坐标格网）线，图廓的四角注记有经纬度（公里格网坐标值），如图 8-1 所示。

5. 三北方向线关系图

在中、小比例尺图南图廓左下方还绘有真子午线、磁子午线和纵坐标轴方向这三者间的角度关系，称为三北方向线图。利用三北方向线关系图，可根据图上任一方向的坐标方位角计算出该方向的真方位角和磁方位角。

此外，地形图图廓的左下方一般应标注坐标系统和高程系统，右下方标注测绘单位和测绘日期，有的还有辅助量测地面坡度和倾角的坡度比例尺。

四、地物符号

地形图是由各种地物符号和地貌符号组成的。按地形图绘制要求，正确地理解和使用各种符号是十分重要的。应按国家测绘总局颁发的《地形图图式》（topographic map symbols）中规定的符号描绘于图上。表 8-5 为《地形图图式》中的部分地物符号。

表 8−5 地 物 符 号

编号	符号名称	1:500 1:1000 1:2000	编号	符号名称	1:500 1:1000 1:2000
1	三角点 凤凰山——点名 394.468——高程	△ 凤凰山 394.468 3.0	18	高压线	4.0
2	导线点	2.0 ⊡ 116/84.46	19	低压线	4.0
3	图根点 a. 埋石 b. 不埋石	a 1.6 ⊙ 16/84.46 2.6 b 1.6 ⊙ 25/62.74	20	电杆	1.0 ○
			21	电线架	
4	水准点	2.0 ⊗ Ⅱ京石5/32.804	22	上水检修井	⊖ 2.0
5	一般房屋 混——房屋结构 3——房屋层数	1.6 混3 ▨ 2	23	下水检修井	⊕ 2.0
6	简单房屋	▱	24	消火栓	1.6 2.0 ○ 3.6
7	棚房	∠45° 1.6	25	沟渠 a. 有堤岸 b. 一般的 c. 有沟堑	a 73.2/1.2 b 0.3 c
8	台阶	0.6 1.0 1.0			
9	围墙 a. 依比例尺 b. 不依比例尺	a 10.0 b 10.0 0.3 0.6	26	干沟	1.0 3.0 0.3 1.0 3.0
10	栅栏	1.0 10.0	27	陡坎 a. 未加固 b. 已加固	a 2.0 b 4.0
11	篱笆	1.0 10.0			
12	水塔	2.0 ○ 1.0 3.6 1.0	28	散树、行树 a. 散树 b. 行树	a a 1.6 b ○ 10.0 1.0
13	烟囱与烟道 a. 烟囱 b. 烟道	3.6 ◖ 1.0			
14	路灯	2.0 1.6 ○ 4.0 1.0	29	水田	0.2 3.0 1.0 10.0 10.0
15	等级公路2-技术 等级代码	0.2 2 (G301) 0.4			
16	等外公路9-技术 等级代码	0.2 9	30	旱地	1.0 2.0 10.0 10.0
17	大车路	8.0 2.0 0.2			

续表

编号	符号名称	1:500 1:1000 1:2000	编号	符号名称	1:500 1:1000 1:2000
31	水生经济作物地	∨ ∨·10.0 3.0 菱 10.0 ∨ ∨ 2.0	34	草地	2.0 ‖ 1.0 10.0 ‖ ‖·10.0
32	菜地	⋎ ⋎·10.0 10.0 ⋎·2.0 2.0	35	等高线	a ⌒⌒ 0.15 b ⌒ 1.0 0.3 c ⌒ 6.0 0.15
33	经济作物地	1.6 3.0 梨 10.0 ○ ○·10.0	36	高程点及其注记	0.5·•163.2 ⊥75.4

1. 比例符号

有些地物的轮廓较大，其形状和大小均可依比例尺缩绘在图上，同时配以规定的符号表示，这种符号称为比例符号，如房屋、河流、湖泊、森林等。

2. 半比例符号

对于一些带状延伸地物，按比例尺缩小后，其长度可依测图比例尺表示，而宽度不能依比例尺表示这种符号称为半比例尺符号。符号的中心线一般表示其实地地物的中心线位置，如铁路、通信线、管道等。

3. 非比例符号

地面上轮廓较小的地物，按比例尺缩小后，无法描绘在图上，应采用规定的符号表示，这种符号称为非比例符号，如水准点、路灯、独立树、里程碑等。

4. 注记符号

用文字、数字或特有符号对地物加以说明，称为注记符号，如村、镇、工厂、河流、道路的名称，楼房的层数、高程、江河的流向以及森林、果树的类别等。

五、地貌符号——等高线

地貌是指地球表面的高低起伏状态，它包括山地、丘陵、平原和盆地等。在地形图上通常用等高线表示地貌。用等高线表示地貌，不仅能表示地面的起伏状态，还能表示出地面的坡度和地面点的高程。

（一）等高线的概念

地面上高程相等的相邻点连接的闭合曲线，称为等高线（contour）。

如图 8-9 所示，假设有可以在不同高度静止的水平面，则这些水平面与地貌的交线，按一定的比例尺投影到水平面 H 上所形成的闭合光滑曲线即为一组等高线。

1. 等高线的种类

（1）首曲线：在同一幅图上，按规定的基本等高

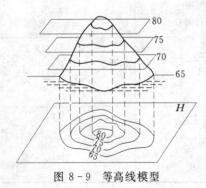

图 8-9 等高线模型

距描绘的等高线统称为首曲线，也称基本等高线。它是宽度为 0.15mm 的细实线。

（2）计曲线：为便于看图，每隔 4 条首曲线描绘一条加粗的等高线，称为计曲线。计曲线用 0.3mm 粗实线描绘。

（3）间曲线和助曲线：当地面的坡度特缓，或者在绘制等高线是有特殊要求，基本等高线不能很好地显示体貌特征时，按 1/2 或 1/4 基本等高距加密等高线，通常用长虚线表示。

2. 等高距和等高线平距

相邻等高线之间的高差称为等高距，常以 h 表示。图 8-9 中的等高距为 5m。在同一幅地形图上，等高距 h 是相同的。相邻等高线之间的水平距离称为等高线平距，常以 d 表示。h 与 d 的比值就是地面的坡度 i

$$i = \frac{h}{dM} \tag{8-2}$$

式中　M——比例尺分母；

　　　i——坡度，i 一般以百分率表示，向上为正、向下为负。

因为同一张地形图内等高距 h 是相同的，所以地面坡度与等高线平距 d 的大小有关。等高线平距越小，地面坡度就越大；平距越大，则坡度越小；平距相等，则坡度相同。因此，可以根据地形图上等高线的疏、密来判定地面坡度的缓、陡。

等高距的大小，直接影响地形图的效果，因此在测图时，根据测图比例尺的大小，以及测区的实际情况确定绘制等高线的基本等高距，参见表 8-6。

表 8-6　　　　　　　　　　　　　　　　　等高线的基本等高距

比 例 尺	地　图　类　别			
	平　地	丘　陵	山　地	高　山
1：500	0.5	0.5	0.5 或 1.0	1.0
1：1000	0.5	0.5 或 1.0	1.0	1.0 或 2.0
1：2000	0.5 或 1.0	1.0	2.0	2.0

（二）典型地貌的等高线

地面形态各不相同，但主要由山丘、盆地、山脊、山谷、鞍部等基本地貌构成。要用等高线表示地貌，关键在于掌握等高线表达基本地貌的特征。

1. 山丘与洼地（盆地）

如图 8-10（a）表示了山丘及其等高线，图 8-10（b）表示盆地的等高线，其等高线的特征表现为一组闭合的曲线。在地形图上区分山丘或洼地的方法：高程注记由外圈向里圈递增的表示山头，由外圈向里圈递减的表示盆地。垂直绘在等高线上表示坡度递减方向的短线，称为示坡线。示坡线由里向外的表示山丘，由外向里的表示盆地。

2. 山脊与山谷

图 8-10（c）所示等高线形状为山脊及其等高线，图 8-10（d）所示等高线形状为山谷及其等高线，其中山脊是沿着一个方向延伸的高地，其等高线凸向低处；山谷是两山脊之间的凹部，其等高线凸向高处。山脊最高点连成的棱线称为山脊线或分水线，山谷最

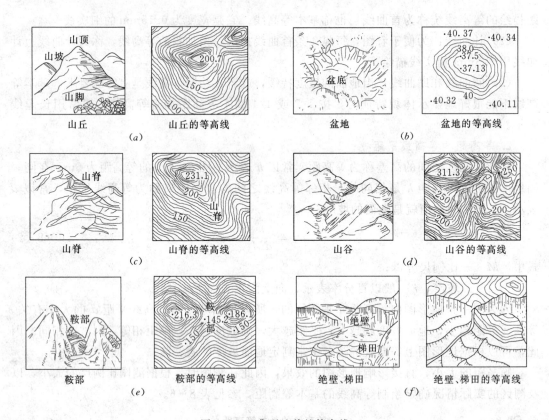

图 8-10　典型地貌的等高线

(a) 山丘的等高线；(b) 盆地的等高线；(c) 山脊的等高线；
(d) 山谷的等高线；(e) 鞍部的等高线；(f) 绝壁、梯田的等高线

低点连成的棱线称为山谷线或集水线。山脊线和山谷线统统称为地性线。不论山脊线还是山谷线，它们都与等高线正交。

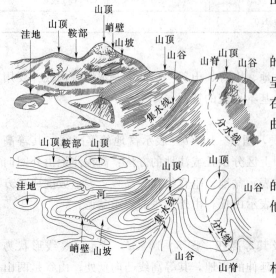

图 8-11　各种地貌的等高线

3. 鞍部

图 8-10(e) 表示两个山顶之间马鞍形的地貌及其等高线。鞍部是相邻两山头之间呈马鞍形的低凹部分。鞍部等高线的特点是在一圈大的闭合曲线内，套有两个小的闭合曲线。

4. 峭壁、悬崖、冲沟、陡坎、梯田

图 8-10(f) 表示峭壁（绝壁）和梯田的等高线，其凹入部分投影到平面上后于其他的等高线相交，用虚线表示。

（三）等高线的特性

(1) 同一条等高线上的所有点的高程都相等。

(2) 等高线是连续的闭合曲线，如不在

本图闭合，则在图外闭合。

（3）除悬崖和峭壁处的地貌以外，等高线在图上不能相交或重合。

（4）等高线与山脊线和山谷线正交。

（5）等高线之间的平距愈小，坡度愈陡；平距愈大，坡度愈缓，平距相等坡度相等。

图 8 - 11 是各种典型地貌的综合及相应的等高线。

第二节　大比例尺地形图的测绘

控制测量工作结束之后，就可以根据图根控制点，测定地物和地貌的特征点平面位置和高程。并按规定的比例尺和地物地貌符号缩绘成地形图。对于不同测图比例尺，在测绘地形图时，所允许的最大视距即每平方公里应满足的图根控制点个数如表 8 - 7 所示。

表 8 - 7　　　　　　　　　　　图 根 控 制 点 个 数

测图比例尺	最 大 视 距		地面点间距 (m)	每幅图的图 根控制点数	每平方公里的 图根控制点数
	主要地物和 地貌特征点	次要地物和 地貌特征点			
1∶5000	300	350	100	20	5
1∶2000	120～180	200～250	50	15	15
1∶1000	80～100	120～150	30	12～13	50
1∶500	40～50	70～100	15	9～10	150

一、测图前的准备工作

测图前，除了做好仪器的准备工作外，还应做好图纸准备，图纸准备包括如下内容。

1. 图纸选择

为了保证测图的质量，地形图测绘时应选择质地较好的图纸。普通优质的绘图纸容易变形，为了减少图纸伸缩，可将图纸裱糊在铝板或胶合木板上。

目前，很多测绘部门都采用聚酯薄膜。聚酯薄膜是一面打毛的半透明图纸，其厚度约为 0.07～0.1mm，伸缩率很小，且坚韧耐湿，玷污后可洗，在图纸上着墨后，可直接复晒蓝图。但聚酯薄膜图纸易燃，有折痕后不能消除，在测图、使用、保管时要多加注意。

2. 绘制坐标格网

为了准确地将测图控制点展绘到地形图上，在绘图纸上，首先要精确地绘制直角坐标方格网，每个方格为 10cm×10cm。绘制方格网一般可使用坐标格网尺，也以用长直尺按对角线法绘制方格网，也可以用绘图仪绘制方格网。现主要介绍利用坐标尺绘制坐标格网的方法。

使用坐标格网尺，能绘制 30cm×30cm、40cm×40cm、50cm×50cm 图幅的坐标格网。如图 8 - 12 所示，格网尺上共有 10 个孔，每个孔左侧为斜面，最左端孔斜面上刻有零点指示线，其余各孔都是以零点为圆心，以图上注记的尺寸为半径的圆弧，其中42.426cm、56.569cm、70.711cm 分别为 30cm、40cm、50cm 正方形对角线长，用以量取图廓边和对角线长。下面以 50cm×50cm 图幅为例说明其使用方法，如图 8 - 13 所示。

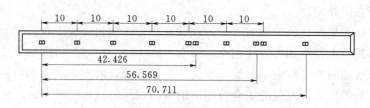

图 8-12 坐标格网尺

图 8-13（a），先在图纸下方绘一直线，将尺置于线上，并使零点和 50cm 网孔距图边大致相等。当尺上各孔中心通过直线时，沿各孔边缘画短弧与直线相交定出 A、1、2、3、4、B 各点。图 8-13（b），将尺零点对准 B，使尺子大致垂直底边，沿各孔画圆弧 6、7、8、9、C。图 8-13（c），将尺子零点对准 A，使 70.711cm 孔画出的弧与弧 C 相交定出 C 点，连接 BC 直线与相应弧线相交，定出 6、7、8、9 点。同理，将尺子置于图 8-13（d）和图 8-13（e）的位置绘出各网络点。连接对边相应点，即得坐标格网如图 8-13（f）所示。

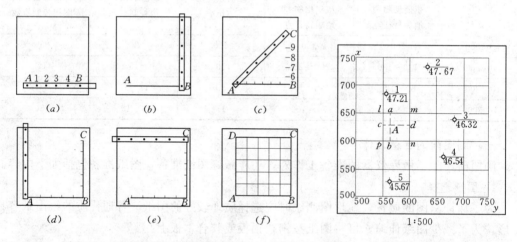

图 8-13 坐标格网尺法绘制方格网　　　　　图 8-14 展绘控制点

绘成坐标格网后应进行检查，方格边长 10cm 的误差不应超过 0.2mm，对角线长 70.711cm 的误差不应超过 0.3mm，图廓边长 50cm 的误差不应超过 0.2mm，并且要用直尺检查各格网的交点是否在同一条直线上，其偏离值不应超过 0.2mm，如果超过限差，应重新绘制。

3. 展绘控制点

根据测区的大小、范围以及控制点的坐标和测图比例尺，对测区进行分幅，再依据控制点的坐标值展绘图根控制点。展点时，先根据控制点的坐标确定该点所在的方格。如图 8-14 所示，控制点 A 的坐标 $x_A = 628.43$m，$y_A = 565.52$m，可确定其位置应在 plmn 方格内。然后按 y 坐标值分别从 l、p 点按测图比例尺向右各量 15.52m，得 a、b 两点。同样从 p、n 点向上各量 28.43m，得 c、d 两点。连接 ab 和 cd，其交点即为 A 点的位置。用同样方法将图幅内所有控制点展绘在图纸上，并在点的右侧以分数形式注明点号及高程，如图中的 1、2、3、4、5 点。最后用比例尺量出各相邻控制点之间的距离，与相应的实地水平距离比较，其误差在图上不应超过 0.3mm。

二、测量碎部点平面位置的基本方法

测量碎部点平面位置的基本方法主要有下面四种。

1. 极坐标法

如图 8-15 所示，要测定碎部点 a 的位置，可将经纬仪安置在控制点 A 上，以 AB 线为依据，测出 AB 及 Aa 线的夹角 β，并量得 A 点至 a 点的距离，则 a 点的位置就确定了。此法用途最广，适用于开阔地区。

2. 直角坐标法

如图 8-15 所示，在测定碎部点 b（或 c）时，可由 b（或 c）点向控制边 AB 作垂线，如果量得控制点 A 至垂足的纵距为 5.9m（或 10.6m），量得 b（或 c）点至垂点的垂距为 5.0m（或 6.2m），则根据此两距离即可在图纸上定出点位。此法适用于碎部点距导线较近的地区。

3. 角度交会法

如图 8-16 所示，从两个已知控制点 A、B 上，分别测得水平角 α 与 β，以此确定 a 点的平面位置。此法适用于碎部点较远或不易到达的地方。采用角度交会法时，交会角宜在 $30° \sim 120°$ 之间。

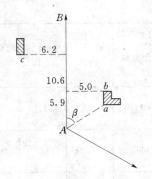

图 8-15　极坐标法与直角坐标法

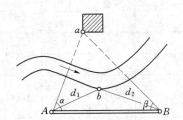

图 8-16　角度交会法与距离或角度法

4. 距离交会法

如图 8-16 所示，要测定 b 点的平面位置，从两个已知控制点 A 及 B 分别量到 b 点的距离 d_1 及 d_2，根据这两段距离，可以在图上交会出 b 点的平面位置。

上述几种方法应视现场情况灵活选用。实际工作中一般以极坐标为主，再配合其他几种方法进行测绘。

三、碎部测量方法

（一）经纬仪测绘法

传统的地形图测绘方法有：经纬仪测绘法、平板仪测绘法、小平板和经纬仪（测距仪）联合测绘法等。随着数字测图技术的发展，传统的测图方法将逐步被先进的测图技术所取代，因此，这里仅介绍经纬仪测绘法。

经纬仪测绘法的实质是按极坐标法定点进行测图（见图 8-17），观测时先将经纬仪

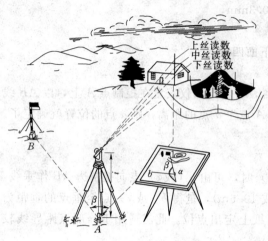

图 8-17　经纬仪测绘法

安置在测站上，绘图板安置于测站旁，用经纬仪测定碎部点的方向与已知方向之间的夹角，测站点至碎部点的水平距离和碎部点的高程。然后根据测定数据用量角器和比例尺把碎部点的位置展绘在图纸上，并在点的右侧注明其高程，再对照实地描绘地形。此法操作简单、灵活，适用于各类地区的地形图测绘。具体操作步骤如下：

（1）安置仪器：如图 8-17 所示，安置仪器于测站点（控制点）A 上，量取仪器高 i，填入手簿（表 8-8）。

（2）定向：后视另一控制点 B，置水平度盘读数为 $0°\,00'\,00''$。

表 8-8　　　　　　　　　碎　部　测　量　手　簿

____测区　　　　　　观测者_____　　　　记录者_____

____年__月__日　　　天　气_____　　测站 A 零方向 B　测站高程 46.54

仪器高 $i=1.42$　　　　乘常数 100　加常数 0　指标差 $x=0$

测点	水平角 (° ′)	尺上读数 (m) 中丝 v	尺上读数 (m) 下丝 上丝	视距间距 l (m)	竖直角 α 竖盘读数 (° ′)	竖直角 α 竖直角 (° ′)	高差 h (m)	水平距离 (m)	测点高程 (m)	备注
1	44　34	1.42	1.520 / 1.300	0.220	88　06	+1　54	+0.73	22.0	47.27	
2	56　43	2.00	2.871 / 1.128	1.743	92　32	−2　32	−8.28	174.0	38.26	
3	175　11	1.42	2.000 / 0.895	1.105	72　19	+17　41	+33.57	105.3	80.11	

（3）立尺：立尺员依次将标尺立在地物和地貌特征点上。立标尺前，立尺员应弄清实测范围和实地情况，选定立尺点，并与观测员、绘图员共同商定跑尺路线。

（4）观测：转动照准部，瞄准点 1 的标尺，读取视距间隔 l，中丝读数 v，竖盘读数 L 及水平角。

（5）记录：将测得的上、中、下三丝读数、竖盘读数、水平角依次填入手簿，如表 8-8 所示。对于有特殊作用的碎部点，如房角、山头、鞍部等，应在备注中加以说明。

（6）计算：先由竖盘读数 L 计算竖直角、用计算器按视距测量方法计算出碎部点的水平距离和高程。

水平距离计算公式

$$D = Kl\cos^2\alpha \tag{8-3}$$

高程计算公式

$$H_点 = H_站 + \frac{1}{2}Kl\sin2\alpha + i - v \tag{8-4}$$

（7）展绘碎部点：用细针将量角器的圆心插在图纸上测站点 a 处。转动量角器，将量角器上等于 β 角值的刻划线对准起始方向线 ab，此时量角器的零方向便是碎部点 1 的方向，然后用测图比例尺按测得的水平距离在该方向上定出点 1 的位置，并在点的右侧注明其高程。同法，测出其余各碎部点的平面位置与高程，绘于图上，并随测随绘等高线和地物。

为了检查测图质量，仪器搬到下一测站时，应先观测前站所测的某些明显碎部点，以检查由两个测站测得该点平面位置和高程是否相符。如相差较大，则应查明原因，纠正错误，再继续测绘。

若测区面积较大，可分成若干图幅，分别测绘，最后拼接成全区地形图。为了相邻图幅的拼接。每幅图应测出图廓外 2～3cm。

（二）碎部点测绘过程中应注意的事项

1. 碎部点的选择

碎部点应选在地物、地貌的特征点上。地物特征点主要是地物轮廓线的转折点，如房角点、道路边线转折点以及河岸线的转折点等。地物测绘的质量和速度在很大程度上取决于立尺员能否正确合理地选择地物特征点。主要特征点应独立测定，一些次要的特征点可以用量距、交会、推平行线等几何作图方法绘出。一般规定，凡主要建筑物轮廓线的凹、凸长度在图上大于 0.4mm 时，都要表示出来。对于地貌来说，地貌特征点就是地面坡度及方向变化点。地貌碎部点应选在最能反应地貌特征的山顶、鞍部、山脊线、山谷线、山坡、山脚等坡度变化及方向变化处。根据这些特征点的高程勾绘等高线，如图 8 - 18 所示。

图 8 - 18　碎部点的选择

2. 注意事项

（1）为方便绘图员工作，观测员在观测时，应先读取水平角，再读取水准尺的三丝读数和竖盘读数；在读取竖盘读数时，要注意检查竖盘指标水准管气泡是否居中或带有竖盘自动安平装置的开关是否打开；读数时，水平角估读至 $5'$，竖盘读数估读至 $1'$ 即可；每观测 20～30 个碎部点后，应重新瞄准起始方向，检查其变化情况。经纬仪测绘法起始方向水平度盘读数偏差不得超过 $3'$。

（2）立尺人员在跑点前，应先与观测员和绘图员商定跑尺路线。立尺时，应将标尺竖直，随时观察立尺点周围情况，弄清碎部点之间的关系，地形复杂时还需绘出草图，以协助绘图人员作好绘图工作。

（3）绘图人员要注意图面正确整洁，注记清晰，并做到随测点，随展绘，随检查。

（三）地形图的绘制

1. 地物的绘制

在外业工作中，当碎部点展绘在图上之后，就可对照实地随时描绘地物和等高线。如果测区较大，由多幅图拼接而成，还应及时对各图幅衔接处进行拼接检查，最后再进行图的清绘与整饰。

地物要按地形图、图式规定的符号表示。房屋轮廓需用直线连接起来，而道路、河流的弯曲部分则是逐点连成光滑的曲线。对于不能按比例描绘的地物，用相应的非比例符号表示。

2. 等高线勾绘

当图纸上测得一定数量的地形点后，即可勾绘等高线。先用铅笔轻轻地将有关地貌特征点连起勾出地性线，如图 8-19 中的虚线；然后在两相邻点之间，按其高程内插等高线。由于测量时沿地性线在坡度变化和方向变化处立尺测得的碎部点，因此图上相邻点之间的地面坡度可视为均匀的，在内插时可按平距与高差成正比的关系处理。如图 8-20 中 A、B 两点的高程分别为 21.2m 及 27.6m，两点间距离由图上量得为 48mm，高差为 6.4m。当等高距 h 为 1m 时，就有 22、23、24、25、26、27m 等 6 条等高线通过。内插时先算出一个等高距在图上的平距，然后计算其余等高线通过的位置。

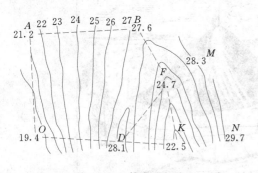

图 8-19　等高线勾绘

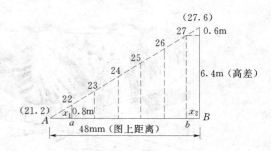

图 8-20　等高线内插原理

首先计算等高距为 1m 的平距

$$d = \frac{48}{6.4} = 7.5 \text{ mm}$$

而后计算 22m 及 27m 两根等高线至 A 及 B 点的平距 x_1 及 x_2，定出 a 及 b 两点

$$x_1 = 0.8 \times 7.5 \text{mm} = 6.0 \text{mm}, \quad x_2 = 0.6 \times 7.5 \text{mm} = 4.5 \text{mm}$$

再将 ab 分成五等分，等分点即为 23、24、25、26m 等高线通过的位置。同法可定出

其他各相邻碎部点间等高线的位置。将高程相同的点连成平滑曲线，即为等高线（图8-19）。

　　在实际工作中，根据内插原理一般采用目估法勾绘。如图8-20所示，先按比例关系估计A点附近22m及B点附近27m等高线的位置，然后五等分求得23、24、25、26m等高线的位置，如发现比例关系不协调时，可进行适当的调整。

四、地形图的拼接、整饰、检查与验收

（一）地形图的拼接

　　由于分幅测量和绘图误差的存在，在相邻图幅的连接处，地物轮廓线和等高线都不会完全吻合，如图8-21所示。为了整个测区地形图的统一，必须对相邻的地形图进行拼接。规范规定每幅图的图边测出图廓以外相邻图幅有一条重叠带（一般2～3cm），以便于拼接检查。对于聚酯薄膜图纸，由于是半透明的，纸的坐标格网对齐，就可以检查接边处的地物和等高线的偏差情况。如果测图用的是白画纸测图，则须用透明纸条将其中一幅图的凸进地物、等高线等描下来，然后与另一幅图进行拼接检查。

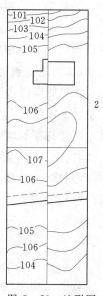

图8-21　地形图的拼接

　　图的接边误差不应大于规定的碎部点平面、高程中误差的 $2\sqrt{2}$ 倍。在大比例尺测图中，关于碎部点的平面位置和按等高线插求高程的中误差如表8-9所规定。图的拼接误差小于限差时可以平均配赋（即在两幅图上各改正一半），改正时应保持地物、地貌相互位置和走向的正确性。拼接误差超限时，应到实地检查后再改正。

表8-9　　　　　　　　　　　图的接边误差限差

地　区　类　别	点为中误差（图上 mm）	相邻第五点间距中误差（图上 mm）	等高线高程中误差（等高距）			
			平　地	丘陵地	山　地	高山地
山地、高山地和实测困难的旧街坊内部	0.75	0.6	1/3	1/2	2/3	1
城市建筑区和平地、丘陵地	0.5	0.4				

（二）地形图的检查

　　为了确保地形图质量，除施测过程中加强检查外，在地形图测完后，必须对成图质量作全面检查。地形图的检查包括图面检查、野外巡视和设站检查。

1. 图面检查

　　检查图面上各种符号、注记是否正确，包括地物轮廓线有无矛盾、等高线是否清楚、等高线与地形点的高程是否相符，有无矛盾可疑的地方、图边拼接有无问题、名称注记有否弄错或遗漏。如发现错误或疑点，应到野外进行实地检查修改。

2. 外业检查

　　野外巡视检查：根据室内图面检查的情况，有计划地确定巡视路线，进行实地对照查看。野外巡视中发现的问题，应当场在图上进行修正或补充。

设站检查：根据室内检查和巡视检查发现的问题，到野外设站检查，除对发现问题进行修正和补测外，还要对本测站所测地形进行检查，看所测地形图是否符合要求，如果发现点位的误差超限应按正确的观测结果修正。

（三）地形图的整饰与验收

地形图经过拼接、检查和修正后，还应进行清绘和整饰，使图面更为清晰、美观。地形图整饰的次序是先图框内、后图框外，先注记后符号，先地物后地貌。图上的注记、地物符号，以及高程等均应按规定的地形图图式进行描绘和书写。最后，在图框外应按图式要求写出图名、图号、接图表、比例尺、坐标系统及高程系统、施测单位、测绘者及测绘日期等。

经过以上步骤所得到的地形图，要上报当地测绘成果主管部门。在当地测绘成果主管部门组织的成果验收通过之后，图纸进行备案，该地形图方可在工程中使用。

第三节　数字化测图

数字化测图（digital surveying mapping，简称 DSM）是近 20 年发展起来的一种全新的机助测图技术，随着全站仪和 GPS 等现代测量仪器的广泛应用，以及计算机硬件和软件技术的迅猛发展，使数字测图技术日新月异，极大地促进了测绘行业的自动化和现代化进程。数字测图技术将逐步取代人工模拟测图，成为地形测图的主流。

一、数字化测图的基本思想

传统的地形测图是将测得的观测值用模拟的方法——图形表示。数字测图就是将图形模拟量（地面模型）转换为数字量，经由计算机对其进行处理，得到内容丰富的电子地图，需要时由计算机输出设备恢复地形图或各种专题图。数字化测图的基本思想如图 8-22 所示。

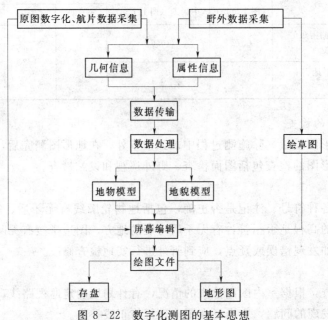

图 8-22　数字化测图的基本思想

将图形模拟量转换为数字量的过程称为数据采集，当前数据采集方法主要有：全野外地面数据采集法、原图数字化法和航片数据采集法。数字化测图的基本成图过程就是通过采集有关地物、地貌的各种信息并及时记录数据终端（或直接传输给计算机），然后通过数据接口将采集的数据传输给计算机，由计算机对数据进行处理而形成绘图数据文件，绘制并输出地形图。数字化测图的生产成品是绘图仪输出的图解地形图、磁盘或光盘等存储介质保存的电子地图及有关资料。

数字化测图利用计算机辅助绘图，减轻了测绘人员的劳动强度，提高了工作效率，保证地形图绘制质量。与传统的地形图测图相比，数字化测图具有点位精度高、便于成果更新、避免因图纸伸缩带来的各种误差、能输出各种比例尺地形图或专题图、便于成果的深加工利用以获得各类专题图、可以作为地理信息系统重要的信息源等特点。为国家、城市和行业部门的现代化管理以及工程技术人员进行计算机辅助设计提供可靠的原始数据。

二、数字化测图系统及其作业模式

1. 数字化测图系统

数字测图系统是以计算机为核心，在输入、输出硬件设备和软件的支持下，对地形空间数据进行采集、传输、处理编辑、成图输出和管理的测绘系统。它分地形数据采集、数据处理与成图、绘图与输出三大部分，如图 8-23 所示。

围绕这三部分，由于硬件配置、工作方式、数据输入方法、输出成果内容的不同，可产生多种数字化测图系统。按输入方法可分为：野外数字测图系统、原图数字化成图系统、航测数字化成图系统等；按硬件配置可分为：全站仪配合电子手簿测图系统、电子平板测图系统、GPS 测图系统；按输出成果可分为：大比例尺数字测图系统、地形地籍测图系统、房地产测量管理系统、城市规划成图管理系统等。

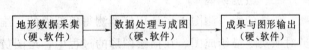

图 8-23 数字化测图

目前大多数数字化测图系统内容丰富，具有多种数据采集方法，具有多种功能和应用范围，能输出多种图形和数据资料。

2. 数字化测图作业模式

由于软件设计者思路不同，使用的设备不同，数字测图有不同的作业模式。目前国内较流行的数字测图软件所支持的作业模式大致有如下几种：全站仪＋电子手簿测图模式；电子平板测图模式；普通经纬仪＋电子手簿测图模式；平板仪测图＋数字化仪测图模式；已有地形图数字化成图系统；航测像片量测成图模式等。

数字化测图因作业过程、作业模式、数据采集方法及使用的软件等不同而有很大的区别。目前以全站仪＋电子手簿测图模式（草图法）和电子平板测图模式最为普遍。电子平板测图模式与传统的测图模式作业过程相似（图 8-24），而草图法的作业模式的基本作业过程如图 8-25 所示。

用全站仪进行数字测图时，可以采用图根导线测量与碎部点测量同时进行的"一步测量法"，即在一个测站上，先测导线的数据，接着测碎部点。这种方法的特点是安置一

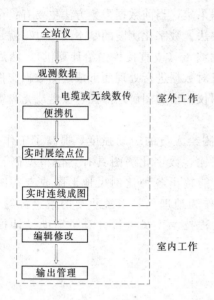

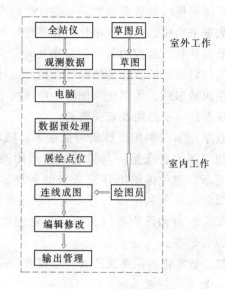

图 8-24　电子平板测图模式流程　　　　图 8-25　草图法测图模式流程

轮仪器少跑一轮路，大大提高外业测量效率。

三、数据编码

传统的野外测图工作是用仪器测得碎部点的三维坐标，并展绘在图纸上，然后由绘图员对照实地描绘成图。在描绘图形的过程中，绘图员实际上知道了碎部点的位置，是什么地物或地貌点，与哪些碎部点相连接等信息。数字测图是由计算机软件根据采集的碎部点的信息自动处理绘出地形图，因此，所采集的碎部点信息必须包括三类信息：位置、属性信息、连线信息。碎部点的位置用 (x, y, z) 三维坐标表示，并标明点号，属性信息用地形编码表示，连线信息用连接点点号和连接线型表示。

绘图软件在绘制地形图时，会根据碎部点的属性来判断碎部点是哪一类特征点，采用地形图图式中的什么符号来表示。因此，必须根据地形图图式设计一套完整的地物编码体系，并要求编码和图式符号一一对应。地形编码设计的原则是符号国标图式分类，符合地形图绘图规则；简练，便于记忆，比较符合测量的习惯；便于计算机的处理。

目前国内开发的数字测图软件已很多，一般都是根据各自的需要、作业习惯、仪器设备及数据处理方法等设计自己的数据编码，工作中可查阅其测图软件说明书。在此介绍一种国内应用比较广泛的编码，该方案总的编码形成由三部分组成，码长为 8 位，见表8-10。

表 8-10　　　　　　　　　　　8 位 数 据 编 码 形 式

1	2	3	4	5	6	7	8
地形要素码（3 位）			信息 I （4 位连接码）				信息 II （1 位线型码）

1. 地理要素码

地理要素码用于标识碎部点的属性，该码基本上根据《地形图图式》中各符号的名称和顺序来设计，用三位表示位于 8 位编码的前部，其表示形式可分为三位数字型和三位字符型两种。

三位数字型编码是计算机能够识别并能迅速有效地处理地形编码形式，又称内码。其基本编码思路是将整个地形信息要素进行分类、分层设计。首先将所有地形要素分为 10 大类，每个信息类中又按地形元素分为若干个信息元，第一位为信息类代码（10 类），第二、三位为信息元代码，如表 8-11 所示。

表 8-11　　　　　　　　　　　　　　　　地　形　要　素　分　类

类　别	代表的地形要素	类　别	代表的地形要素
0	地貌特征点	5	管线和垣栏
1	测量控制点	6	水系和附属设施
2	居民地、工矿企业建筑物和公共设施	7	境界
3	独立地物	8	地貌和土质
4	道路及附属设施	9	植被

每一类中的信息元编码基本上取图式符号中的顺序号码。如第 1 类测量控制点，包括三角点（101）、小三角点（102）、导线点（105）、水准点（108）等；第 3 类独立地物，如纪念碑（301）、塑像（303）、水塔（321）、路灯（327）等。

三位字符型是根据图式中各种符号名称的汉字拼音进行编码，如山脊点（SJD）、导线点（DXD）、水准点（SZD）、埋石图根点（MTG）、一般房屋（YBF）等。这种编码形式比较直观、易记忆、便于野外操作，又称外码。

2. 信息 I 编码

由 4 位数字组成信息 I 编码，其功能是控制地形要素的绘图动作，描述某测点与另一测点间的相对关系，又称连接码。编码的具体设计有两种方式：一是设计成注记连接点号或断点号，以提供某两点之间连接或断开信息。这种方式可以简化实地绘制草图的工作。二是在该信息码中注记分区号以及相应的测点号。分区号和测点号各占两位，共计 4 位。采用该编码方式要求实地详细绘制测图，各分区和测点编号应与信息 I 编码中相应的编码完全一致，不能遗漏。

3. 信息 II 编码

信息 II 编码仅用 1 位数字表示，它是对绘图指令的进一步描述，通常用不同的数字区分连线形式，例如 0 表示非连线，1 表示直线连线，2 表示曲线连线，3 表示圆弧等，又称为线型码。

四、野外数据采集

野外数据采集包括控制测量数据采集和碎部点数据采集两个阶段。控制测量主要采用导线测量方法，观测结果（点号、方向值、竖直角、距离、仪器高、目标高等）自动或手工记入电子手簿，可由电子手簿解算出控制点坐标和高程。若使用具有存储记忆功能的全站仪，可将全站仪存储器中数据传输给计算机并通过计算软件计算出控制点坐标和高程；

碎部点数据采集根据使用的仪器设备不同既可以直接采集碎部点的三维坐标或观测值（方向值、竖直角、距离、目标高等），也可以自动或手工记入电子手簿或自动存储在全站仪中，然后传输给计算机。

（一）野外数据采集方式和方法

1. 野外数据采集方式

（1）全站仪采集方式：全站仪与电子手簿通过通信电缆连接（对于具有内置存储器的全站仪，观测结束后将数据传输给计算机），可将采集的数据信息直接传送入电子手簿，电子手簿和计算机通信可将存储在手簿中的各种数据信息送入计算机中。图8-26为全站仪野外数据采集示意图。

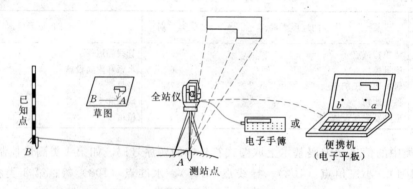

图8-26　全站仪野外数据采集示意图

（2）测距仪配合电子经纬仪方式：对于有数据输出端口的测距仪和电子经纬仪，通过通信电缆与电子手簿连接，可将采集的数据信息直接传送入电子手簿。对于没有数据输出端口的测距仪和电子经纬仪，须将采集的数据信息手工键入电子手簿。

（3）测距仪配合光学经纬仪方式：必须将方向值、距离、竖直角。目标高手工键入电子手簿，有数据输出端口的测距仪可将距离直接传送入电子手簿。这种采集方式外业工作量大，记录的数据容易出错，不适宜较大范围的数字化测图。

（4）GPS-RTK方式：测得数据均为点线面结构，格式简洁，通过接口程序也可很方便地将其采集的坐标文件引入测图CAD系统，如果有代码，可自动连线成图。

2. 野外数据采集方法

对于控制测量数据多采用GPS法和导线测量法。

对于碎部点数据采集可采用极坐标法、方向交会法、距离交会法、支距法、内外插值法、垂足法、平行线法、平行线交会法、方向直线交会法等。其中极坐标法与方向交会法可以获取碎部点三维坐标，而其他方法只能获取碎部点平面坐标且已知点数据来源于采用极坐标法观测的碎部点平面坐标。

（二）草图法数据采集

数据采集之前一般先将作业区已知控制点的坐标和高程输入全站仪（或电子手簿）。草图绘制者通过对测站周围的地物、地貌大概浏览一遍，及时按一定比例绘制一份含有主要地物、地貌的草图，以便观测时在草图上标明观测碎部点的点号。观测者在测站点上安置全站仪，量取仪器高。选择一已知点进行定向，然后准确照准另一已知点上竖立的棱镜，输入点号和棱镜高，按相应观测按键及观测其坐标和高程，与相应已知数据进行比较检查，满足精度要求后进行碎部点观测。观测地物、地貌特征点时准确照准点上竖立的棱镜，输入点号、棱镜高和地物代码，按相应观测记录键，将观测数据记录在全站仪内或电子手簿中。观测时观测者与绘制草图者及立镜者时时联系，以便及时对照记录的点号与草图上标注的点号，两个点号必须一致。有问题时要及时更正。观测一定数量的碎部点后应进行定向检查，以保证观测成果的精度。

绘制的草图必须把所有观测地形点的属性和各种勘测数据在图上表示出来，以供内业处理、图形编辑时用。草图的绘制要遵循清晰、易读、相对位置准确、比例一致的原则。草图示例如图 8-27 所示。在野外测量时，能观测到的碎部点要尽量观测，确实不能观测到的碎部点可以利用皮尺或钢尺、量距，将距离标注在草图上或利用电子手簿的量算功能生成其坐标。

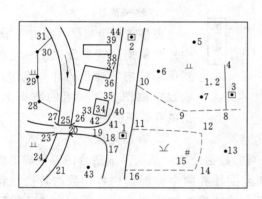

图 8-27　野外绘制的草图

图 8-28　数据采集对话框

（三）电子平板法数据采集

在完成了工作路径与比例设定、通信参数设置、控制点入库后，设置测站，输入如测站点号、后视点号和仪器高等信息。然后启动"碎部测量"功能弹出测量模式对话框 [图 8-28（a）的极坐标法、图 8-28（b）的坐标法]，即可按选定的模式施测测量。

（1）点号：测量碎部点的点号。第一个点号输入后，其后的点号不必再人工输入，每测完一个点，点号自动累加 1。

（2）连接：指与当前点相连接的点的点号。其必须是已测碎部点的点号或其他已知点。与上一点连接时自动默认，与其他点连接时输入该点的点号。

（3）编码：地物类别的代码。测量时同类编码只输一次，其后的编码程序自动默认，碎部点编码变换时输入新的编码。

（4）直线：确定连接线型。单击该按钮，依次可选择所需线型。

（5）方向：用来确定地物的方向。

（6）水平角、竖直角、斜距：由全站仪观测并自动记录输入。

（7）杆高：观测点棱镜高度。输入一次后，其他观测点的棱镜高由程序自动默认。观测点棱镜高度改变时，重新输入。

五、数字测图的内业处理

数字测图的内业处理要借助数字测图软件来完成。目前国内市场上比较有影响的数字测图软件主要有武汉瑞得公司的 RDMS、南方测绘仪器公司的 CASS、清华山维的 EPSW 电子平板等。它们各有其特点，都能测绘地形图、地籍图，并有多种数据采集接口，成果都能输出地理信息系统（GIS）所接受的格式。都具有丰富的图形编辑功能和一定的图形管理能力。

（一）内业处理的作业过程

外业数据采集的方法不同，数字测图的内业处理的作业过程也存在一定的差异。对于电子平板数字测图系统，由于数据采集与绘图同步进行，因此，其内业只进行一些图形编辑、整饰工作。对于草图法，数据采集完成后，应进行内业处理。内业处理主要包括数据传输、数据处理、图形处理和图形输出。其作业流程用框图表示，如图 8-29 所示。

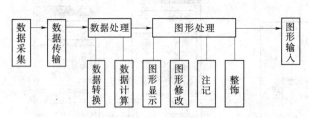

图 8-29　数字成图内业工作流程

1. 数据传输

将存储在全站仪（或电子手簿）中外业采集的观测数据按一定的格式传输到内业处理的计算机中，生成数字测图软件要求的数据文件，供内业处理使用。

2. 数据处理

传输到计算机中的观测数据需进行适当的数据处理，从而形成适合图形生成的绘图数据文件。数据处理主要包括数据转换和数据计算两个方面的内容。数据转换是将野外采集到的带简码的数据文件或无码数据文件转换为带绘图编码的数据文件，供计算机识别绘图使用。对简码数据文件的转换，软件可自动实现；对于无码数据文件，则需要通过草图上地物关系编制引导文件来实现转换。数据计算是指为建立数字地面模型绘制等高线而进行插值模型建立、插值计算、等高线光滑的工作。在计算过程中，需要给计算机输入必要的数据，如插值等高距、光滑的拟合步距等，其他工作全部由计算机完成。

经过计算机处理后，未经整饰的地形图即可显示在计算机屏幕上，同时计算机将自动生成各种绘图数据文件并保存在存储设备中。

3. 图形处理

图形处理是对经数据处理后所生成的图形数据文件进行编辑、整理。经过对图形的修改、整理、填加汉字注记、高程注记、填充各种面状地物符号后，即可生成规范的地形图。对生成的地形图要进行图幅整饰和图廓整饰，图幅整饰主要利用编辑功能菜单项对地形图进行删除、断开、修剪、移动、复制、修改等操作，最后编辑好的图形即为所需地形图，并对其按图形文件保存。

4. 图形输出

通过对数字地图的图层控制，可以编制和输出各种专题地图以满足不同用户的需要。利用绘图仪可以按层来控制线划的粗细或颜色，绘制美观、实用的图形。

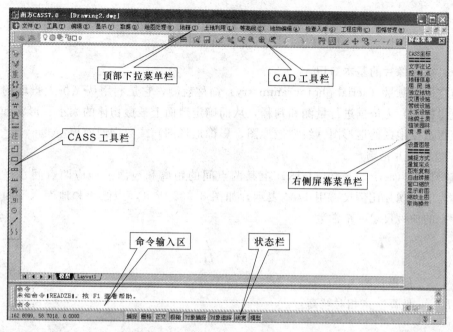

图 8 - 30 CASS7.0 成图软件主界面

（二）内业处理的基本操作

数字测图系统的内业主要是计算机屏幕操作，现以 CASS7.0 为例介绍数字测图内业的基本操作，如图 8 - 30 所示。

CASS7.0 窗体的主要部分是图形显示区，操作命令分别位于三个部分：顶部下拉菜单、右侧屏幕菜单、快捷工具按钮。每一菜单项及快捷工具按钮的操作均以对话框或底行提示的形式应答。CASS7.0 的操作既可以通过点击菜单项和快捷工具按钮，也可用在底行命令区以命令输入方式进行。

几乎所有的 CASS7.0 命令及 AutoCAD 的常用图形编辑命令都包含在顶部下拉菜单中，菜单共有 13 个，分别是：文件、工具、编辑、显示、数据、绘图处理、地籍、土地利用、等高线、地物编辑、检查入库、工程应用、图幅管理等。顶部下拉菜单的操作命令涵盖了全部快捷工具命令功能，而右侧屏幕菜单是 CASS7.0 编辑、绘制地形图的专用工具菜单。

顶部下拉菜单只能用鼠标激活，如单击"绘图处理"就出现下拉菜单，如图 8 - 31 所示。在任何情况下若想终止操作，可用 Ctrl＋C 组合键或 Esc 键来实现。

要完成图形的绘制与编辑工作，需要掌握有关的菜单、对话框及文件的操作方法。不同的测图软件，其操作方法差别很大。要使用好一套测图软件，必须对照操作说明书反复练习。

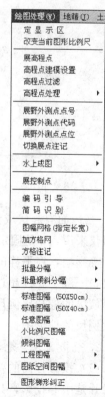

图 8 - 31 CASS7.0 成图软件下拉专用工具菜单

第四节 航空摄影测量

一、航测像片的基本知识

航空摄影测量（aerial photogrammetry）简称航测，它是利用从飞机上摄取的地表像片（航摄像片）为依据进行量测和判释，从而确定地面上被摄物体的大小、形状和空间位置，获得被摄地区的地形图（线划地形图、影像地形图）或数字地面模型。

1. 航摄像片比例尺

航摄像片（aerial photography）上某两点间的距离和地面上相应两点间水平距离之比，称为航摄像片比例尺，用 1/M 表示。如图 8-32 所示，当像片和地面水平时，同一张像片上的比例尺是一个常数

$$\frac{1}{M} = \frac{f}{H} \tag{8-5}$$

式中　f——航摄仪的焦距；

　　　H——航高（指相对航高）。

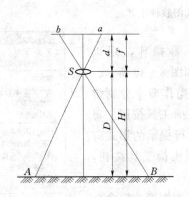

图 8-32　航摄像片比例尺

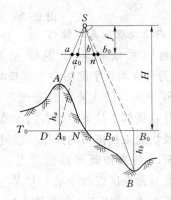

图 8-33　航测投影差

当地面有起伏或像片对地面有倾斜时，像片上各部分的比例尺就不一致了。对一架航摄仪来说，f 是固定值，要使各像片比例尺一致，还必须保持同一航高。但飞机受气流波动等影响，在平静的大气条件下，同一航线的航高差别应保持在 ±20m 以内，对不利情况，一般不允许超过 ±50m。

航摄的像片比例尺按成图比例尺而定，一般来说，将像片比例尺放大约 4 倍而制成所需比例尺的地形图。

2. 航摄像片与地形图的区别

（1）投影方面的差别。地形图是正射投影，测图比例尺是一个常数且各处均相同。航摄像片是中心投影，只有当地面绝对平坦，并且摄像时像片又能严格水平时，像片上各处的比例尺才一致，中心投影才与地形图所要求的垂直投影保持一致。

由于地面起伏引起像点在像片上的位移所产生的误差，称为投影差。如图 8-33 所

示，A、B 为两个地面点，它们对基准面 T_0 的高差为 $+h_a$ 和 $-h_b$，A_0 和 B_0 为地面点在基准面 E_0 上的垂直投影，点 a、b 为地面点在像片上的投影，线段 a_0、b_0 即为地面起伏引起的在中心投影像片上产生的像点位移，亦称为投影差。

投影差的大小与地面点对基准面 T_0 的高差成正比，高差越大投影误差越大。在基准面上的地面点，投影误差为零。由此可见，投影误差可随选择基准面高度的不同而改变。因此，在航测内业中，可根据少量的地面已知高程点，采取分层投影的方法，将投影误差限制在一定的范围内，使之不影响地形图的精度。

（2）表示方法和表示内容不同。在表示方法上：地形图是按成图比例尺所规定的地形图符号来表示地物和地貌的，而像片则是反映实地的影像，它是由影像的大小、形状、色调来反映地物和地貌的；在表示的内容上：地形图常用注记符号对地物符号和地貌符号作补充说明，如村名、房屋类型、道路等级、河流的深度和流向、地面的高程等，而这些在像片上是表示不出来的。因此对航空像片必须进行航测外业的调绘工作。利用像片上的影像进行判读、调查和综合取舍，然后按统一规定的图式符号，把各类地形元素真实而准确地描绘在像片上。所谓像片判读，就是在航摄像片上根据物体的成像规律和特征，识别出地面上相应物体的性质、位置和大小。

二、航测外业

1. 航空摄影

航空摄影（aerial photography）就是利用安置在飞机底部的航空摄影仪（aerial camera），按一定的飞行高度、飞行方向和规定的摄影时间间隔，对地面进行连续的重叠摄影。

航空摄影仪的构造原理与普通照相机基本相同。航摄像片影像范围的大小叫像幅。通常采用的像幅有 18cm×18cm、23cm×23cm 等，像幅四周有框标标志，相对框标的连线为像片坐标轴，其交点为坐标原点，依据框标可以量测出像点坐标。

航空摄影得到的像片要能覆盖整个测区面积，相邻的像片必须要有一定的重叠度。沿航线方向的重叠，称为航向重叠或纵向重叠。相邻航线间的重叠，称为旁向重叠或横向重叠（见图 8-34）。航摄规范规定航向重叠为 53％～60％，旁向重叠为 15％～30％。另外，还要求航摄像片的倾斜角（即摄影光轴与铅垂线的夹角）不超过 3°；像片的航偏角（即像片边缘与航线方向的夹角）一般不大于 6°。

2. 野外控制测量

携带仪器和航空像片到野外，根据已知大地控制点，用前面所讲的控制测量方法，测定像片控制点的平面坐标和高程，并对照实地将所测点的位置，精确地刺到像片上。这项工作也称像片联测。

三、航测内业

1. 室内控制加密

由于野外测定的控制点数量还不够，需要在室内进一步加密。可根据野外测定的像片控制点，用解析法、图解法来加密。近年来，由于计算机技术的发展，解析法空中三角测量进行室内加密控制点的方法被广泛应用。

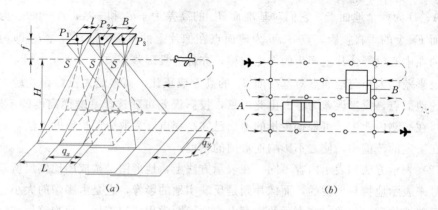

图 8-34　航测摄影示意图
(*a*) 立体效果；(*b*) 平面效果

2. 像片调绘

像片调绘就是利用航摄像片进行调查和绘图。具体来说，就是利用像片到实地识别像片上各种影像所反映的地物、地貌，根据用图的要求进行适当的综合取舍，按图式规定的符号把地物、地貌元素描绘在相应的影像上。同时，还要调查地形图上所必须注记的各种资料，并补测地形图上必须有而像片上未能显示出的地物，最后进行室内整饰和着墨。

四、航空摄影测量的成图方法

由于地形的不同和测图的要求不同，目前采用以下四种主要的成图方法。

1. 综合法

在室内利用航摄像片确定地物点的平面位置，其名称和类别通过外业调绘确定，等高线在野外用常规方法测绘。它综合了航测和地形图测绘两种方法，通常称综合法。这种方法适用于平坦地区作业。

2. 微分法

在野外控制测量和调绘工作完成后，在室内进行控制点加密。然后在室内用立体坐标量测仪测定等高线，在通过分带投影转绘的方法确定地物的平面位置。因为立体坐标量测仪的解析公式是建立在微小变量的基础上，通称为微分法。另外，因为确定平面位置和高程分别在不同的仪器设备上完成，因此，又称为分工法。微分法采用的仪器设备比较简单，这种方法适用于丘陵地区。

3. 全能法

在完成野外控制测量和像片调绘后，利用具有重叠的航测像片，在全能型的立体坐标量测仪上建立地形的光学模型，并对该光学模型进行观测测量，测绘地物和地貌，着墨、整饰后得到地形图。这种方法适用于山区或高山区，成图质量较高，但仪器的价格比较昂贵。

4. 计算机成图法

随着计算机技术的发展，利用计算机软件和计算机外部设备，可以在计算机上直接对航测像片进行测量，得到航测区域的地形图。这种方法适用于任何区域的航测成图。

第五节 地 形 图 的 应 用

大比例尺地形图是建筑工程规划设计和施工中的重要地形资料。特别是在规划设计阶段，不仅要以地形图为底图进行总平面的布设，而且还要根据需要，在地形图上进行一定的量算工作，以便因地制宜地进行合理的规划和设计。

一、地形图应用的基本内容

（一）地形图的识读

为了正确地应用地形图，首先要能看懂地形图。地形图是用各种规定的符号和注记表示地物、地貌及其他有关资料。通过对这些符号和注记的识读，可使地形图成为展现在人们面前的实地立体模型，以判断其相互关系和自然形态，这就是地形图识读的主要目的。现以图 8-1 的"范家屯"地形图为例，说明地形图识读的一般方法。

1. 图外注记识读

首先了解测图的年月和测绘单位，以判定地形图的新旧；然后了解图的比例尺、坐标系统、高程系统和基本等高距以及图幅范围和接图表。"范家屯"地形图的比例尺为 1∶5000，左上角接图表注明了相邻图幅的图名，供检索和拼接相邻图幅时使用。图幅四角注有 3°带高斯平面直角坐标。

2. 地物识读

这幅图中部有较大的居民点范家屯，图内有一条铁路从左下角和右上角通过，右下部有一条河流是赤河。左上部是山，山头上和居民点附近埋设有三角点和导线点等控制点。

3. 地貌识读

根据等高线的注记可以看出，这幅图的基本等高距为 1m。图幅西北部为山区，山顶的高程为 22.720m，是本图幅内的最高点。山脚处的高程为 13.732m。图幅地形形态比较明显。

图幅东南部为稻田区，从高程注记和田坎方向可以看出，西部高而东部低。整个图幅内的地貌形态是西北部山区最高，东南部低，而中部偏北沿河流处最低。

在识读地形图时，还应注意地面上的地物和地貌不是一成不变的。由于城乡建设事业的迅速发展，地面上的地物、地貌也随之发生变化，因此，在应用地形图进行规划以及解决工程设计和施工中的各种问题时，除了细致地识读地形图外，还需进行实地勘察，以便对建设用地作全面正确的了解。

（二）地形图应用的基本内容

1. 求图上某点的坐标和高程

（1）确定点的坐标。如图 8-35 所示，欲求 A 点的平面直角坐标，可以通过 A 点分别作平行于直角坐标格网的直线 ef 和 gh，则 A 点的平面直角坐标为

$$\left. \begin{array}{l} x_A = x_a + \dfrac{ag}{ab}l \\ y_A = y_a + \dfrac{ae}{ad}l \end{array} \right\} \qquad (8-6)$$

式中　l——平面直角坐标格网边的理论长度。

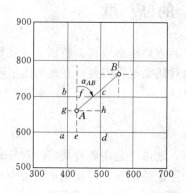

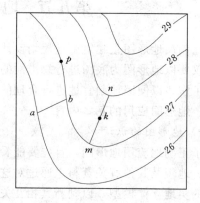

图 8-35　在地形图上确定一点坐标　　　　图 8-36　在地形图上确定点的高程

（2）确定点的高程。在地形图上的任一点，可以根据等高线及高程标记确定其高程。如图 8-36 所示，p 点正好在等高线上，则其高程与所在的等高线高程相同，从图上看为 27m。如所求点不在等高线上，如图中的 k 点，则通过 k 点作一条大致垂直于相邻等高线的线段 mn，分别量取 mk、mn 的距离。则

$$H_k = H_m + \frac{mk}{mn}h \tag{8-7}$$

式中　H_m——m 点的高程；

　　　　h——等高距。

在地形图上确定点的高程，也可以根据点在相邻两条等高线之间的位置用目估的方法确定，所得到的点的高程精度低于等高线本身的精度。

2. 确定图上直线的长度、坐标方位角

（1）确定图上直线的长度。

1）直接量测。用卡规在图上直接卡出线段的长度，再与图示比例尺比量，即可得到其水平距离。也可以用比例尺直接从图上量取，这时所量的距离是要考虑图纸伸缩变形的影响。

2）根据两点的坐标计算水平距离。为了消除图纸变形对图上量距的影响，提高在图纸上获得距离的精度，可用两点坐标计算水平距离。公式如下

$$D_{AB} = \sqrt{(x_B - x_A)^2 + (y_B - y_A)^2} \tag{8-8}$$

（2）求直线 AB 的坐标方位角。

1）图解法。首先过 A、B 两点精确地作两条平行于坐标网格的直线，然后用量角器量测 AB 的坐标方位角 α_{AB} 和 BA 的坐标方位角 α_{BA}。

同一条直线的正、反坐标方位角相差 180°。但是在量测时存在误差，按下式可以减少量测结果的误差。设量测结果为 α'_{AB} 和 α'_{BA} 则

$$\alpha_{AB} = \frac{1}{2}(\alpha'_{AB} + \alpha'_{BA} \pm 180°) \tag{8-9}$$

2）解析法。在求出 A、B 两点坐标后，可根据下式计算出 AB 的坐标方位角

$$\alpha_{AB} = \arctan \frac{y_B - y_A}{x_B - x_A} \qquad (8-10)$$

3. 确定直线的坡度

D 为地面两点间的水平距离，h 为高差，则坡度 i 由下式计算

$$i = \frac{h}{D} = \frac{h}{dM} \qquad (8-11)$$

式中　　d——两点在图上的长度，m；

　　　　M——地形图比例尺分母；

　　　　i——坡度，%。

如果两点间的距离较长，中间通过疏密不等的等高线，则上式所求地面坡度为两点间的平均坡度。

二、地形图在水利工程中的应用

1. 按一定方向绘制纵断面图

在各种线路工程设计中，为了进行填挖方量的概算，以及合理地确定线路的纵坡，都需要了解沿线路方向的地面起伏情况，为此，常需利用地形图绘制沿指定方向的纵断面图。见图 8-37 (a)，欲沿 MN 方向绘制断面图，可在绘图纸或方格纸上绘制 MN 水平线，过 M 点作 MN 的垂线作为高程轴线。然后在地形图上用卡规自 M 点分别卡出 M 点至 a、b、c、$\cdots$、i、N 各点的距离，并分别在图 8-37 (b) 上自 M 点沿 MN 方向截出相应的 a、b、$\cdots$、N 等点。再在地形图上读取各点的高程，按高程轴线向上画出相应的垂线。最后，用光滑的曲线将各高程线顶点连接起来，即得 MN 方向的断面图，如图 8-37 (b) 所示。

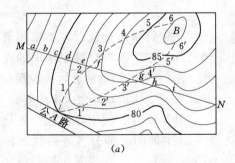
(a)

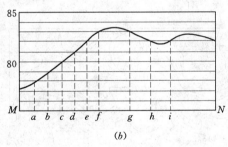
(b)

图 8-37　断面图的绘制方法

2. 在地形图上按限制的坡度选定最短线路

在道路、管线、渠道等工程设计时，都要求线路在不超过某一限制坡度的条件下，选择一条最短路线或等坡度线。

见图 8-37 (a)，设从公路上的 A 点到高地 B 点要选择一条公路线，要求其坡度不大于 5%（限制坡度）。设计用的地形图比例尺为 1:2000，等高距为 1m。为了满足限制坡度的要求，根据式 (8-11) 计算出该路线经过相邻等高线之间的最小水平距离 d

$$d = \frac{h}{iM} = \frac{1}{0.05 \times 2000} = 0.01 \text{ m} \qquad (8-12)$$

于是，以 A 点为圆心，以 d 为半径画弧交 81m 等高线于点 1，再以点 1 为圆心，以 d 为半径画弧，交 82m 等高级于点 2，依此类推，直到 B 点附近为止。然后连接 A、1、2、…、B，便在图上得到符合限制坡度的路线。这只是 A 到 B 的路线之一，为了便于选线比较，还需另选一条路线，如 A、$1'$、$2'$、…、B。同时考虑其他因素。如少占农田，建筑费用最少，避开不利地质条件的线路等，综合比较确定最佳线路方案。

在用这种方法作图时，如遇等高线之间的平距大于 0.01m 时，规定的长度画弧将不会与下一等高线相交。这说明实际地面坡度，小于限定的坡度。在这种情况下，按最短的距离画出。

3. 在地形图上确定汇水面积

为了防洪、发电、灌溉、筑路、架桥等目的，需要在河道上适当的位置修筑建、构筑物。在坝的上游形成水库，以便蓄水。或设计的桥涵满足过水的要求。坝（建）址上游分水线所围起的面积，称为汇水面积。汇集的雨水，都流入坝址所在的河道或水库中，图 8-37 中虚线所包围的部分就是汇水面积。

汇水面积是由分水线围绕而成的，因此，正确的勾绘分水线是非常重要的。勾绘分水线的要点是：

（1）分水线应通过山脊、山顶和鞍部等部位的最高点，在地形图上应先找出这些特征的地貌，然后进行勾绘。

（2）分水线与等高线正交。

（3）边界线由坝（建筑物）的一端开始，最后又回到坝的另一端，形成闭合的环线。闭合环线所围的面积，就是流经坝址断面的汇水面积。量测该面积的大小，再结合当地的气象水文资料，便可进一步确定该处的水量，从而为水库和桥梁或涵洞的孔径设计提供依据。

4. 库容计算

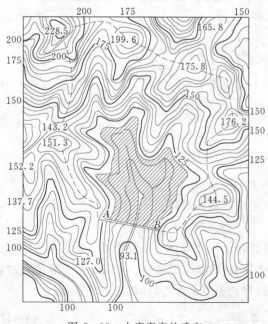

图 8-38 水库库容的确定

在进行水库设计时，如果坝的溢洪道高程已定，就可以确定水库的淹没面积，图 8-38 的阴影部分，淹没面积以下的蓄水量（体积）即为水库库容。

计算库容一般用等高线。先计算图 8-38 中的阴影部分各等高线所围成的面积，然后计算各相邻而等高线之间的体积，其总和即为库容。设 S_1 为淹没高程最高线所围成的面积，S_2、S_3、…、S_n、S_{n+1} 为淹没线以下各等高线所围的面积，其中 S_{n+1} 为最低一根等高线所围成的面积，h 等高距，设第一条等高线（淹没线）与第二条等高线间的高差为 h'，第 $n+1$ 条等高线（最低一条等高线）与库底最低点间的高差为 h''，则各层体积为

$$V_1 = \frac{1}{2}(S_1 + S_2)h'$$

$$V_2 = \frac{1}{2}(S_2 + S_3)h$$

$$\cdots$$

$$V_n = \frac{1}{2}(S_n + S_{n+1})h$$

$$V'_n = \frac{1}{3} \times S_{n+1} \times h'' \quad （库底体积）$$

因此，水库的库容为

$$V = V_1 + V_2 + \cdots + V_n + V'_n$$

$$= \frac{1}{2}(S_1 + S_2)h' + \left(\frac{S_2}{2} + S_3 + \cdots + S_n + \frac{S_{n+1}}{2}\right)h + \frac{1}{3}S_{n+1}h'' \quad (8-13)$$

5. 在地形图上确定土坝坡脚线

土坝坡脚线是指土坡坡面与地面的交线。如图 8-39 所示，设坝顶高程为 73m，坝顶宽度为 4m，迎水面坡度及背水面坡度分别为 1：3 及 1：2。先将坝轴线画在地形图上，再按坝顶宽度画出现顶位置。然后根据坝顶高程，迎水面及背水面坡度，作出与地形图上等高距相同的坝面等高线，这些坝面等高线和相同高程的地面等高线的交点，就是坝坡面和地面交线上的点，将这些交点用曲线连接起来，就是土坝的坡脚线。

三、图形面积量算方法

在规划设计中，常需要在地形图上量算一定轮廓范围内的面积。下面介绍几种常用的方法。

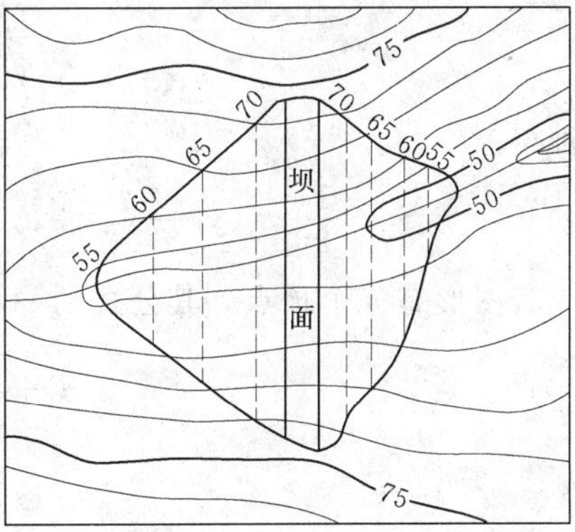

1. 透明方格纸法

见图 8-40，用透明方格网纸（方格边长为 1mm、2mm、5mm 或 10mm）覆盖在图形上，先数出图形内完整的方格数，然后将不完整的方格用目估折合成整方格数，两者相加乘以每格所代表的面积值，即为所量图形的面积。计算公式为

$$S = nA \quad (8-14)$$

式中　S——所量图形的面积；

　　　n——方格总数；

　　　A——1 个方格的实地面积。

图 8-39　土坝坡脚线的确定

2. 平行线法

见图 8-41，将绘有等距平行线的透明纸覆盖在图形上，使两条平行线与图形边缘相切，则相邻两平行线间截割的图形面积可近似视为梯形。梯形的高为平行线间距 d，图内平行虚线是梯形的中线。量出各中线的长度，就可以按下式求出图上面积

$$S = l_1 d + l_2 d + \cdots + l_n d = d\sum l \quad (8-15)$$

将图上面积化为实地面积时，如果是地形图，应乘上比例尺分母的平方；如果是纵横比例尺不同的断面图，则应乘上纵横两个比例尺分母之积。

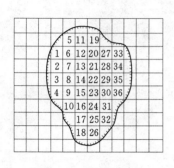

图 8-40 透明方格纸法

图 8-41 平行线法

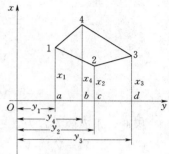

图 8-42 解析法

3. 解析法

如果图形为任意多边形，且各顶点的坐标已在图量上标出或已在实地测定，可利用各点坐标以解析法计算面积。

如图 8-42 所示，为一任意四边形面积 1234，各顶点坐标为 (x_1, y_1)、(x_2, y_2)、(x_3, y_3)、(x_4, y_4)。可以看出，面积 1234(S) 等于面积 $ab41(S_1)$ 加面积 $bd34(S_2)$ 再减去面积 $ac21(S_3)$ 和面积 $cd32(S_4)$，即

$$S = S_1 + S_2 - S_3 - S_4$$
$$= \frac{1}{2}\big[(x_1 + x_4)(y_4 - y_1) + (x_3 + x_4)(y_3 - y_4)$$
$$- (x_1 + x_2)(y_2 - y_1) - (x_2 + x_3)(y_3 - y_2)\big]$$

整理得

$$S = \frac{1}{2}\big[x_1(y_4 - y_2) + x_2(y_1 - y_3) + x_3(y_2 - y_4) + x_4(y_3 - y_1)\big]$$

若图形有 n 个顶点，其公式的一般形式为

$$S = \frac{1}{2}\sum_{i=1}^{n} x_i(y_{i+1} - y_{i-1}) \tag{8-16}$$

或

$$S = \frac{1}{2}\sum_{i=1}^{n} y_i(x_{i-1} - x_{i+1}) \tag{8-17}$$

注意，当 $i=1$ 时，$i-1=n$；当 $i=n$ 时，$i+1=1$。

4. 求积仪法

求积仪是一种专门供图上量算面积的仪器。其优点是操作简便、速度快、适用于任意曲线图形的面积量算。求积仪分机械求积仪和数字求积仪。现以日本生产的 KP—90N 型为例，介绍数字求积仪的使用（见图 8-43）。

(1) KP—90N 型数字求积仪的构造。KP—90N 数字求积仪，由三大部分组成，动极和动极轴、微型计算机、跟踪臂和跟踪放大镜。仪器面板上（图 8-44）为设有 22 个键和一个显示窗，其中显示窗上部为状态区，用来显示电池状态、存储器状态、比例尺大小、暂停状态及面积单位；下部为数据区，用来显示量算结果和输入值。各键的功能和操

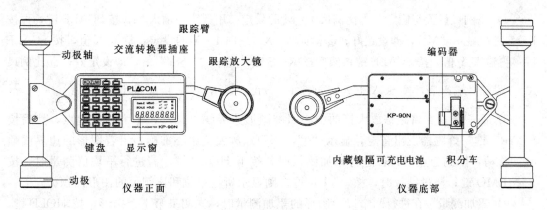

图 8-43 数字求积仪结构图

作见表 8-12。

（2）KP—90N 型数字求积仪的使用。

1）准备　将图纸水平地固定在图板上，把跟踪放大镜放大在图形中央，并使动极轴与跟踪臂成 90°，然后用跟踪放大镜沿图形边界线运行 2～3 周，检查是否能平滑移动，否则，调整动极轴位置。

2）开机　按 ON 键，显示"0"。

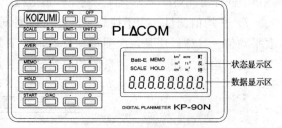

图 8-44 数字求积仪面板图

3）单位设置　用 UNIT-1 键设定单位制；用 UNIT-2 键设定同一单位制的单位。

表 8-12　　　　　　　　数字求积仪操作键及其功能

ON	电 源 键	打开电源
OFF	电 源 键	关闭电源
SCALE	比例尺键	用来设置图形的纵、横比例尺
R-S	比例尺确认键	配合 SCALE 键使用
UNIT-1	单位键 1	每按一次都在国际单位制、英制、日制三者间转换
UNIT-2	单位键 2	如在国际单位制状态下，按该单位键可以在 km²、m²、cm²、脉冲计数（P/C）四个单位间顺序转换
0～9	数字键	用来输入数字
.	小数点键	用来输入小数点
START	启动键	在测量开始及在测量中再启动时使用
HOLD	固定键	测量中按该键则当前的面积量算值被固定，此时移动跟踪放大镜，显示的面积值不变，当要继续量算时，再按该键，面积量算再次开始，该键主要用于累加测量
AVER	平均值键	按该键，可以对存储器中的面积量算值取平均
MEMO	存储键	按该键，则将显示窗中显示的面积存储在存储器中，最多可以存储 10 个值
C/CA	清除键	清除存储器中记忆的全部面积量算值

4）比例尺设置与确定　①比例尺 1：M 的设定：用数字键输入 M，按 SCALE 键，再按 R－S 键，显示"M²"，即设定好；②横向 1：X、纵向 1：Y 的设定：输入 X 值，按 SCALE 键；再输入 Y 值，按 SCALE 键，然后按 R－S 键，显示"X·Y"值，即设定好；③比例尺 X：1 设定：输入 $\frac{1}{X}$，按 SCALE 键，再按 R－S 键，显示"$\left(\frac{1}{X}\right)^2$"，即设定好。

5）面积测量　将跟踪放大镜的中心照准图形边界线上某点，作为开始起点，然后按 START 键，蜂鸣器发出音响，显示"0"，用跟踪放大镜中心准确地沿着图形的边界线顺时针移动，回到起点后，若进行累加测量时，按下 HOLD 键；若进行平均值测量时，按下 MEMO 键；测量结束时，按 AVER 键，则显示所定单位和比例尺的图形面积。

6）累加测量　在进行两个以上图形的累加测量时，先测量第 1 个图形，按 HOLD 键，将测定的面积值固定并存储；将仪器移到第 2 个图形，按 HOLD 键，解除固定状态并进行测量。同样可测第 3 个……直到测完。最后按 AVER 或 MEMO 键，显示出累加面积值。

7）平均值测量　为了提高精度，可以对同一图形进行多次测量（最多 10 次），然后取平均值。具体做法是每次测量结束后，按下 MEMO 键，最后按 AVER 键，则显示 n 次测量的平均值。注意每次测量前均应按 START 键。

思考题与习题

1. 什么是比例尺精度？它在测绘工作中有何作用？

2. 地物符号有几种？各有何特点？

3. 何谓等高距？在同一幅图上等高距、等高线平距与地面坡度三者之间的关系如何？

4. 何谓等高线？等高线有哪些基本特性？

5. 测图前有哪些准备工作？控制点展绘后，怎样检查其正确性？

6. 地形图的比例尺按其大小，可分为哪几种？其中大比例尺主要包括哪几个？

7. 简述经纬仪测绘法测图的步骤。

8. 阅读地形图的主要目的是什么？主要从哪几个方面进行？

9. 为什么要进行地形图的清绘和整饰？

10. 如下图，根据地貌特征点，按等高距为 5m，内插并勾绘等高线。

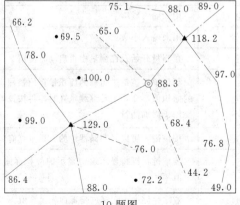

10 题图

11. 用全站仪测一块地形图,在计算机上用数字化成图软件把全站仪的数据传入,再利用该成图软件画出地形图,最后再导入到地理信息系统中。

12. 航空摄影测量的特点是什么?

13. 什么叫像片比例尺?航测像片与地形图有什么区别?

14. 航空摄影测量的成图方法有几种?

15. 如下图所示为 1 ： 2000 比例尺地形图,请在图上完成如下量算工作:

(1) 求 A、B 两点高程。

(2) 求 A、B 两点距离及其方位角。

(3) 求 A、B 两点的地面坡度。

(4) 绘制 A、B 方向线的纵断面图。

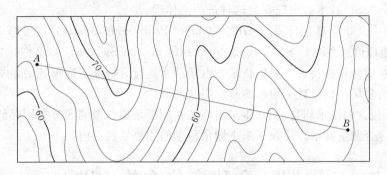

15 题图

16. 面积量算有哪些方法?各有什么优缺点?

第九章 "3S"技术及应用

第一节 概　述

随着现代空间信息技术的飞速发展，测量技术也在从传统的领域向多学科的纵向和横向交叉拓展，"3S"技术的出现就是这种进步的体现。

"3S"技术是指全球定位系统 GPS（Global Positioning System）、遥感 RS（Remote Sensing）、地理信息系统 GIS（Geographical Information System）的总称。"3S"技术与其他相关技术如计算机技术、通信技术、电子技术进行有机地集成形成的新学科，是地球信息科学前沿领域，也是数字地球的基本组成部分。

"3S"所包含的技术均是近 20 年来出现的并用于采集、量测、分析、存储、管理、显示和应用的综合测量技术，代表了未来测量科学的主要发展方向。

第二节　全球定位系统（GPS）

全球定位系统（GPS）是美国国防部于 1973 年开始研制，经历方案论证、系统论证、生产实践三个阶段，1993 年建设完成。该系统是以卫星为基础的无线电导航定位系统，具有全能性、全球性、全天候、连续性和实时性的导航、定位和定时的功能，具有良好的抗干扰性和保密性，能为各类用户提供精密的三维坐标、速度和时间。

GPS 的研制最初主要用于军事，经过多年的发展，目前 GPS 已发展成为一种被广泛采用的系统。如智能交通系统中的车辆导航、车辆管理和救援，大气参数测定，地震和地球板块运动监测、地球动力学研究等。在测绘领域，GPS 最初主要用于高精度大地测量和控制测量，随着测绘工作者在 GPS 应用研究和各种实用软件的开发，在测量方面用于各种类型的施工放样、测图、变形观测、航空摄影测量、地理信息系统中地理数据的采集等。尤其是在各种类型的测量控制网的建立方面，GPS 技术已基本上取代了常规测量手段。现在，我国采用 GPS 技术布设了新的国家大地测量控制网，很多城市也都采用 GPS 技术建立了城市控制网。

一、GPS 系统的组成

GPS 系统由 GPS 卫星星座、地面监控系统和用户设备三个部分组成，如图 9-1 所示。

1. GPS 卫星星座

由 24 颗 GPS 卫星组成，其中包含 3 颗备用卫星，均匀分布在 6 个轨道面上，每个轨道上有 4 颗卫星，如图 9-2 所示。

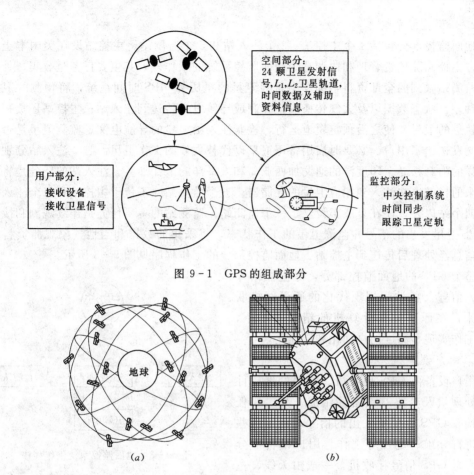

图 9-1　GPS 的组成部分

（a）

（b）

图 9-2　GPS 卫星及空间分布

（a）24 颗卫星；（b）卫星主体

卫星同时在地平线以上的情况至少为 4 颗，最多可达 11 颗。这样的分布方案既可以保证在世界任何地方、任何时间，都可以进行实时三维定位。还可以获得它们的移动速度和移动方向等。星座参数见表 9-1。

表 9-1　　　　　　　　　　　　　GPS 卫星星座基本参数

内　　容	GPS	内　　容	GPS
卫星数（颗）	21+3	运行周期（m）	11h58
轨道数（个）	6	卫星轨道高度（km）	20200
倾角（°）	55	覆盖面（%）	38
轨道平面升交点的赤经差（°）	60	载波频率（MHz）	1575、1227

在全球定位系统中，GPS 卫星的主要功能是：接收、储存和处理地面监控系统发射的控制指令及其他有关信息等；向用户连续不断地发送导航与定位信息，并提供时间标准、卫星本身的空间实时位置及其他在轨卫星的概略位置。

2. 地面监控系统

地面监控部分包括 1 个主控站、3 个注入站和 5 个监测站。主控站设在美国本土科罗拉多。主控站除负责管理和协调整个地面监控系统的工作外，其主要任务是收集、处理本站和监测站收到的全部资料，编算出每颗卫星的星历和 GPS 时间系统，将预测的卫星星历、钟差、状态数据以及大气传播改正编制成导航电文传送到注入站；主控站还负责调整偏离轨道的卫星，使之沿预定轨道运行，检验注入给卫星的导航电文，监测卫星是否将导航电文发送给了用户。必要时启用备用卫星以代替失效的工作卫星。三个注入站分别设在大西洋的阿森松岛、印度洋的迪戈加西亚岛和太平洋的卡瓦加兰。注入站的任务是将主控站发来的导航电文注入到相应卫星的存储器。五个监测站除了位于主控站和三个注入站之处的四个站以外，还在夏威夷设立了一个监测站。监测站的主要任务是连续观测和接收所有 GPS 卫星发出的信号并监测卫星的工作状态，将采集的数据和当地气象观测资料以及时间信息经处理后传送到主控站。地面监控部分的工作程序见图 9-3 所示。

整个 GPS 的地面监控部分，除主控站外均无人值守。各站间用现代化的通讯网络联系起来，在原子钟和计算机的精确控制下，各项工作实现了高度的自动化和标准化。

3. 用户设备

用户设备由 GPS 接收机、数据处理软件和微处理机及其终端设备等组成。其主要任务是接收 GPS 卫星所发出的信号，利用这些信号进行导航、定位等工作。用户设备部分的核心是 GPS 信号接收机，一般由天线、主机和电源三部分组成。

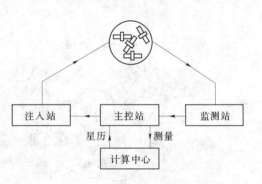

图 9-3 地面监控系统工作程序

其主要功能是跟踪、接收 GPS 卫星发射的信号并进行变换、放大、处理，以便测量出 GPS 信号从卫星到接收机天线的传播时间；解译导航电文，实时地计算出测站的三维坐标、速度和时间。

GPS 接收机根据其用途可分为导航型、大地型和授时型；根据接收的卫星信号频率，又可分为单频（L_1）和双频（L_1、L_2）接收机等。在精密定位测量工作中，一般采用大地型双频接收机或单频接收机。单频接收机适用于 10km 左右或更短距离的精密定位工作，其相对定位的精度能达 $5mm + 10^{-6}D$（D 为基线长度，km）。而双频接收机由于能同时接收到卫星发射的两种频率的载波信号，可进行长距离的精密定位测量工作，其相对定位测量的精度可优于 $5mm + 10^{-6}D$，但其结构复杂，价格昂贵。用于精密定位测量工作的 GPS 接收机，其观测数据必须进行后期处理，因此必须配有功能完善的后处理软件，才能求得所需测站点的三维坐标。

图 9-4 GPS 用户装置

图 9-4 为用户 GPS 接收机主要装置，左边为用户基准站，架设在测量控制点上；右边为用户流动站，可

以根据测量目的放置在观测目标上。两者不需要传统测量中的通视条件，仅需要电台信号连接。

二、GPS 卫星信号

GPS 卫星信号是 GPS 卫星向广大用户发送的用于导航定位的调制波。GPS 卫星发射两种频率的载波信号，即频率为 1575.42MHz 的 L_1 载波和频率为 1227.60MHz 的 L_2 载波。在 L_1 和 L_2 上又分别调制着多种信号，这些信号主要有 C/A 码、P 码和导航电文，其中 C/A 码和 P 码均为测距码。现介绍如下。

1. C/A 码

C/A 码又称为粗码，它被调制在 L_1 载波上，是 1MHz 的伪随机噪声码（PRN 码），其码长为 1023b（周期为 lms），码元宽度（即波长）为 293m。由于每颗卫星的 C/A 码都不一样，因此，经常用它们的 PRN 号来区分它们。C/A 码是普通用户用以测定测站到卫星间的距离的一种主要的信号。

2. P 码

P 码又称为精码，它被调制在 L_1 和 L_2 载波上，是 10MHz 的伪随机噪声码。在实施 AS 时[*]，P 码与 W 码进行模二相加生成保密的 Y 码，此时，一般用户无法利用 P 码来进行导航定位。

[*] 由于 GPS 在军事上具有极为重要的作用，为了保护美国的国家利益，美国军方先后对 GPS 实施了 SA（Selective Availability，选择可用性）和 AS（Anti Spoofing，反电子欺骗）政策，把未经美国政府特许的广大用户的定位精度人为地降低或保密。

3. 导航电文

GPS 的导航电文简称卫星电文，又叫数据码（D 码），是用户用来导航定位的数据基础。主要包含有卫星星历、时钟改正数、电离层时延改正和工作状态信息等。这些信息是以二进制码的形式，按规定格式组成，以 50b/s 的传播速率向外播送。用户一般需要利用此数据信息来计算某一时刻 GPS 卫星在轨道上的位置。

值得指出的是，GPS 系统针对不同用户提供两种不同类型的服务：一种是标准定位服务（Standard Positioning Service，SPS）；另一种是精密定位服务（Precision Positioning Service，PPS）。SPS 主要面向全世界的民用用户，PPS 主要面向美国及其盟国的军事部门以及民用的特许用户。

三、GPS 坐标系统

由于 GPS 是全球性的定位导航系统，其坐标系统必然是全球性的。为了使用方便，它是通过国际协议确定的，通常称为协议地球坐标系（CTS）。目前，GPS 测量中所使用的协议地球坐标系统称为 WGS—84 世界大地坐标系（World Geodetic System）。WGS—84 世界大地坐标系的几何定义是：原点是地球质心，z 轴指向 BIH1984.0 定义的协议地球极（CTP）方向，x 轴指向 BIH1984.0 的零子午面和 CTP 赤道的交点，y 轴与 z 轴、x 轴构成右手坐标系。

测量工作离不开基准，都需要一个特定的坐标系统。在常规大地测量中，各国都有自己的测量基准和坐标系统。例如，我国的 1954 年北京坐标系、1980 年国家大地坐标系或当地独立坐标系。在实际测量定位工作中，虽然 GPS 卫星的信号依据于 WGS—84 坐标系，但求解结果则是测站之间的基线向量或三维坐标差。在数据处理时，根据上述结果，并以已知点（三点以上）的坐标值作为约束条件，进行整体平差计算，得到各 GPS 测站点在当地现有坐标系中的实用坐标，从而完成 GPS 测量结果向 C80 或当地独立坐标系的转换。

四、GPS 定位的基本原理

利用 GPS 定位的基本原理，是以 GPS 卫星和用户接收机天线之间的距离（或距离差）的观测量为基础，并根据已知的卫星瞬时坐标来确定用户接收机所对应的三维坐标位置。而卫星至接收机之间的距离 ρ、卫星坐标（X_S、Y_S、Z_S）与接收机三维坐标（X，Y，Z）间的关系式为

$$\rho^2 = (X_S - X)^2 + (Y_S - Y)^2 + (Z_S - Z)^2 \qquad (9-1)$$

式中：卫星坐标（X_S，Y_S，Z_S）可根据导航电文求得；理论上只需观测 3 颗卫星至接收机之间的距离 ρ，即可求得接收机坐标（X，Y，Z）3 个未知数。但实际上因接收机钟差改正也是未知数，所以，接收机必须同时至少测定至 4 颗卫星的距离才能解算出接收机的三维坐标值（见图 9-5）。

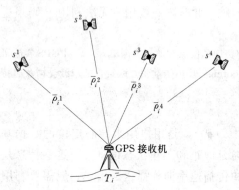

图 9-5　GPS 定位的基本原理图

由此可见，GPS 定位的关键是测定用户接收机天线至 GPS 卫星之间的距离。依据测距的原理，其定位原理与方法一般有伪距法定位、载波相位测量定位和射电干涉测量等。现介绍常用的伪距定位和载波相位测量方法。

1. 伪距测量

GPS 卫星能够发射某一结构的测距码信号（即 C/A 码或 P 码）。该信号经过时间 t 后到达接收机天线，则用上述信号传播时间 t 乘以电磁波的速度 C，就是卫星至接收机的距离。实际上，由于传播时间 t 中包含有卫星时钟与接收机时钟不同步的误差、测距码在大气中传播的延迟误差等，由此求得的距离值并非真正的站星几何距离，习惯上称之为"伪距"，用 ρ' 表示，与之相对应的定位方法称为伪距法定位。

为了测定上述测距码的传播时间，需要在用户接收机内复制测距码信号，并通过接收机内的可调延时器进行相移，使得复制的码信号与接收到的相应码信号达到最大相关，即使之相应的码元对齐。为此，所调整的相移量便是卫星发射的测距码信号到达接收机天线的传播时间，即时间延迟 τ。

设在某一标准时刻 T_a 卫星发出一个信号，该瞬间卫星钟的时刻为 t_a，该信号在标准时刻 T_b 到达接收机，此时相应接收机时钟的读数为 t_b，于是伪距测量测得的时间延迟即为 t_b 与 t_a 之差。所以伪距为

$$\rho' = \tau C = (t_b - t_a)C \qquad (9-2)$$

由于卫星钟和接收机时钟与标准时间存在误差，设信号发射和接收时刻的卫星和接收机钟差改正数分别为 V_a 和 V_b，则有

$$t_a + V_a = T_a \atop t_b + V_b = T_b \Bigg\} \tag{9-3}$$

将式（9-3）代入式（9-2），可得

$$\rho' = \tau C = (T_b - T_a)C + (V_a - V_b)C \tag{9-4}$$

式中 $(T_b - T_a)$——测距码从卫星到接收机的实际传播时间 ΔT。

由上述分析可知，在 ΔT 中已对钟差进行了改正；但由 ΔTC 所计算出的距离中，仍包含有测距码在大气中传播的延迟误差，必须加以改正。设定位测量时，大气中电离层折射改正数为 $\delta \rho_I$，对流层折射改正数为 $\delta \rho_T$，则所求 GPS 卫星至接收机的真正空间几何距离 ρ 应为

$$\rho = \Delta TC + \delta \rho_I + \delta \rho_T \tag{9-5}$$

将式（9-4）代入式（9-5）可得

$$\rho = \rho' + \delta \rho_I + \delta \rho_T - CV_a + CV_b \tag{9-6}$$

式（9-6）为伪距测量定位的基本观测方程式。

伪距测量定位的精度与测距码的波长及其与接收机复制码的对齐精度有关。目前，接收机的复制码精度一般取 1/100，而公开的 C/A 码码元宽度（即波长）为 293m，故上述伪距测量的精度最高仅能达到 3m（293×1/100≈3m），难以满足高精度测量定位工作的要求。

2. 载波相位测量

利用测距码进行伪距测量是全球定位系统的基本测距方法。然而由于测距码的波长较长，对一些高精度的应用其测距精度过低，不能满足需要。而如果把 GPS 卫星发射的载波作为测距信号，由于载波的波长（$\lambda_{L_1} = 19\text{cm}$，$\lambda_{L_2} = 24\text{cm}$）比测距码波长要短得多，所以就可达到较高的测量定位精度。

假设卫星 S 在 t_0 时刻发出一载波信号，其相位为 $\phi(S)$；此时若接收机产生一个频率和初相位与卫星载波信号完全一致的基准信号，在 t_0 瞬间的相位为 $\phi(R)$。假设这两个相位之间相差 N_0 个整周信号和不足一周的相位 $F_r(\varphi)$，由此可求得 t_0 时刻接收机天线到卫星的距离为

$$\rho = \lambda[\phi(R) - \phi(S)] = \lambda[N_0 + F_r(\varphi)]$$

载波信号是一个余弦函波。在载波相位测量中，接收机的相位测量装置只能测出不足一周的小数部分 $F_r(\varphi)$，而整周数 N_0 无法测量；但当接收机从 t_0 时刻对空中飞行的卫星作连续观测时，接收机不仅能测出不足一周的小数部分 $F_r(\varphi)$，而且还能累计得到从 t_0 到 t_i 时刻的整周变化数 $\text{Int}(\varphi)$。因此 $\varphi' = \text{Int}(\varphi) + F_r(\varphi)$，才是载波相位测量的真正观测值。而 N_0 称为整周模糊度，它是一个未知数，但只要观测是连续的，则各次观测的完整测量值中应含有相同的，因此，t_i 时刻的相位值由三部分构成（见图9-6），即

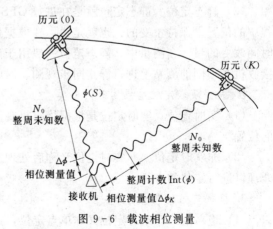

图9-6 载波相位测量

$$\varphi = N_0 + \text{Int}(\varphi) + F_r(\varphi) \qquad\qquad (9-7)$$

与伪距测量一样，考虑到卫星和接收机的钟差改正数 V_a、V_b 以及电离层折射改正 $\delta\rho_I$ 和对流层折射改正 $\delta\rho_T$ 的影响，则式（9-7）可写成

$$N_0 + \text{Int}(\varphi) + F_r(\varphi) = \frac{f}{C}(\rho - \delta\rho_I - \delta\rho_T) - fV_b + fV_a \qquad (9-8)$$

设载波相位观测值为 $\varphi' = \text{Int}(\varphi) + F_r(\varphi)$，则有载波相位测量基本观测方程

$$\varphi' = \frac{f}{C}(\rho - \delta\rho_I - \delta\rho_T) - fV_b + fV_a - N_0 \qquad (9-9)$$

等号两边同乘载波长 λ，并简单移项后，则有

$$\rho = \rho' + \delta\rho_I + \delta\rho_T - CV_a + CV_b + \lambda N_0 \qquad (9-10)$$

与式（9-6）比较可看出，该式除增加了整周未知数 N_0 外，与伪距测量的观测方程在形式上完全相同。

确定整周未知数 N_0 是载波相位测量中的一项重要工作，也是进一步提高 GPS 定位精度、提高作业速度的关键所在。目前，确定整周未知数的方法主要有三种：伪距法、N_0 作为未知数参与平差法和三差法。伪距法就是在进行载波相位测量的同时，再进行伪距测量；由两种方法的观测方程可知，将未经过大气改正和钟差改正的伪距观测值减去载波相位实际观测值与波长的乘积，便可得到值，从而求出整周未知数 N_0。N_0 作为未知数参与平差，就是将 N_0 作为未知参数，在测后数据处理和平差时与测站坐标一并求解，根据对 N_0 的处理方式不同，可分为"整数解"和"实数解"。三差法就是从观测方程中消去 N_0 的方法，又称多普勒法，因为对于同一颗卫星来说，每个连续跟踪的观测中，均含有相同的 N_0，因而将不同观测历元的观测方程相减，即可消去整周未知数 N_0，从而直接解算出坐标参数。关于确定 N_0 的具体算法以及对整周跳变（由于种种原因引起的整周观测值的意外丢失现象）的探测和修复的具体方法，这里不再详述，可参阅有关书籍。

五、GPS 定位分类

1. 根据定位时接收机的运动状态分类

（1）动态定位。动态定位就是在进行 GPS 定位时，认为接收机的天线在整个观测过程中的位置是变化的。也就是说，在数据处理时，将接收机天线的位置作为一个随时间改变的量。

（2）静态定位。静态定位就是在进行 GPS 定位时，认为接收机的天线在整个观测过程中的位置是保持不变的。也就是说，在数据处理时，将接收机天线的位置作为一个不随时间改变的量。在测量中，静态定位一般用于高精度的测量定位，其具体观测模式是多台接收机在不同的测站上进行静止同步观测，时间有几分钟、几小时甚至数十小时不等。

2. 根据获取定位结果的时间分类

（1）实时定位。实时定位是根据接收机观测到的数据，实时地解算出接收机天线所在的位置。

（2）非实时定位。非实时定位又称后处理定位，它是通过对接收机接收的数据进行后处理以进行定位的方法。

3. 根据定位的模式分类

（1）绝对定位。绝对定位又称单点定位，这是一种采用 1 台接收机进行定位的模式，

它所确定的是接收机天线的绝对坐标。这种定位模式的特点是作业方式简单，可以单机作业。绝对定位一般在导航和精度要求不高时应用。

（2）相对定位。相对定位又称差分定位，这种定位模式采用2台以上的接收机，同时对一组相同的卫星进行观测，以确定接收机天线间的相互位置关系。

由于GPS测量中不可避免地存在着种种误差，但这些误差对观测量的影响具有一定的相关性，利用这些观测量的不同线性组合进行相对定位，便可能有效地消除或减弱上述误差的影响。考虑到GPS定位时的误差来源，当前普遍采用的观测量线性组合形式有三种，即单差法、双差法和三差法。实践表明，以载波相位测量为基础，在中等长度的基线上对卫星连续观测1～3h，其静态相对定位的精度可达$10^{-6}～10^{-7}$。

静态相对定位的最基本情况是用2台GPS接收机分别安置在基线的两端，固定不动；同步观测相同的GPS卫星，以确定基线端点在WGS—84坐标系中的相对位置或基线向量，由于在测量过程中，通过重复观测取得了充分的观测数据，从而改善了GPS定位的精度。相对定位是目前GPS测量中精度最高的一种定位方法，广泛用于高精度测量中。

六、GPS测量方法

近几年来，随着GPS接收系统硬件和处理软件的发展，已有多种测量方案可供选择。这些不同的测量方案，也称为GPS测量的作业模式，如静态绝对定位、静态相对定位、快速静态定位、准动态定位、实时动态定位等。现就土木工程测量中最常用的静态相对定位和实时动态定位的方法与实施作一简单介绍。

（一）静态相对定位

静态相对定位是GPS测量中最常用的精密定位方法。它采用2台（或2台以上）接收机，分别安置在一条或数条基线的两个端点，同步观测4颗以上的卫星。这种方法的基线相对定位精度可达$5mm+10^{-6}D$，适用于各种较高等级的控制网测量，按照GPS测量实施的工作程序，可分为GPS网的技术设计、选点与建立标志、外业观测、成果检核与数据处理等阶段。

1. GPS网的技术设计

GPS网的技术设计是一项基础性的工作。这项工作应根据网的用途和用户的要求进行，其主要内容包括GPS测量精度指标和GPS网的图形设计等。

（1）GPS测量精度指标。GPS测量精度指标的确定取决于GPS网的用途，设计时应根据用户的实际需要和可以实现的设备条件，恰当地选定精度等级。GPS网的精度指标通常以网中相邻点之间的距离误差m_D来表示，其形式为

$$m_D = a + b \times 10^{-6}D \tag{9-11}$$

式中　a——GPS接收机标称精度的固定误差；

　　　b——GPS接收机标称精度的比例误差系数；

　　　D——GPS网中相邻点之间的距离（km）。

不同用途的GPS网的精度是不一样的。用于地壳形变及国家基本大地测量的GPS网可参照表《全球定位系统（GPS）测量规范》作出的规定，见表9-2。用于城市或工程的GPS控制网，其相邻点的平均距离和精度，可参照《全球定位系统城市测量技术规程》作出的规定执行，见表9-3。

表 9 - 2　　　　　　　　　　国家基本大地测量 GPS 网精度指标

级　别	主　要　用　途	固定误差 a/mm	比例误差 b/（$10^{-6}D$）
A	国家高精度 GPS 网的建立及地壳变形测量	≤5	≤0.1
B	国家基本控制测量	≤8	≤1

表 9 - 3　　　　　　　　　　城市或工程 GPS 网精度指标

级　　别	平均距离/km	固定误差 a/mm	比例误差 b/（$10^{-6}D$）	最弱边相对中误差
二	9	≤10	≤2	1/13 万
三	5	≤10	≤5	1/8 万
四	2	≤10	≤10	1/4.5 万
一级	1	≤10	≤10	1/2 万
二级	<1	≤15	≤20	1/1 万

（2）GPS 网构成的几个基本概念。

1）观测时段：测站上开始接收卫星信号到观测停止，连续工作的时间段，简称时段。

2）同步观测：两台或两台以上接收机同时对同一组卫星进行的观测。

3）同步观测环：三台或三台以上接收机同步观测获得的基线向量所构成的闭合环，简称同步环。

4）独立观测环：由独立观测所获得的基线向量构成的闭合环，简称独立环。

5）异步观测环：在构成多边形环路的所有基线向量中，只要有非同步观测基线向量，则该多边形环路叫异步观测环，简称异步环。

6）独立基线：对于 N 台 GPS 接收机构成的同步观测环，有 J 条同步观测基线，其中独立基线数为 N-1。

7）非独立基线：除独立基线外的其它基线叫非独立基线，独立基线数之差即为非独立基线数。

（3）GPS 网的图形设计。在进行 GPS 测量时由于点间不需要相互通视，因此其图形设计具有较大的灵活性。GPS 网的图形布设通常有点连式、边连式、网连式及边点混合连接四种基本形式。图形布设形式的选择取决于工程所需要的精度、野外条件及 GPS 接收机台数等因素。

1）点连式。点连式是指相邻同步图形之间仅有一个公共点连接的网。这里，同步图形系指三台或三台以上接收机同时对一组卫星观测（称同步观测），所获得的基线向量构成的闭合环，也称同步环。点连式几何图形强度很弱，检核条件太少，一般不单独使用。如图 9 - 7（a）所示，这里共有 7 个独立三角形。

2）边连式。边连式是指相邻同步图形之间由一条公共边连接。这种布网方案有较多的复测边和由非同步图形的观测基线组成异步图形闭合条件（异步环），便于成果的质量检核。因此，边连式比点连式可靠，如图 9 - 7（b）这里共有 14 个独立三角形。

3）网连式。是指相邻同步图形间有两个以上的公共点相连接。这种方法需 4 台以上

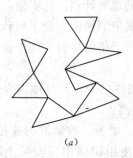 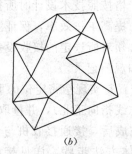 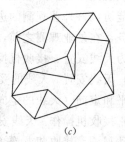

（a）　　　　　　　　　　（b）　　　　　　　　　　（c）

图 9－7　GPS 布网方案
（a）点连式连接；（b）边连式连接；（c）边点混合连接

的接收机，几何图形强度和可靠性都较高，但工作量也较大，一般用于高精度控制测量。

4）边点混合连接式。是指把点连式与边连式有机结合起来，组成 GPS 网。这种网的布设特点是周围的图形尽量采用边连式，在图形内部形成多个异步观测环，这样既能保证网的精度，提高网的可靠性，又能减少外业工作量，降低成本，是一种较为理想的布网方法，如图 9－7（c）。

在低等级 GPS 测量或碎部测量时，可以用星形布置，如图 9－8 所示，这种方法几何图形简单，其直接观测边间不构成任何闭合图形，没有检核条件，但优点是测量速度快。若有三台仪器，一个作为中心站，另两台流动作业，则不受同步条件限制。

2. 选点与建立标志

由于 GPS 测量观测站之间不要求通视，而且网形结构灵活，故选点工作远较常规测量简便，且省去了建立高标的费用，降低了成本。但 GPS 测量又有其自身的特点，点位选择应在顾及测量任务和测量特点的前提下进行。选点时一般应体现以下基本要求：

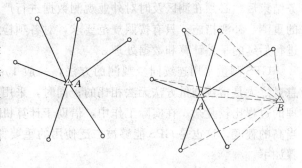

图 9－8　星形布设

（1）点位周围高度角 15°以上天空应无障碍物。

（2）点位应选在交通方便、易于安置接收设备的地方，且视野开阔，以便于同常规地面控制网的联测。

（3）GPS 点应避开对电磁波接收有强烈吸收、反射等干扰影响的金属和其他障碍物体，如高压线、电台、电视台、高层建筑、大范围水面等。

（4）选择一定数量的平面点和水准点作为 GPS 点，以便进行坐标变换，这些点应均匀分布在测区中央和边缘。

点位选定后，应按要求埋置标石，以便保存。最后，应绘制点记号、测站环视图和 GPS 网选点图，作为提交的选点技术资料。

3. 外业观测

外业观测的主要目的是捕获 GPS 卫星信号，并对其跟踪、处理，以获得所需的定位信息和观测数据。外业观测应严格按照技术设计时所拟定的观测计划进行实施，只有这样，才能协调好外业观测的进程，提高工作效率，保证测量成果的精度。为了顺利地完成观测任务，在外业观测之前，还必须对所选定的接收设备进行严格的检验。其作业过程大致可分为天线安置、接收机操作和观测记录。

（1）天线安置。天线的妥善安置是实现精密定位的重要条件之一，其具体内容包括对中、整平和定向（天线的定向标志线指向正北），并量取天线高。

（2）接收机操作。天线安置完成后，接通接收机与天线、电源、控制器的连接电缆，即可启动观测。接收机操作的具体方法步骤，详见接收机使用说明书。实际上，目前GPS接收机的自动化程度相当高，一般仅需按动若干功能键，就能顺利地自动完成测量工作；并且每做一步工作，显示屏上均有提示，大大简化了外业操作工作，降低了劳动强度。

（3）观测记录。在外业观测工作中，记录的形式一般有两种：一种由 GPS 接收机自动进行，并保存在机载存储器中，供随时调用和处理。这部分内容主要包括接收到的卫星信号、实时定位结果及接收机工作状态信息。另一种是测量手簿，由操作员随时填写，其中包括观测时的气象条件等其他有关信息。观测记录是 GPS 定位的原始数据，也是进行后续数据处理的依据，必须认真妥善保管。

4. 观测成果检核与数据处理

观测成果检核是确保外业观测质量、实现预期定位精度的重要环节。所以，当观测任务结束后，必须在测区及时对外业观测数据进行严格的检核，并根据情况采取淘汰或必要的重测、补测措施。只有按照规范要求，对各项检核内容严格检查，确保准确无误，才能进行后续的平差计算和数据处理。

GPS 测量采用连续同步观测的方法，一般 15s 自动记录一组数据，其数据之多、信息量之大是常规测量方法无法相比的；同时，采用的数学模型、算法等形式多样，数据处理的过程比较复杂。在实际工作中，借助于计算机，使得数据处理工作的自动化达到了相当高的程度，这也是 GPS 能够被广泛使用的重要原因之一。GPS 测量数据处理的基本步骤如下。

（1）数据传送与转储。在一段外业观测结束后，应及时地将观测数据传送到计算机中，并根据要求进行备份，在数据传送时需要对照外业观测记录手簿，检查所输入的记录是否正确。数据传送与转储应根据条件及时进行。

（2）基线处理与质量评估。对所获得的外业数据及时地进行处理，解算出基线向量，并对解算结果进行质量评估。

（3）网平差处理。对由合格的基线向量所构建的 GPS 基线向量网进行平差解算，得出 GPS 网中各点的坐标成果。如果需要利用 GPS 测定网中各点的正高或正常高，还需要进行高程拟合。限于篇幅，数据处理和整体平差的方法不作详细介绍，可参考有关专业书籍。

（4）技术总结。根据整个 GPS 网的布设及数据处理情况，进行全面的技术总结。

（二）实时动态测量

实时动态（Real Time Kinematics，RTK）测量技术，是以载波相位观测量为依据的实时差分 GPS 测量技术，它是 GPS 测量技术发展中的一个新突破。前面讲述的测量方法是在采集完数据后用特定的后处理软件进行处理，然后才能得到精度较高的测量结果。而实时动态测量则是实时得到高精度的测量结果。实时动态测量技术的基本原理是：在基准站上安置 1 台 GPS 接收机，对所有可见卫星进行连续观测，并将其观测数据通过发射台实时地发送给流动观测站。在流动观测站上，GPS 接收机在接收卫星信号的同时通过接收电台接收基准站传送的数据，然后由 GPS 控制器根据相对定位的原理，实时地计算出厘米级的流动站的三维坐标及其精度。

由于应用 RTK 技术进行实时定位可以达到厘米级的精度，因此，除了高精度的控制测量仍采用 GPS 静态相对定位技术之外，RTK 技术可应用于地形测图中的图根测量、地籍测量中的控制测量等。

利用 RTK 技术测图时，地形数据采集由各流动站进行，测量人员手持电子手簿在测区内行走，系统自动采集地形特征点数据，执行这些任务的具体步骤有赖于选用的电子手簿 RTK 应用软件。一般应首先用 GPS 控制器把包括椭球参数投影参数、数据链的波特率等信息设置到 GPS 接收机；把 GPS 天线置于已知基站控制点上，安装数据链天线，启动基准站使基站开始工作。进行地面数据的采集的各流动站，需首先在某一起始点上观测数秒进行初始化工作。之后，流动站仅需 1 人持对中杆背着仪器在待测的碎部点待一、二秒，即获得碎部点的三维坐标，在点位精度合乎要求的情况下，通过便携机或电子手簿记录并同时输入特征码，流动接收机把一个区域的地形点位测量完毕后，由专业测图软件编辑输出所要求的地形图。这种测图方式不要求点间严格通视，仅需 1 人操作便可完成测图工作，大大提高了工作效率，见图 9-9。

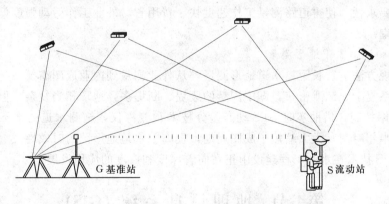

图 9-9　采用 RTK 技术进行地形图测量原理图

七、GPS 在水利工程中的应用

GPS 技术的出现，给水利工程测量工作带来了极大的便利，这不仅在于 GPS 具有观测时间较短、定位精度高，而且 GPS 还有全天候、适用地域广、作业方式多样、作业效率高的特点。

近些年随着 GPS 技术应用的成熟，且 GPS 接收机设备价格又在下降，其在水利工程领域中应用逐渐得到普及。

GPS 能测定用传统测量方法难以完成的水利工程测量。如一般的水利工程勘测选址都位于山区，区域覆盖面大，地形复杂，地表植被覆盖较多，通视条件较差，且国家控制点稀少，如采用传统的光学仪器进行测量难度较大。而利用GPS就能较好地解决这些问题，因为GPS接收机不受地形条件、气候、时间的限制和影响，能够及时准确地完成控制测量和其他定位工作，并减少测绘工作量，提高效率。

GPS在水利工程建设中的应用主要有以下几点。

1. 水利工程测量控制网的建立

采用GPS定位技术不需要两点间的相互通视。只要求GPS卫星分布在天空15°以上的锥体范围内且无障碍物存在即可。外业观测和记录均由接收机自动完成，观测员只需记录测站点号及仪器高等即可。水利工程测量控制网建立速度快，控制点点位选择不受限，且控制网的精度满足相应等级的规范技术要求。

2. 水工隧洞的贯通

对于落差大、流量小的山区河流，往往建造引水式电站，这时挡水建筑物（坝、闸）往往与发电建筑物相距较远，水库中的水需通过引水隧洞到发电站厂房。当引水隧洞很长时，施工控制网的作用就是保证隧道正确贯通。用GPS建立施工控制网将大大简化测量工作，因用常规方法所建立的控制网点并非都有用，其中有许多点是过渡点，或者为增加图形强度而设置的，而采用GPS测量就可以直接测定洞口点的相对位置，无须测定其他过渡点，这样就节省了大量的外业工作，使隧洞贯通的测量变得十分简单有效，且精度得到较大提高。

3. 大型水利枢纽工程中的道路施工测量

GPS技术定位精度高，不要求相邻点通视，不受气候条件限制，同时其布网灵活，对网形条件要求低，使得道路测量工作速度快、费用省，外业工作劳动强度低，极大地提高了工作效率。

4. 水道和湖泊水下地形测量

应用常规方法进行长距离水道地形测量，从外业测量到内业成图需要2～3年的时间，并且湖区水系复杂、洲滩密布，湖中围垦的废堤、断堤多，地形相当复杂。但是应用静态GPS施测两岸控制，借助实时GPS动态差分技术和测深仪，施测水道的水下部分，全部工作仅需要半年时间，大大缩短了成图周期，提高了水道地形图的时效性。

目前GPS技术在水利工程建设中正在向着深度和广度的应用发展。

第三节 地理信息系统（GIS）

一、GIS系统的概念

使用计算机来描述、模拟和分析地球空间的各种地理信息，并在计算机软件和硬件支持下存储、检索、显示、绘制和综合应用，简称为地理信息系统GIS（Geographical Information System）。

地理信息系统是20世纪60年代开始迅速发展起来的技术，是多种学科交叉的产物。地理信息系统是以地理空间数据库为基础，采用地理模型分析方法，适时提供多种动态空间的地理信息，并为地理研究和地理决策服务的计算机技术系统。

地理信息系统从外部来看，表现为计算机软硬件系统；而其内涵是由计算机程序和地理数据组织而构成的地理空间信息模型。

二、地理信息系统的组成

地理信息系统主要由四个部分组成，即计算机硬件系统、计算机软件系统、地理空间数据及应用人员。

（一）计算机硬件系统

GIS 硬件平台，用以存储、处理、传输和显示地理信息或空间数据。计算机与一些外部设备及网络设备的连接构成 GIS 的硬件环境。

1. 计算机

它是计算机硬件系统的核心，包括从主机服务器到桌面工作站，用作数据的处理、管理与计算。

目前运行 GIS 的主机，包括大型机、中型机、小型机、工作站、服务器/客户机和微型计算机。其中各种类型的服务器/客户机成为 GIS 的主流，特别是由 Intel 公司硬件和 WindowsNT 构成的 PC 工作站（简称 NT 工作站）正成为工作站市场的新宠，传统 UNIX 用户正在逐渐向它转移。NT 工作站对 GIS 用户的吸引力，包括相对低成本、可管理性、标准图形化平台和具有 PC 结构与效率等，因此广泛应用于 GIS 和某些科学应用领域。

2. GIS 外部设备

GIS 外部设备主要包括各种输入和输出设备。主要的输入设备有图形跟踪数字化仪、图形扫描仪、解析和数字摄影测量设备等。主要的输出设备有各种绘图仪、图形显示终端和打印机等。

3. 网络设备

网络设备包括布线系统、网桥、路由器和交换机等，具体的网络设备根据网络计算的体系结构来确定。

20 世纪 90 年代以来，计算机技术的飞速发展不断改变着 GIS 的结构体系，从主机及终端结构到 Client/Server，再到 Intemet/Intranet。目前，基于服务器/客户机体系结构并在局域网、广域网或 Intemet 支持下的分布式系统结构已经成为 GIS 硬件系统的发展趋势，因此，网络设备和计算机通信线路的设计成为 GIS 硬件环境的重要组成部分。在进行 GIS 网络设计时，必须首先确定网络应用的需求，然后具体考虑网络类型、互联设备、网络操作系统和服务器的选择，以及网络拓扑结构、网络布线和网络安全性保障等。

（二）计算机软件系统

它支持数据采集、存储、加工、回答用户问题的计算机程序系统。GIS 软件是系统的核心，用于执行 GIS 功能的各种操作，包括数据输入、处理、数据库管理、空间分析和图形用户界面（GUI）等。按照其功能分为 GIS 专业软件、数据库软件、系统管理软件等。

1. GIS 专业软件

GIS 专业软件一般指具有丰富功能的通用 GIS 软件，它包含了处理地理信息的各种高级功能，可作为其他应用系统建设的平台。其代表产品有 ARC/Info、MapInfo、Mapiss、

GeoStar 等。它们包含有以下的主要核心模块：

（1）数据输入和编辑。支持数字化仪、图形扫描及矢量化以及对图形和属性数据提供修改和更新等编辑操作。

（2）空间数据管理。能对大型的、分布式的、多用户数据库进行有效的存储检索和管理；数据处理和分析能转换各种标准的矢量格式和栅格格式数据，完成地图投影转换，支持各类空间分析功能等。

（3）数据输出。提供地图制作、报表生成、符号生成、汉字生成和图像显示等。

（4）系统的二次开发能力。利用提供的应用开发语言，可编写各种复杂的 GIS 应用系统程序。

2. 数据库软件

数据库软件除了在 GIS 专业软件中用于支持复杂空间数据的管理软件以外，还包括服务于以非空间属性数据为主的数据库系统，这类软件有 ORACLE，SQL Server 等。它们也是 GIS 软件的重要组成部分，而且由于这类数据库软件具有快速检索、满足多用户并发和数据安全保障等功能，目前已实现在现成的关系型商业数据库中存储 GIS 的空间数据。

3. 系统软件

系统软件主要指计算机操作系统，当今使用的操作系统有 MS—DOS、UNIX、Linux、Windows98/2000、WindowsNT 等。它们关系到 GIS 软件和开发语言使用的有效性，因此也是 GIS 软硬件环境的重要组成部分。

（三）地理空间数据

地理空间数据是指以地球表面空间位置为参照，描述自然、社会和人文经济景观的数据，这些数据可以是图形、图像、文字、表格和数字等，由系统建立者通过数字化仪、扫描仪、键盘等系统输入 GIS，是 GIS 所表达的现实世界经过模型抽象的实质性内容。

空间数据是地理信息的载体，是地理信息系统的操作对象，它具体描述地理实体的空间特征、属性特征和时间特征。空间特征是指地理实体的空间位置及其相互关系（拓扑）；属性特征表示地理实体的名称、类型和数量等；时间特征指实体随时间而发生的相关变化。

（四）应用人员

GIS 应用人员包括系统开发人员和 GIS 技术的最终用户，他们的业务素质和专业知识是 GIS 工程及其应用成败的关键。

GIS 的开发是一项以人为本的系统工程，包括用户机构的状况分析和调查、GIS 系统开发目标的确定、系统开发的可行性分析、系统开发方案的选择和总体设计书的撰写等。开发人员要特别重视与用户机构的交流，不能只注重技术细节。

系统开发过程中，对具体开发策略的确定、系统软硬件的选型和空间数据库的建立等问题的解决，系统开发人员必须根据 GIS 工程建设的特点和要求，并在深入调查研究的基础上，使确定的开发策略能适应 GIS 用户随时变化的需求，使系统的软、硬件投入能获得较高的效益回报，以及使建立的数据库能具有完善的质量保证。

在使用 GIS 时，应用人员不仅需要对 GIS 技术和功能有足够的了解，而且需要具备有效、全面和可行的组织管理能力，尤其在当前 GIS 技术发展十分迅速的情况下，为使现行系统始终处于优化的运作状态，其组织管理和维护的任务包括 GIS 技术和管理人员的技术培训、硬件设备的维护和更新、软件功能扩充和升级、操作系统升级、数据更新、文档管理、系统版本管理和数据共享性建设等。

近年来，由于应用模型的重要性突现出来，有些专家将应用模型从软件系统里单列出来，成立 GIS 的第五大组成部分。他们认为，对于某一专门应用目的的解决，必须通过构建专门的应用模型，如洪水预测模型、人口扩散模型、森林增长模型、水土流失模型等。构建 GIS 应用模型，首先必须明确用 GIS 求解问题的基本流程；其次根据模型的研究对象和应用目的，确定模型的类别、相关的变量、参数和算法，构建模型逻辑结构框图；然后确定 GIS 空间操作项目和空间分析方法；最后是模型运行结果的验证、修改和输出。它的建立绝非是纯数学或技术性问题，而必须以坚实而广泛的专业知识和经验为基础，对相关问题的机理和过程进行深入的研究，并从各种因素中找出其因果关系和内在规律，有时还需要采用从定性到定量的综合集成法，这样才能构建出真正有效的 GIS 应用模型。

因此，构建一个成功的模型并不比 GIS 的其他任意一个部分简单甚至更为复杂，故他们认为，应将应用模型独立出来，成为 GIS 的第五大组成部分。

三、地理信息系统的功能

由计算机技术与空间数据相结合而产生的 GIS 这一高新技术，包含了处理信息的各种高级功能，但是它的基本功能是数据的采集、管理、处理、分析和输出。GIS 依托这些基本功能，通过利用空间分析技术、模型分析技术、网络技术、数据库和数据集成技术、二次开发环境等，演绎出丰富多彩的系统应用功能，被广泛地应用于资源管理、区域规划等领域，满足用户的广泛需求。

1. 数据采集与编辑

GIS 归根结底是对数据的各种操作，所以，建立 GIS 的首要工作就是各种数据的采集、归纳，包括各种地理坐标、相关属性、图形和图像等。有了数据，如果 GIS 不能识别，就等于没有，因此还要对采集来的数据进行编辑，使之成为能够让 GIS 识别的格式的数据。如纸质地图需进行扫描、数字化、矢量化，才能应用到电子地图上，进而归入 GIS 中来。这个过程就是数据的编辑。

2. 数据存储与管理

数据库是数据存储与管理的最新技术，是一种先进的软件工具。GIS 数据库是区域内一定地理要素特征以一定的组织方式存储在一起的相关数据的集合。由于 GIS 数据库具有海量存储、空间数据与属性数据不可分割以及空间数据之间具有显著的拓扑结构等特点，因此 GIS 数据库管理功能除了与属性数据有关的 DBMS 功能之外，对空间数据的管理技术主要包括空间数据库的定义、数据访问和提取、从空间位置检索空间物体及其属性、从属性条件检索空间物体及其位置、开窗和接边操作、数据更新和维护等。

3. 数据处理和变换

由于 GIS 涉及的数据类型多种多样，同一种类型数据的质量也可能有很大的差异。为了保证系统数据的规范和统一，建立满足用户需求的数据文件，数据处理和变换也是

GIS 的基础功能之一。包括数据的条件抽取、数据的格式变换、数据的几何形态变换等。

4. 空间查询和分析

空间查询和分析是 GIS 的一个独立研究领域，它的主要特点是帮助确定地理要素之间的空间关系，它是 GIS 区别于其他类型系统的一个重要标志，为用户提供了灵活地解决各类专门问题的有效工具。包括如下内容：

(1) 空间查询。已知属性查图形、已知图形查属性及多种条件的综合查询。

(2) 拓扑叠加。通过将同一地区两个不同图层的特征相叠加，不仅建立新的空间特征，而且能将输入的特征属性予以合并，易于进行多条件的查询检索、地图裁剪、地图更新和应用模型分析等。

(3) 缓冲区的建立。根据数据库的点、线、面实体，自动建立各种类型要素的缓冲多边形，用以确定不同地理要素的空间接近度或邻近性。它是 GIS 重要的和基本的空间分析功能之一。例如，规划建设一条公路，需要确定一定范围内的耕地占用情况；在林业规划中，需要按照距河流一定纵深范围来确定森林砍伐区，以防止水土流失等。

(4) 网络分析。网络分析是 GIS 空间分析的重要组成部分。网络模型是运筹学中的一个基本模型，如最短路径问题、最优问题等。

(5) 数字地形分析。GIS 提供了构造数字高程模型及有关地形分析的功能模块，包括坡度、坡向、地表粗糙度、山谷线、山脊线、日照强度、库容量、表面积、立体图、剖面图等，为地学研究、工程设计和辅助决策提供重要的基础性数据。

5. 数据的显示与输出

GIS 分析、处理数据的最终结果，或者通过显示器显现或生成报表、生成地图并打印出来。GIS 的数据的输出方式灵活多样，可满足多方面的需要。例如，通过接口技术，GIS 可以动态地显示于 Word 文档，为人们提供生动而方便的结果。

四、水利工程 GIS 信息系统及应用

GIS 技术在数据存储、管理、分析及可视化上的功能，给水利工程信息化带来深刻的变化。我们可以把 GIS 技术比作一座多功能的水库，它对包括与水息息相关的多源信息实时地进行集中、调节、净化等运作，并对空间地理坐标进行数据的加工，通过地学分析、空间分析、相关分析，模拟和预测水信息的变化和对经济、社会、环境的影响。

可以预计 GIS 在水利行业的应用将"无孔不入"，并迅速地占领管理和决策层面，而且势必作为基础技术支撑，进入数字水利的框架内。

水利工程 GIS 信息系统应用主要包括以下三个方面。

1. 水电工程勘测与设计

GIS 是水利水电工程选址、规划中十分重要的工具。例如移民安置地环境容量调查、调水工程选线及环境影响评价、梯级开发的淹没调查、水库高水位运行的淹没调查、大中型水利工程的环境影响评价、防洪规划、大型水电工程抗震安全评估等，由于上述问题牵涉因素千头万绪，而相关数据在采集方法、目的、格式、时间、关系等都不尽相同，但是借助 GIS 强大的统计、分析、显示功能，我们可以圆满地得到一个最佳决策方案。

2. 水电工程施工管理

以数字地形模型为基础，建立水利工程三维可视化模型，实现多角度浏览，并对施工影响区（范围）的确定、开挖量及剖面分析、汛期应急方案等进行管理。

3. 水电工程运营管理

各项水利工程建成后，需要维护和管理，包括工程自身内外设施的监护，以及周围环境变化对工程的影响等。由于这些设施明显具有地理参照特征的，因此它们的管理、统计、汇总都可以借助 GIS 完成，而且可以大大提高工作效率。

第四节　遥　感（RS）

一、遥感的概念

遥感（Remote sensing，简称 RS）。广义地说，是指在不直接接触研究目标的情况下，对目标物或自然现象远距离感知的一种探测技术。狭义而言，是指在远距离、高空和外层空间的各种平台上，应用其搭载的各种传感器（如摄影仪、扫描仪和雷达等）获取地表的信息，并通过数据的传输和处理，实现研究地面物体形状、大小、位置、性质等的一门现代化应用技术科学。

二、遥感技术原理

人类通过大量实践，发现地球上每一种物质作为其固有的性质都会反射、吸收、透射及辐射电磁波。例如，植物的叶子之所以能看出是绿色，是因为叶子的叶绿素对太阳光中的蓝色及红色波长的光强烈的吸收，而对绿色波长的光强烈反射的缘故。物体的这种对电磁波固有的波长特性叫光谱特性。一切物体，由于其种类及环境条件不同，因而具有反射或辐射不同波长的电磁波。遥感技术就是根据这个原理来探测目标对象反射和发射的电磁波，从而完成远距离识别物体的目的。

三、遥感技术系统

遥感技术系统是一个从地面到空中乃至空间，从信息收集、存储、处理到判读分析和应用的完整技术体系。它能够实现对全球范围的多层次、多视角、多领域的立体探测，是获取地球资源的重要的现代高科技手段。

1. 遥感过程

遥感过程是指遥感信息的获取、传输、处理及其判读分析和应用的全过程。

2. 传感器及遥感平台

接收从目标中反射或辐射来的电磁波的装置叫作传感器（remote sensor），如照相机、扫描仪等。针对不同的应用波段范围，人们已经研究出很多种传感器，用以接收和探测物体在可见光、红外线和微波范围内的电磁辐射。根据传感器的基本结构原理划分，目前遥感中使用的传感器大体分为摄影、扫描成像、雷达成像和非图像四种类型传感器。

此外，搭载这些传感器的载体称为遥感平台（remote platform），如地面三角架、遥感车、气球、航空飞机、航天飞机、人造地球卫星等。

3. 遥感探测的特点

（1）宏观观测，大范围获取数据资料。采用航空或航天遥感平台获取的航空照片或卫星影像比在地面上获取的观测视域范围大得多。例如，一张比例尺为 1：35000 的 23cm×23cm 的航空照片，可反映出 60 多 km² 的地面景观实况；一幅陆地卫星 TM 图像，其覆盖面积可达 34225km²。可见，遥感技术可以实现大范围的对地宏观监测，为地球资源与环境的研究提供重要的数据源。

（2）动态监测，快速更新监控范围数据。对地观测卫星可以快速且周期性地实现对同一地点的连续观测，即通过不同时相对同一地区的遥感数据进行变化信息的提取，从而达到动态监测的目的。例如，Landsat—4、—5 的运行周期是 16 天，即每 16 天可对全球陆地表面成像一遍；NOAA 气象卫星每天能接收到两次覆盖全球的图像；而传统的人工实地调查往往需要几年甚至几十年时间才能完成地球大范围动态监测的任务。遥感的这种获取信息快、更新周期短的特点，有利于及时发现病虫害、洪水及林火等自然灾害，为抗灾、减灾工作提供可靠的科学依据。

（3）技术手段多样，可获取海量信息。遥感技术可提供丰富的光谱信息，根据不同应用目的选用不同功能和性能指标的传感器及工作波段。例如，可采用紫外线、可见光探测物体；也可采用红外线和微波进行全天时、全天候的对地观测。目前仍在开拓新的工作波段，高光谱遥感可以获取许多波段狭窄且光谱连续的图像数据，它使本来在宽波段遥感中不可探测的物质得以被探测，如地质矿物的分类和成图。此外，遥感技术获取的数据非常庞大，如一景包括 7 个波段的 LandsatTM 影像的数据量达 270M，如覆盖全国范围的 TM 数据量将达到 135000M 的海量数据，它远远超过了用传统方法所获取的信息量。

（4）应用领域广泛，经济效益高。遥感已广泛应用于城市规划、农业估产、资源清查、地质探矿、环境保护等诸多领域，随着遥感图像的空间、时间和光谱分辨力的提高以及与地理信息系统和全球定位系统的结合，它的应用领域会更加广泛，对地观测技术也会随之步入一个更高的发展阶段。此外，与传统方法相比，遥感技术的开发和利用大大节省了人力、物力和财力，同时还在很大程度上缩短了时间的耗费。据估计，美国陆地卫星的经济投入与所得效益比大致为 1：80，因而获得了很高的经济和社会效益。

4. 遥感的分类

依据分类标准的不同，有如下几种遥感分类方法：

（1）根据工作平台的不同，可分为地面遥感、航空遥感和航天遥感。

（2）根据电磁波的工作波段不同，可分为紫外遥感，探测波段在 0.05～0.38μm 之间；可见光遥感，探测波段在 0.38～0.76μm 之间；红外遥感，探测波段在 0.76～1000μm 之间；微波遥感，探测波段在 1mm～10m 之间。

（3）根据传感器工作原理，可分为主动式遥感和被动式遥感。主动式遥感的传感器从遥感平台主动发射出能源，然后接受目标物反射或辐射回来的电磁波，如微波遥感中的侧视雷达；被动式遥感不向目标发射电磁波，仅接受目标反射及辐射外部能源的电磁波，如对太阳辐射的反射和地球热辐射。

（4）根据遥感资料的获取方式，可分为成像遥感和非成像遥感。成像遥感将探测到的目标电磁辐射转换成可以显示为图像的遥感资料，如航空照片、卫星影像等；非成像遥感将接收到的目标电磁辐射数据输出或记录在磁带上而不产生图像。

（5）根据波段宽度及波谱的连续性，可分为高光谱遥感和常规遥感。高光谱遥感是利用很多狭窄的电磁波波段（波段宽度通常小于 10nm）产生光谱连续的图像数据；常规遥感又称宽波段遥感，波段宽度一般大于 100nm，且波段在波谱上不连续。

（6）根据应用领域不同，可分为环境遥感、城市遥感、农业遥感、林业遥感、海洋遥感、地质遥感、气象遥感、军事遥感等，还可以把它们划分为更细的专题领域进行研究。

5. 遥感卫星地面站

遥感卫星地面站是一个复杂的高技术系统，它的任务是接受、处理、存储和分发各类遥感卫星数据，并进行卫星接收方式、数据处理方法及相关技术的研究，其生产运行系统主要包括接收站、数据处理中心和光学处理中心。

四、RS 在水利工程的应用

（一）制作 DOM 影像图

不同分辨率的遥感影像借助专用精密设备或软件可以制成供水利工程前期勘察、设计乃至施工的不同比例尺的数字影像图，其中基于横轴墨卡托投影所获得的数字影像图称为 DOM 图（Digital Orthodox Mapping），它主要适于大、中比例尺成图，在水利工程建设中广泛应用。

DOM 影像图和地形图相比有如下特点：

（1）内容丰富，信息量大，有利于进行图面分析，用户可以根据影像的特征和细部影纹结构，深入分析各种专题要素的分布、种类、性质、相互关系。

（2）直观性强，便于阅读，能够给予观者一定的立体感，直观易读，有利于室内分析和图上规划设计。

（3）能够加快成图速度，并且现势性强、作业方便，可以作为编制卫星专题图的基础底图，有利于水利资源考察的顺利进行。

（4）丰富了地图内容，简化地图的表示方法。

（二）水汛灾害监控

减轻自然灾害必须考虑两个主要方面：①快速而准确地预报致灾事件；②快速评价已发生灾害的地点、范围和强度。预报的改进主要来源于对灾害事件及其机制的更确切的了解，而灾害的了解评价则基于地球观测系统的完善。其中卫星遥感图片作为研究地球表面状况和动态变化的一种先进工具，在国民经济许多部门得到了广泛应用。对于以陆地上的水体为主要研究对象的水利工作来说，卫星遥感技术有着重要的作用。

对于水库和较大河流中下游的湖泊，一般都有水面面积和库容关系曲线的资料。只要知道了水面面积就可以求得水体水量。因而如果通过卫星图片资料，就可随时掌握水库和湖泊水量情况，尤其是洪水过后和干旱期的情况。用这种方法，获得的信息快速准确且具有连续性。

1998 年夏，我国长江流域、嫩江—松花江流域发生特大洪灾，相关部门借助遥感等技术，开展了灾情监测和评估工作，通过 6 颗卫星，采用多光谱尤其是具有云层穿透能力的微波雷达成像技术对灾区进行全方位的遥感监测。共处理气象卫星数据近百个时相，接受加拿大、日本、美国及欧洲空间局的遥感卫星 12 次，对各灾区进行了 5～7 次的覆盖，累积面积达 765 万平方公里，还动用了我国的机载雷达系统、"机—星—地"系统及航测遥感系统、飞机 20 多架次，获取了灾区实况图像，形成洪水淹没前后的遥感监测分析图像。而获得的这些资料通过与事后地面调查结合结果比较非常一致，这些成果对指挥抗洪救灾及灾后评估起到了巨大的作用。

思考题与习题

1. 什么是"3S"技术？
2. 简述 GPS 系统的主要构成。
3. 简述 GPS 伪距测量和载波相位测量的基本原理。各有何优缺点？
4. 简要描述 GPS 静态测量的整个工作程序。
5. 简介 GPS 技术在水利工程中的应用。
6. 地理信息系统基本功能有哪些？
7. 简述水利工程 GIS 信息系统的应用现状。
8. 什么是遥感？遥感技术的主要特点是什么？
9. 遥感图像数字技术处理包括哪些内容。
10. 举例说明 RS 在水利工程中的应用。

第十章　施工测量的基本工作

第一节　概　　述

施工测量（construction survey）的基本任务是测设也称放样，即将图纸上设计好的建（构）筑物的平面位置和高程，按设计要求测设到实地上，作为施工的依据。在施工过程中，要随时给出建（构）筑物的施工方向、平面位置和高程。同时，还要检查建（构）筑物的施工是否符合设计要求，随时给予纠正和修改。当施工结束时，还要编绘建筑工程的竣工图，以备今后管理、维修时使用。可见，施工测量自始至终贯穿于施工的全过程。

测图工作是测定地面上各地形特征点与控制点之间位置的几何关系，即测得距离、角度、高程等数据，缩绘到地形图上。施工放样则与此相反，是根据建（构）筑物的设计尺寸，找出建（构）筑物各部分特征点（如轴线的交点）与控制点之间位置的几何关系，算得距离、角度、高程等放样数据，然后利用控制点，在实地上定出建筑物的特征点，才能据此施工。

在进行施工放样之前，应做的准备工作如下：

（1）熟悉建筑物的总体布置图和细部结构设计图，找出主轴线和交点的分布位置。

（2）了解现场条件和控制点的分布情况。

（3）研究放样方案，计算放样数据，绘制放样略图。

施工放样的精度，通常决定于下列因素：

（1）建筑物的规模、大小及建筑物所处的位置。

（2）建筑物的结构形式、建筑物所使用的材料。

（3）建筑物的用途，建筑物之间有无连接设备。

（4）施工方法和施工程序。

例如在水利工程施工中，钢筋混凝土工程较土石方工程的放样精度高，而金属结构物安装放样的精度要求则更高，具有连接设备的建筑物比没有连接设备的建筑物放样精度高很多。因此，应根据不同施工对象，选用不同精度的仪器和测量方法，既保证工程质量又不浪费人力物力。

建（构）筑物的位置和形状是由点、线和角度等几何要素决定的，所以放样点的平面位置和高程，测设给定的距离、角度，标定直线和曲线等，是施工放样的基本工作。本章讨论的主要内容就是进行这些工作的基本方法。

第二节　已知水平距离、水平角和高程的测设方法

一、已知水平距离的测设

已知水平距离的测设，是由地面已知点沿指定方向测设另一点，使两点间的水平距离

等于已知长度。

1. 钢尺一般方法

通常情况下，测设已知长度的水平距离可用钢尺直接进行。如图 10-1 所示，A 为实地上的已知点，AC 为指定的放样方向，欲放样的水平距离为 D，利用钢尺由 A 点沿 AC 方向拉平钢尺量取已知的水平距离 D，得到已知长度的另一端点 B'，改变起始读数同法再量一次，得另一端点 B''。若两次较差在规定限差内，取其平均值作为最后结果，在实地用木桩标定 B 点，AB 即为按已知长度测设的水平距离。

2. 钢尺精确方法

当放样精度要求较高时，可根据已知水平距离、所用钢尺的实际长度、测设时的温度，结合地面起伏情况，进行尺长、温度、倾斜改正，计算出地面上实量的距离，计算公式由 5-10 可改写为

$$D' = D - \Delta D_l - \Delta D_t - \Delta D_h \tag{10-1}$$

式中　ΔD_l、ΔD_t、ΔD_h——尺长、温度、倾斜改正数。

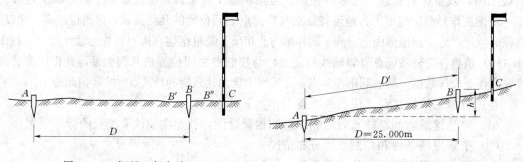

图 10-1　钢尺一般方法　　　　　　图 10-2　钢尺精确方法

【例 10-1】　如图 10-2，从 A 点沿 AC 方向测设 B 点，使水平距离 $D=25.000\mathrm{m}$，所使用钢尺的尺长方程为 $l=30+0.003+1.25\times10^{-5}(t-20)\times30$，量距时的温度为 8℃，进行概量后测得 AB 的高差 $h=+0.68\mathrm{m}$，求测设时地面应量 AB 的长度 D'。

解:

（1）计算尺长改正数　$\Delta D_l = \dfrac{\Delta l}{l}D = \dfrac{+0.003}{30}\times25 = 0.002\,(\mathrm{m})$

（2）计算温度改正数　$\Delta D_t = \alpha D(t-t_0) = 1.25\times10^{-5}\times25(8-20) = -0.004\,(\mathrm{m})$

（3）计算倾斜改正数　$\Delta D_h = -\dfrac{h^2}{2D} = -\dfrac{0.68^2}{2\times25} = -0.009\,(\mathrm{m})$

在地面上需量取的距离为

$$D' = D - \Delta D_l - \Delta D_t - \Delta D_h = 25 - 0.002 - (-0.004) - (-0.009) = 25.011\,(\mathrm{m})$$

在测设时，从 A 点沿 AC 方向用钢尺实量 25.011m 定出 B 点，则 AB 的水平距离正好为 25m。

3. 用测距仪或全站仪测设水平距离

如图 10-3 所示，欲从 A 点沿给定的方向测设距离 D。先在 A 点安置测距仪，在给定的方向上，目估安置反光镜，定出 C' 点。然后读取竖直角 α，并加气象改正，得倾斜距

离 L，计算出水平距离：$D'=L\cos\alpha$。得水平距离与测设距离之差：$\Delta D=D-D'$。可用小钢尺改正并前后移动反光镜，直至测出的水平距离等于 D 为止，在实地用木桩标定得 C 点。

如用全站仪（测距仪有自动跟踪装置），可对反光镜进行跟踪，当跟踪反光镜显示的距离达到欲测设距离时，则将反光镜固定在该点，再仔细进行观测，稍移动反光镜，使显示的距离等于已知距离 D，则在该点用木桩标定 C 点。为了检核可进行复测。

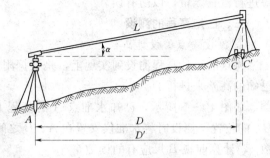

图 10-3　用测距仪及全站仪测设

二、已知水平角的测设

已知一个方向和水平角的大小，将该角的另一方向测设于实地。

1. 一般方法

如图 10-4 (a) 所示，O、A 为地面上两个已知点，欲在实地测设设计值为 β 的水平角 $\angle AOB$。测设时，在 O 点安置经纬仪，盘左位置照准 A 点，用度盘变换手轮将水平度盘的读数调到 $0°00'00''$。顺时针方向转动照准部，使水平度盘的读数恰为 β，此时，在视线方向上定出 B' 点；倒转望远镜用盘右位置用同样方法再在视线方向上定出另一点 B''，取 B' 和 B'' 的中点 B，则 OB 方向就是要测设的方向，它与 OA 方向所夹的水平角值即为要测设的 β 角。

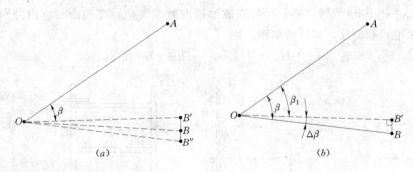

图 10-4　水平角测设

2. 精确方法

如图 10-4 (b) 所示，为了获得更高的测设精度，可先用一般方法测设 β 值，得过渡点 B'，然后再用测回法观测 $\angle AOB'$ 若干测回（测回数根据精度要求而定），求出 $\angle AOB'$ 的平均值 β_1，算出 $\Delta\beta''=(\beta_1-\beta)''$，并量出 OB' 的长度，则以 B' 为垂足的方向改正数 $B'B$ 可按下式计算

$$B'B=OB'\times\tan\Delta\beta\approx\frac{\Delta\beta''}{\rho''}OB' \tag{10-2}$$

实地改正时，由 B' 起在 OB' 的垂线方向上向外（$\Delta\beta$ 为负值时）或向内（$\Delta\beta$ 为正值时）量取 $B'B$ 即可标出 B 点，则 $\angle AOB$ 便是所要测设的角值为 β 的水平角。改正完毕，

应进行检查测量，以防有误。

三、已知高程的测设

1. 测设一点的设计高程

将点的设计高程测设到实地上，是根据附近的水准点，用水准测量的方法，按两点间已知的高差来进行的。

如图 10-5 所示，已知水准点 A 的高程 H_A，欲在 B 点的木桩上测设出设计高程为 H_B 的位置。测设时将水准仪安置在 A、B 之间，在 A 点上立水准尺，后视 A 尺并读取读数 a，计算前视 B 尺应有的读数 b

$$b = H_A + a - H_B \tag{10-3}$$

将水准尺沿木桩侧面上下移动，至尺上读数等于 b 时，在尺底画一横线，此线位置就是设计高程的位置。

2. 高程传递测设

当所测设点的高程与已知点的高程相差较大时，用一般的水准测量方法比较困难，此时，可用悬挂钢尺来代替水准尺引测高差，将高程传到低处或高处。

如图 10-6 (a) 所示，将地面 A 点的高程传递到深坑（基础壕沟）内 B 点，在坑边设置木杆，杆端悬挂经过检定的钢尺，

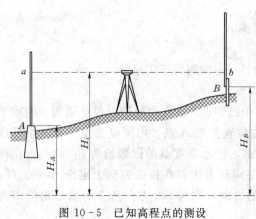

图 10-5 已知高程点的测设

零点在下端并挂 10kg 重锤，将钢尺拉直放油桶内减少摆动，在地面和坑内分别安置水准仪，瞄准水准尺和钢尺，其读数如图，则

$$H_B = H_A + a - (b-c) - d \tag{10-4}$$

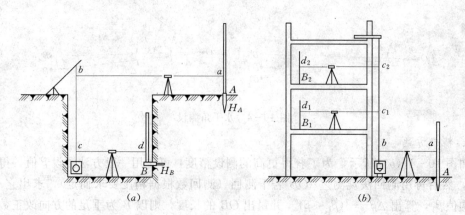

图 10-6 高程传递测设

如图 10-6 (b) 所示，将地面点高程传递到高层建筑物上的方法与上述基本相同。在木杆上悬挂钢尺加重锤，分别安置水准仪读数后，任一层上的 B_i 点高程为

$$H_{B_i} = H_A + a + (c_i - b) - d_i \tag{10-5}$$

用式（10-5）求 H_{B_1} 时，以 c_1、d_1 代入；求 H_{B_2} 时，以 c_2、d_2 代入。

为了进行校核，改变钢尺悬挂位置，两
次之差应在规定范围内。

3. 水平面测设

在平整场地、基础施工和结构安装等施
工中，往往需要测设若干个高程相等的点的
高程，俗称抄平测量。如图 10-7，在地面
按一定的长度打方格网，方格网点用木桩标
定。安置水准仪后视水准点 A，其尺上读数
为 a，则仪器视线高程 $H_{视}=H_A+a$，依次在
各木桩上立尺，使各木桩顶的尺上读数都等
于 $b=H_{视}-H_0$，H_0 为水平面的设计高程。
此时各桩顶的高程均为 H_0，即为要测设的水平面。

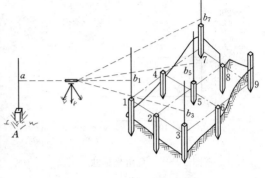

图 10-7 抄平测量

第三节 点的平面位置的测设方法

点的平面位置测设方法有直角坐标法、极坐标法、角度交会法和距离交会法。测设时
究竟选用哪种方法，视施工场地控制网的形式、控制点的分布情况、建筑物大小、放样精
度及施工现场的条件而定。

一、直角坐标法

若施工平面控制网为互相垂直的主轴线或建筑方格网,则宜选用直角坐标法测设点位。

如图 10-8 所示，OA，OB 为相互垂直的两条轴线，建筑物特征点 P 的坐标在设计
图纸上可以确定，若将 P 点测设到实地上，首先要求出 P 点与 O 点的坐标增量，即

$$PM = \Delta x = x_P - x_0$$
$$PN = \Delta y = y_P - y_0$$

测设时，将经纬仪安置于 O 点，瞄准 A 点，在此方向上用钢尺量 Δy 得 M 点，再将
仪器置于 M 点，瞄准 A 点，向左测设 $90°$，沿此方向用钢尺量 Δx，即得 P 点。

二、极坐标法

如建筑场地控制网为导线，由导线点至测设点的距离较近，易于丈量，则采用极坐标法
比较适宜。如图 10-9 所示，1，2，3 为导线点，A 点为欲测设的点，则 A 点的位置可由导
线点 1 到 A 的距离 d 和 12 与 $1A$ 之间的夹角 β 来确定。d 与 β 称为测设数据，放样前需先计
算出来。计算 d 与 β 可用坐标反算公式，设 A 点的设计坐标为 (x_A, y_A) 已知，则

$$\left. \begin{array}{l} \tan\alpha_{1A} = \dfrac{y_A - y_1}{x_A - x_1} \\[2ex] \tan\alpha_{12} = \dfrac{y_2 - y_1}{x_2 - x_1} \\[2ex] \beta = \alpha_{12} - \alpha_{1A} \\[2ex] d = \dfrac{y_A - y_1}{\sin\alpha_{1A}} = \dfrac{x_A - x_1}{\cos\alpha_{1A}} \end{array} \right\} \qquad (10-6)$$

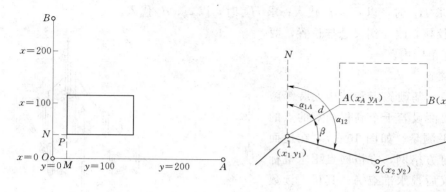

图 10-8 直角坐标法　　　　　　　　图 10-9 极坐标法

测设时，在 1 点安置经纬仪，瞄准 2 点，逆时针方向测设 β 角，沿此方向用钢尺丈量 d，即得 A 点的平面位置。

三、角度交会法

当测设点与控制点之间不能或者难于量距时，常采用角度交会法。如图 10-10 所示，1、2、3 为三个控制点，A 点为欲测设的点，首先根据 A 点的设计坐标和三个控制点的坐标，计算测设数据 α_1、β_1 及 α_2、β_2。然后分别于 1、2、3 三个点上安置经纬仪，以 α_1、β_1 及 β_2 交会出 A 点的位置，并在 A 点附近沿 $1A$、$2A$、$3A$ 方向各打两个小木桩，桩顶钉一小钉，拉一细线，以示 $1A$、$2A$、$3A$ 方向线，见图 10-10，由于放样有误差，3 条方向线不相交于一点，形成一个三角形，称为示误三角形，如果示误三角形内切圆半径不大于 1cm，最大边长不大于 4cm 时，可取内切圆的圆心作为 A 点的正确位置。

测设时，交会角 γ 的大小一般应在 60°～120° 之间。

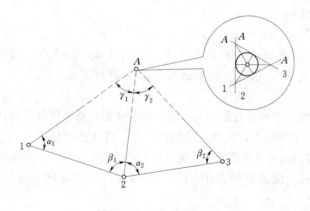

图 10-10 角度交会法

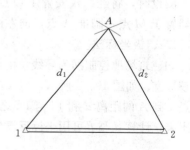

图 10-11 距离交会法

四、距离交会法

当建筑场地较平坦易于量边，而且测设点距离控制点不超过一钢尺长，由两段已知距离按距离交会法测设点的位置，较为适宜。如图 10-11 所示，1、2 为控制点，A 为欲测设的点，根据坐标算得 $1A$、$2A$ 的水平距离为 d_1、d_2，测设时，以控制点

1、2 为圆心，分别以 d_1、d_2 为半径在地面上作圆弧，两圆弧的交点，即为 A 点的平面位置。

第四节　已知坡度线的测设方法

在修筑渠道和公路，敷设给、排水管道等工程时，经常要在地面上测设给定的坡度线。测设已知的坡度线时，如果坡度较小时，一般用水准仪来做，而坡度较大时，宜采用经纬仪，水准仪和经纬仪测设的原理相同，具体作法如下。

如图 10-12 所示，设在地面上 A 点的设计高程为 H_A，现要求从 A 点沿 AB 方向测设出一条坡度 i 为 $-8‰$ 的直线，A、B 两点间的水平距离 D 已知，则 B 点的设计高程应为 $H_B = H_A - 0.008D$，然后按前述测设已知高程的方法把 A、B 点的设计高程测设在地面上，至此，AB 即为符合设计要求的坡度线。在细部测设时，需要在 AB 间测设同坡度线的中间点 1，2，3，…。具体作法如下：首先将经

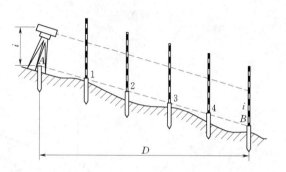

图 10-12　测设已知坡度线示意图

纬仪安置在 A 点，并使其基座上的一只脚螺旋放在 AB 方向线上，另两只脚螺旋的连线与 AB 方向垂直，量出仪器高 i，用望远镜瞄准立在 B 点上的水准尺，并转动在 AB 方向上的那只脚螺旋，使十字丝的横丝对准水准尺上的读数为仪器高 i，这时仪器的视线即平行于所测设的坡度线。然后在 AB 中间各点 1，2，3，…的木桩上立尺，逐渐将木桩打入地下，直到水准尺上读数皆等于仪器高 i 为止。这样各桩桩顶的连线就是在地面上标定的设计坡度线。

🐛 思考题与习题

1. 放样点的平面位置有哪几种方法？各适用于什么场合？其测设数据如何计算？

2. 长度、角度、高程的测量与放样有哪些不同？试分别加以说明。

3. 如图所示，已知 A 点高程 $H_A = 58.731$m，后视读数 $a = 2.189$m，为测桁架底边高程而将水准尺倒置，测得前视读数 $b = 2.831$m，求 B 点高程。

4. 如图所示，水准点 BM_A 高程为 17.500m，欲测设基坑水平桩 C 使其高程为 14.000m。设 B 点为基坑的转点，将水准仪安置在 A、B 两点之间，后视读数为 0.756m，前视读数为 2.625m；将仪器再搬入基坑设站，用水准尺或钢尺在 B 点向坑内立倒尺（即尺的零点在 B 端），其后视读数为 2.555m；最后在 C 点再立倒尺。问在 C 点处前视尺上读数应为多少？尺底才是欲测的高程线吗？

5. 如图所示，A、B 为建筑物场地已有的测量控制点，M、N 为测设点，其坐标列于下表，请计算用角度交会法测设 M、N 点的必要数据（角度计算至秒）。

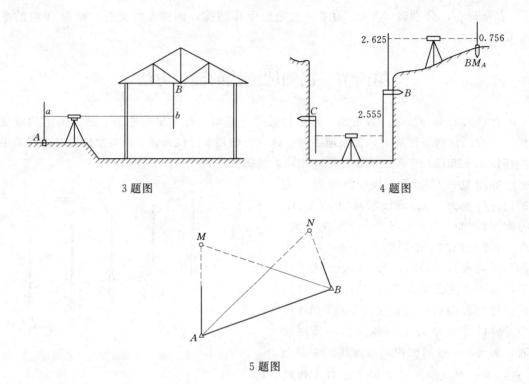

3 题图　　　　　　　　　　　　4 题图

5 题图

6. 控制点 A 的坐标为：$X_A = 125.00$m，$Y_A = 245.00$m，B 的坐标为：$X_B = 325.00$m，$Y_B = 45.00$m。需要测设 P 点的坐标为 $X_P = 225.00$m、$Y_P = 345.00$m，试计算按极坐标法在 A 点测设 P 点所需的测设数据，并绘图示意。

点　　名	A	B	M	N
X（m）	1048.6	1110.5	1220.0	1220.0
Y（m）	1086.3	1332.4	1100.0	1300.0

7. 建筑方格网在建筑物平面图上已拟定（见下图），各方格网点的坐标已在图上标出，已知地面控制点 Ⅱ、Ⅲ 的坐标为：$x_Ⅱ = 109.562$m，$y_Ⅱ = 113.317$m；$x_Ⅲ = 106.453$m，$y_Ⅲ = 157.614$m。计算测设主点 A、B、C 的放样数据 D_1、D_2、D_3、D_4 及 β_1、β_2、β_3、β_4。

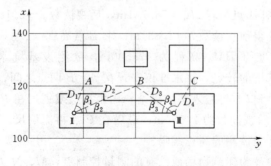

7 题图

第十一章　水工建筑物的施工测量

第一节　概　　述

水利枢纽工程一般由大坝、溢洪道、水闸、电站和输水涵洞等组成，如图 11-1 所示，其中组成水利枢纽工程的各个建筑物称为水工建筑物。

按工程建设的程序可将测量工作分为勘察设计阶段的测量工作、施工阶段的测量工作、运营管理阶段的测量工作。工程勘察阶段的测量工作主要是布设测图控制网，测绘工程设计所需的大比例尺地形图。工程施工阶段的测量工作主要是建立施工控制网，进行各种建（构）筑物的放样。运营管理阶段的测量工作主要是建立监视建筑物的结构状态进行沉陷、平面位移、倾斜位移和裂缝观测，

图 11-1　水利枢纽工程

以便根据这些资料分析建筑物结构受力的状况，研究维护建筑物安全的方法，提出加固建筑物的措施，同时用观测资料验证设计理论，改进设计方法。

施工测量和地形测图比较起来，由于各自的目的完全不同，所以工作过程和施测方法亦有很大差别，从测量精度上来说，测图控制网的精度是按测图比例尺的大小确定的，而施工控制网的精度则要根据工程建设的性质来决定，一般来说它要高于测图控制网的精度。

施工放样所遵循的原则是在布局上"由整体到局部"，在精度上由"高级到低级"，在程序上"先控制后碎部"。在控制测量的基础上，进行细部施工放样工作，同时，施工测量的检核工作十分重要，必须采用各种方法加强外业数据和内业成果的检验，否则就有可能造成施工质量的危害。

本章主要介绍水工建筑物施工控制网的布设及几种典型水工建筑物的放样工作。

第二节　施工控制网的布设

水利工程施工控制网包括平面控制网和高程控制网两种。

施工放样与地形测量一样，必须以控制点为依据进行，一般测图控制点的密度和精度都难以满足施工放样的要求，因此，需要布设专用的施工控制网。施工控制网的特点是，

控制面积小，而点的密度大；使用频率高，受干扰大；精度要求与工程项目有关，在水利工程测量中，平面控制最末级相邻点中误差不应大于±10mm。

一、平面控制网的布设

（一）布点方案

由于直接用于放样的控制点离建筑物较近，易受施工干扰而破坏，为了能够恢复这些点的位置，必须有另外一些不受施工干扰的基本控制点作为依据。因此，通常采用分级布点方案。平面控制网一般布设成两级。

1. 基本网

点位布设在施工影响范围之外、地质条件较好的地方，作为整个水利枢纽工程放样的总体控制。组成基本网的控制点，称为基本控制点，布点时应注意图形结构，使之能达到较高的精度。

2. 定线网

点位选在靠近建筑物的地方，以便直接用于施工放样。定线网以基本网为基准，用交会定点等方法加密，因此定线网点必须与基本网点通视，并能组成较好的测算图形。

（二）控制网的精度

施工控制网的精度要求决定于工程的性质，不同的工程有不同的精度要求。确定施工控制网精度的基本原则是满足建筑限差的要求，保证工程的建设质量。建筑物竣工时实际误差包括施工误差（构件制造误差、施工安装误差）、测量放样误差以及外界条件（如温度）所引起的误差。

测量误差只是其中一部分，它包括控制点误差对细部点的影响及施工放样过程产生的误差。在建立施工控制网时应使控制点误差引起细部点的误差，相对于施工放样的误差来说，小到可以忽略不计，具体地说，若施工控制点误差的影响，在数值上小于点位总误差的45％～50％时，它对细部点的影响仅及总误差的10％，可以忽略不计。水利水电施工规范规定主要水工建筑物轮廓点放样中误差为20mm，施工控制点的点位中误差应小于9～10mm，因此控制点的精度要求较高。

应当指出，随着先进仪器的出现，在布设施工控制网时，可以采用GPS、全站仪等新的技术手段以提高精度和效率。如图11-2为某地GPS控制网图。

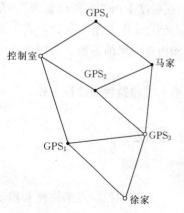

图11-2　某地GPS控制网图

（三）测量坐标系与施工坐标系的换算

设计图纸上建筑物各部分的平面位置是以建筑物主轴线（如坝轴线、厂房轴线等）作为定位依据的。以主轴线为坐标轴及该轴线的一个端点为原点，或以相互垂直的两主轴线为坐标轴，所建立的坐标系称为施工坐标系。而建立平面控制网时所布设的控制点的坐标是测量坐标，为了便于计算放样数据和实地放样，必须用统一的坐标。如果采用施工坐标系进行放样，则应将控制点的测量坐标化算为施工坐标。

如图11-3所示 $x—O—y$ 为测量坐标系，$A—O'—B$ 为施工坐标系。设 x_P、y_P 为 P 点在测量坐标系内的坐标；A_P、B_P 为 P 点在施工坐标系内的坐标，$x_{O'}$、$y_{O'}$ 为施工坐标系的原点 O' 在测量坐标系内的坐标，α 为施工坐标系的坐标纵轴 A 在测量坐标系的坐标方位角（纵轴的转角），则两个系统的坐标可按式（11-1）或式（11-2）相互变换

$$
\left.
\begin{aligned}
x_P &= x_{O'} + A_P\cos\alpha - B_P\sin\alpha \\
y_P &= y_{O'} + A_P\sin\alpha + B_P\cos\alpha
\end{aligned}
\right\}
\tag{11-1}
$$

或

$$
\left.
\begin{aligned}
A_P &= (x_P - x_{O'})\cos\alpha + (y_P - y_{O'})\sin\alpha \\
B_P &= -(x_P - x_{O'})\sin\alpha + (y_P - y_{O'})\cos\alpha
\end{aligned}
\right\}
\tag{11-2}
$$

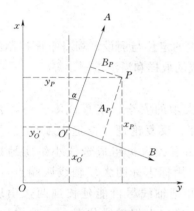

图 11-3 坐标变换

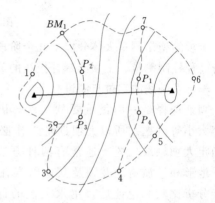

图 11-4 高程控制网布设示意图

二、高程控制网的布设

为了给工程建筑物的高程放样提供可靠的统一高程系统，一般应在施工场地建立施工水准网，像平面控制一样，水准网也采取分级布设方案。

1. 水准基点

布设在施工场地周围不受施工干扰、地质条件良好的地方。施测精度一般应在三等水准以上，为了配合变形观测的需要，最好一次布设成精密水准网。由水准基点组成的水准网为基本网，水准基点应按规范要求埋设永久性坚固标志。

2. 临时作业水准点

布设在靠近建筑物的位置处，专为建筑物放样时直接引测高程使用。临时作业水准点的高程采用四等水准测量，按附合路线从水准基点上引测过来，并根据情况建立各种临时水准标志。临时水准点一般不宜采用闭合水准路线进行施测，以免因弄错起算数据而引起工程质量事故。如图 11-4 所示，BM_1、1、2、…、7、BM_1 是一个闭合形式的基本网，P_1、P_2、P_3、P_4 为作业水准点。

第三节 土坝的施工测量

土坝是一种较为普遍的坝型。根据土料在坝体的分布及其结构的不同，其类型又有多种，图 11-5（a）为土坝的平面图，图 11-5（b）为一种粘土心墙土坝的剖面图。

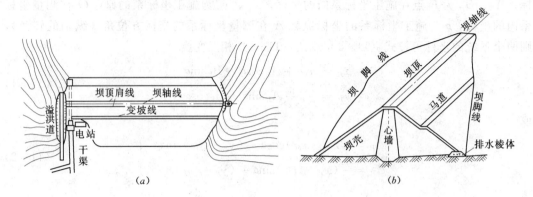

图 11-5　土坝

土坝的施工测量大体分以下几个阶段：土坝轴线的定位与测设、坝身平面控制测量、坝身高程控制测量、土坝清基开挖线的放样、坝脚线的放样和溢洪道测设等。

一、坝轴线的定位与测设

坝址选择是一项很重要的工作，因为它涉及大坝的安全、工程成本、受益范围、库容大小等问题。所以大坝选址工作必须综合研究，反复论证。选定大坝位置，也就是确定大坝轴线位置，通常有两种方法：一种是由有关人员组成选线小组实地勘察，根据地形和地质情况并顾及其他因素在现场选定，用标志标明大坝轴线两端点，经进一步分析比较和论证后，用永久性的标桩标明，并把轴线尽可能延长到两边山坡上；另一种方法是在地形图上根据各方面的勘测资料，确定大坝轴线位置。这种方法需要把图上的轴线位置测设到地面上。测设过程如下：首先建立大坝平面控制网，如图 11-6 所示，1、2 是大坝轴线的两个端点，$1'$、$2'$ 是它们的延长点，A、B、C、D 是大坝轴线附近的控制点，在图上量出 1、2 两点的平面直角坐标值，这样，可根据 A、B 及 1、2 四个点的平面直角坐标，求出放样角 α_1、β_1、α_2、β_2，然后在 A、B 安置两台经纬仪，用角度交会法交出 1、2 点，用同样的办法还可以从 C、D 点检查 1、2 点是否正确。

二、坝身平面控制测量

土坝一般都比较庞大，为了进行坝身的细部放样，如坝身坡脚线、坝坡面、心墙、坝顶肩线，需要以坝轴线为基础建立若干条与坝轴线平行和垂直的一些控制线作为坝身的平面控制。

1. 平行于坝轴线的控制线的测设

在大坝施工现场，由于施工人员、车辆、施工机械往来频繁，如果直接从坝轴线向两边量距离既困难，又影响施工进度，所以，在施工开始前，需要在大坝的上游和下游设置若干条与坝轴线平行的直线，

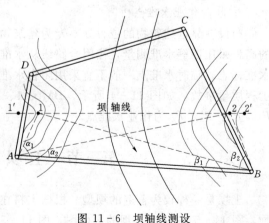

图 11-6　坝轴线测设

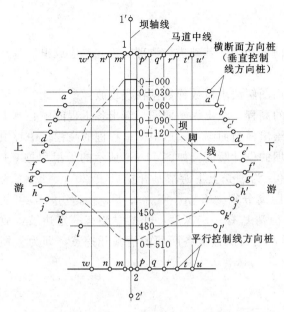

图 11-7 土坝平行线与垂直线的测设

如图 11-7 所示。

平行于坝轴线的控制线可布设在坝顶上下游线、上下游坡面变化处、下游马道中线，也可按一定间隔布设（如 10m、20m、30m 等），以便控制坝体的填筑和进行收方。

测设平行于坝轴线的控制线时，分别在坝轴线的端点 1 和 2 安置经纬仪，用测设 90° 的方法各作一条垂直于坝轴线的横向基准线，然后沿此基准线量取各平行控制线距坝轴线的距离，得各平行线的位置，用方向桩在实地标定（见图 11-7 中的 mm'、nn'、…）。

2. 垂直于坝轴线的控制线的测设

垂直于坝轴线的控制线，一般按 50m、30m 或 20m 的间距以里程来测设，其步骤如下。

（1）沿坝轴线测设里程桩 由坝轴线的一端，如图 11-7 中的 1 点，在轴线上定出坝顶与地面的交点，作为零号桩，其桩号为 0+000。方法是：在 1 点安置经纬仪，瞄准另一端点 2，得坝轴线方向，用高程放样的方法，首先由坝顶高程和附近水准点（高程为已知）上水准尺的后视读数，计算前视水准尺上的读数 $b(b = H_{BM} + a - H_{顶})$，然后持水准尺在坝轴线方向（由经纬仪控制）移动，当水准仪读得的前视读数为 b 时，立尺点即为零号桩。

由零号桩起，由经纬仪定线，沿坝轴线方向按选定的间距（图 11-7 中为 30m）丈量距离，顺序钉下 0+030、060、090、… 等里程桩，直至另一端坝顶与地面的交点为止。

（2）测设垂直于坝轴线的控制线 将经纬仪安置在里程桩上，瞄准 1 或 2 点，转 90° 即定出垂直于坝轴线的一系列平行线，并在上下游施工范围以外用方向桩标定在实地上，作为测量横断面和放样的依据，这些桩亦称横断面方向桩（见图 11-7 中的 aa'、bb'…）。

三、坝身高程控制测量

用于土坝施工放样的高程控制，可由若干永久性水准点组成基本网和临时作业水准点两级布设。基本网布设在施工范围以外，并应与国家水准点连测，组成闭合或附合水准路线（图 11-8），用三等或四等水准测量的方法施测。临时水准点直接用于坝体的高程放样，布置在施工范围以内不同高度的地方，并尽可能做到安置一、二次仪器就能放样高程。临时水准点应根据施工进程及时设置，附合到永久水准点上。一般按四等或五等水准测量的方法施测，并要根据永

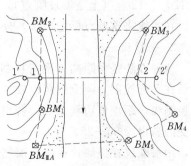

图 11-8 土坝高程基本控制网

久水准点定期进行检测。

四、土坝清基开挖线的放样

为使坝体与岩基很好结合，坝体填筑前，必须对基础进行清理。为此，应放出清基开挖线，即坝体与原地面的交线。

清基开挖线的放样精度要求不高，可用图解法求得放样数据在现场放样。为此，先沿坝轴线测量纵断面，即测定轴线上各里程的高程，绘出纵断面图，求出各里程的中心填土高度，再在每一里程桩进行横断面测量，绘出横断面图，最后根据里程桩的高程、中心填土高度与坝面坡度，在横断面图上套绘大坝的设计断面。如图 11-9 所示的为里程桩 0+120 处的断面，从图中可以看出 $120_上$、$120_下$ 为坝壳上下游清基开挖点，$120'_上$、$120'_下$ 为心墙上下游清基开挖点，它们与坝轴线的距离分别为 $S_{120上}$、$S_{120下}$、$S'_{120上}$、$S'_{120下}$，可从图上量得，用这些数据即可在实地放样。但清基有一定深度，开挖时要有一定边坡，故 $S_{120上}$、$S_{120下}$ 应根据深度适当加宽进行放样，用石灰连接各断面的清基开挖点，即为大坝的清基开挖线。

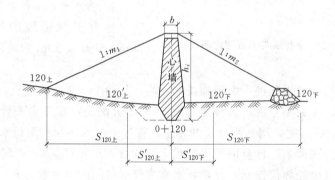

图 11-9　土坝清基放样

五、坝脚线的放样

清基以后应放出坡脚线，以便填筑坝体。坝底与清基后地面的交线即为坡脚线，下面介绍两种放样方法。

1. 横断面法

仍用图解法获得放样数据。首先恢复轴线上的所有里程桩，然后进行纵横断面测量，绘出清基后的横断面图，套绘土坝设计断面，获得类似图 11-9 的坝体与清基后地面的交点 $120_上$、$120_下$（上下游坡脚点），$S_{120上}$、$S_{120下}$ 即分别为该断面上、下游坡脚点的放样数据。在实地将这些点标定出来，分别连接上下游坡脚点即得上下游坡脚线。

2. 平行线法

这种方法是由距离（平行控制线与坝轴线的间距为已知）求高程（坝坡面的高程），而后在平行控制方向上用高程放样的方法，定出坡脚点。如图 11-10 所示，nn' 为坝身平行控制线，距坝顶边线 25m，若坝顶高程为 80m，边坡为 1:2.5，则 nn' 控制线与坝坡面相交的高程为 $80-25×1/2.5=70$（m）。放样时在 n 点安置经纬仪，瞄准 n' 定出控制线方向，用水准仪在经纬仪视线内探测高程为 70m 的地面点，就是所求的坡脚点。连接各坡脚点即得坡脚线。

六、边坡放样

坝体坡脚放出后，就可填土筑坝，为了标明上料填土的界线，每当坝体升高 1m 左右就要用桩（称为上料桩）将边坡的位置标定出来。标定上料桩的工作称为边坡放样。它主要包括上料桩的测设和削坡桩的测设。

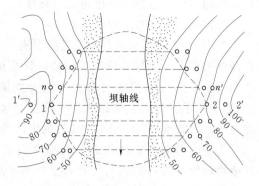

图 11-10 坡脚线的放样——平行线法

1. 上料桩的测设

根据大坝的设计断面图，可以计算出大坝坡面上不同高程的点，与坝轴线之间的水平距离，这个距离是指大坝竣工后坝面与坝轴线之间的距离。但在大坝施工时，应多铺一部分料，根据材料和压实方法的不同，一般应加宽 1～2m 填筑。上料桩就应标定在加宽的边坡线上（图 11-11 中的虚线处）。使压实并修理后的坝面恰好是设计的坝面。因此，各上料桩的坝轴距比按设计所算数值要大 1～2m，并将其编成放样数据表，供放样时使用。而坝顶面铺料超高部分视具体情况而定。在施测上料桩时，可采用测距仪或钢尺测量坝轴线到上料桩之距离，高程用水准仪测量。

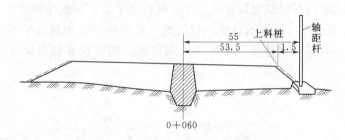

图 11-11 土坝边坡放样

测设时，一般在填土处以外预先埋设轴距杆，测出轴距杆距坝轴线的距离，如图 11-11 中为 55m。设置轴距杆主要考虑便于量距、放样，为了放出上料桩，则先用水准仪测出坡面边沿处的高程，根据此高程从放样数据表中查得坝轴距，设为 53.5m，此时，从轴距杆向坝轴线方向量取 55.0－53.5＝1.5m，即为上料桩的位置。当坝体逐渐升高，轴距杆的位置不便应用时，可将其向里移动，以方便放样。

2. 削坡桩的测设

大坝填筑至一定高度且坡面压实后，还要进行坡面的修整，使其符合设计要求。根据平行线在坝坡面上打若干排平行于坝轴线的桩，离坝轴线等距离的一排桩所在的坝面应具有相同的高程，用水准仪测得各桩所在点的坡面高程，实测坡面高程减去设计高程就得坡面修整的量。

七、溢洪道测设

溢洪道是大坝附属建筑物之一，它的作用是排泄库区的洪水，对于保证水库及大坝的安全极为重要。

溢洪道的测设工作主要包括三个内容：溢洪道的纵向轴线和轴线上坡度变坡点测设、

纵横断面测量、溢洪道开挖边线的测设。

　　具体测设方法可采用以下做法：

　　如图 11－12 所示，首先求出溢洪道起点 A、终点 B 以及变坡点 C、D 等的设计坐标值，计算出每个点的放样角度值，然后用角度交会的办法分别测设出 A、B、C、D 各点的位置，也可以先用角度交会法确定起点 A、终点 B，变坡点 C、D 用距离丈量的方法确定其位置。

　　为了测出溢洪道轴线方向的纵断面图和横断面图，还要在轴线上每隔 20m 打一里程桩，用水准测量的方法测出纵、横断面图。有了纵、横断面图后，就可以根据设计断面测设出溢洪道的开挖边线。开挖溢洪道时，里程桩要被挖掉，所以，必须把里程桩引测到开挖范围以外，并埋桩标明。

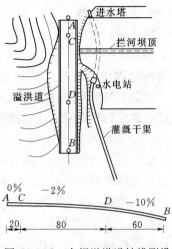

图 11－12　大坝溢洪道轴线测设

第四节　混凝土坝的施工测量

　　混凝土坝按其结构和建筑材料相对土坝来说较为复杂，其放样精度比土坝要求高。图 11－13（a）为混凝土重力坝的示意图，它的施工放样包括：坝轴线的测设、坝体控制测量、清基开挖线的放样和坝体立模放样等几项内容。现以直线型混凝土重力坝为例介绍如下。

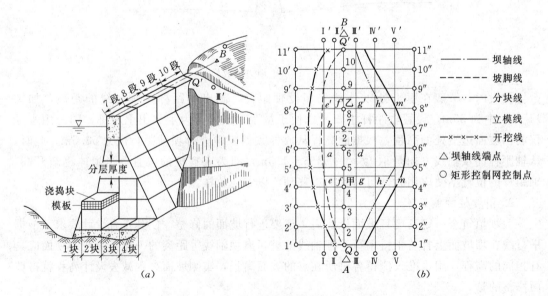

图 11－13　直线型混凝土重力坝

一、坝轴线的测设

　　混凝土坝轴线是坝体与其他附属建筑物放样的依据，它的位置是否正确，直接影响建筑物各部分的位置。一般先在图纸上设计坝轴线的位置，然后根据图纸上量出的数据，计算出两端点的坐标以及和附近三角点之间的关系，在现场用交会法测设坝轴线两端点，如图 11-13 (b) 中的 A 和 B。为了防止施工时受到破坏，需将坝轴线两端点延长到两岸的山坡上，各定 1～2 点，分别埋桩用以检查端点的位置。

二、坝体控制测量

混凝土坝的施工采取分层分块的方法，每浇筑一层一块就需要放样一次，因此，要建立坝体施工控制网，作为坝体放样的定线网。直线型混凝土重力坝其坝体施工控制网一般采用矩形网。

如图 11-13 (b)，以坝轴线 AB 为基准，布设矩形网，它是由若干条平行和垂直于坝轴线的控制线所组成，格网的尺寸按施工分块的大小而定。

测设时，将经纬仪安置在 A 点，照准 B 点，在坝轴线上选甲、乙两点，通过这两点测设与坝轴线相垂直的方向线，由甲、乙两点开始，分别沿垂直方向按分块的宽度钉出 e、f 和 g、h、m 以及 e′、f′和 g′、h′、m′等点。最后将 ee′、ff′、gg′、hh′ 及 mm′ 等连线延伸到开挖区外，在两侧山坡上设置 Ⅰ、Ⅱ、…、Ⅴ 和 Ⅰ′、Ⅱ′、…、Ⅴ′ 等放样控制点。

然后在坝轴线方向上，按坝顶的高程，找出坝顶与地面相交的两点 Q 与 Q′（方法可参见土坝控制测量中坝身控制线的测设），再沿坝轴线按分块的长度钉出坝基点 2、3、…、10，通过这些点各测设与坝轴线相垂直的方向线，并将方向线延长到上、下游围堰上或山坡上，设置 1′、2′、…、11′ 和 1″、2″、…、11″ 等放样控制点。

在测设矩形网的过程中，测设直角时须用盘左盘右取平均，丈量距离应细心校核，以免发生差错。

三、清基开挖线的放样

清基开挖线是确定对大坝基础进行清除基岩表层松散物的范围，它的位置根据坝两侧坡脚线、开挖深度和坡度决定。标定开挖线一般采用图解法。和土坝一样先沿坝轴线进行纵横断面测量绘出纵横断面图，由各横断面图上定坡脚点，获得坡脚线及开挖线如图 11-13 (b) 所示。

在清基开挖过程中，应控制开挖深度，在每次爆破后及时在基坑内选择较低的岩面测定高程（精确到 cm）并用红漆标明，以便施工人员掌握开挖情况。

四、坝体的立模放样

（一）坡脚线的放样

基础清理完毕，可以开始坝体的立模浇筑，立模前首先找出上、下游坝坡面与岩基的接触点，即分跨线上下游坡脚点。放样的方法很多，在此主要介绍逐步趋近法。

如图 11-14 中，欲放样上游坡脚点 a，可先从设计图上查得坡顶 B 的高程 H_B，坡顶距坝轴线的距离为 D，设计的上游面坡度为 1:m，为了在基础上标出 a 点，可先估计基础面的高程为 $H_{a'}$，则坡脚点距坝轴线的距离可按下式计算

$$S_1 = D + (H_B - H_{a'}) \quad (m)$$

(11-3)　图 11-14　坝坡脚放样

213

求得距离 S_1 后，可由坝轴线沿该断面量一段距离 S_1 得 a_1 点，用水准仪实测 a_1 点的高程 H_{a1}，若 H_{a1} 与原估计的 $H_{a'}$ 相等，则 a_1 点即为坡脚点 a。否则应根据实测的 a_1 点的高程，再求距离得

$$S_2 = D + (H_B - H_{a1}) \quad (\text{m}) \tag{11-4}$$

再从坝轴线起沿该断面量出 S_2 得 a_2 点，并实测 a_2 的高程，按上述方法继续进行，逐次接近，直至由量得的坡脚点到坝轴线间的距离，与计算所得距离之差在 1cm 以内时为止（一般作 3 次趋近可达到精度要求）。同法可放出其他各坡脚点，连接上游（或下游）各相邻坡脚点，即得上游（或下游）坡面的坡脚线，据此即可按 1∶m 的坡度竖立坡面模板。

（二）直线型重力坝的立模放样

在坝体分块立模时，应将分块线投影到基础面上或已浇好的坝块面上，模板架立在分块线上，因此分块线也叫立模线，但立模后立模线被覆盖，还要在立模线内侧弹出平行线，称为放样线［图 11-13（b）中虚线所示］，用来立模放样和检查校正模板位置。放样线与立模线之间的距离一般为 0.2～0.5m。

1. 方向线交会法

如图 11-13（b）所示的混凝土重力坝，已按分块要求布设了矩形坝体控制网，可用方向线交会法，先测设立模线。如果要测设分块 2 的顶点 b 的位置，可在 $7'$ 安置经纬仪，瞄准 $7''$ 点，同时在 Ⅱ 点安置经纬仪，瞄准 Ⅱ′ 点，两架经纬仪视线的交点即为 b 的位置。在相应的控制点上，用同样的方法可交会出这分块的其他三个顶点的位置，得出分块 2 的立模线。利用分块的边长及对角线校核标定的点位，无误后在立模线内侧标定放样线的四个角顶，如图 11-13（b）中分块 $abcd$ 内的虚线。

2. 前方交会（角度交会）法

如图 11-15，由 A、B、C 三控制点用前方交会法先测设某坝块的 4 个角点 d、e、f、g，它们的坐标由设计图纸上查得，从而与三控制点的坐标可计算放样数据——交会角。如欲测设 g 点，可算出 β_1、β_2、β_3，便可在实地定出 g 点的位置。依次放出 d、e、f 各角点，也应用分块边长和对角线校核点位，无误后在立模线内侧标定放样的 4 个角点。

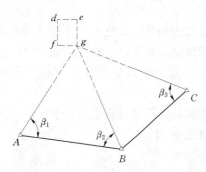

图 11-15　前方交会法立模放样

方向线交会法简易方便，放样速度也较快，但往往受到地形限制，或因坝体浇筑逐步升高，挡住方向线的视线不便放样，因此实际工作中可根据条件把方向交会法和角度交会法结合使用。

第五节　水闸的施工测量

水闸一般由闸室段和上、下游连接段三部分组成，如图 11-16 所示。闸室是水闸的主体，这一部分包括：底板、闸墩、闸门、工作桥和交通桥。上、下游连接段有防冲槽、消力池、翼墙、护坦（海漫）、护坡等防护设施。由于水闸一般建筑在土质地基上，因此通常以较厚的钢筋混凝土底板作为整体基础，闸墩和两边侧墙就浇筑在底板上，与底板结

成一个整体。放样时，应先放出整体基础开挖线；在基础浇筑时，为了在底板上预留闸墩和翼墙的连接钢筋，应放出闸墩和翼墙的位置。具体放样步骤和方法如下。

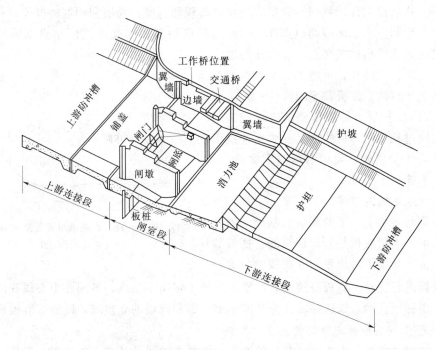

图 11-16　水闸组成部分示意图

一、主轴线的测设和高程控制线的建立

水闸主轴线由闸室中心线（横轴）和河道中心线（纵轴）两条互相垂直的直线组成，从水闸设计图上可以量出两轴交点和各端点的坐标，根据坐标反算求出它们与邻近控制点的方位角，用前方交会法定出它们的实地位置。主轴线定出后，应在交点检测它们是否相互垂直；若误差超过 $10''$ 应以闸室中心线为基准，重新测设一条与它垂直的直线作为纵向主轴线，其测设误差应小于 $10''$。主轴线测定后，应向两端延长至施工影响范围之外，每端各埋设两个固定标志以表示方向，如图 11-17 所示，AB 为河道中心线，CD 为闸室中心线。

高程控制采用Ⅲ等或Ⅳ等水准测量方法测定。水准点布设在河流两岸不受施工干扰的地方，临时水准点尽量靠近水闸位置，可以布设在河滩上。图11-17中，BM_1 与 BM_2 布设在河流两岸，它们与国家水准点联测，作为水闸的高程控制，BM_3 与 BM_4 布设在河滩上，用来控制闸的底部高程。

二、基础开挖线的放样

水闸基坑开挖线是由水闸底板的周界以及翼墙、护坡等与地面的交线决定。为

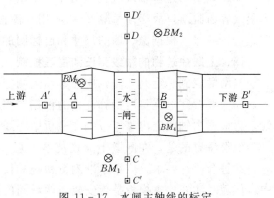

图 11-17　水闸主轴线的标定

了定出开挖线，可以采用套绘断面法。首先，从水闸设计图上查取底板形状变换点至闸室中心线的平距，在实地沿纵向主轴线标出这些点的位置，并测定其高程和测绘相应的河床横断面图。然后根据设计数据（即相应的底板高程和宽度，翼墙和护坡的坡度）在河床横断面图上套绘相应的水闸断面（图 11-18），量取两断面线交点到测站点（纵轴）的距离，即可在实地放出这些交点，连成开挖边线。

为了控制开挖高程，可将斜高 l 注在开挖边桩上。当挖到接近底板高程时，一般应预留0.3m 左右的保护层，待底板浇筑时再挖去，以免间隔时间过长，清理后的地基受雨水冲刷而变化。在挖去保护层时，要用水准测定底面高程，测定误差不能大于 10mm。

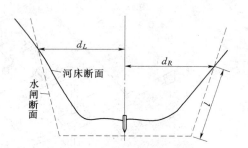

图 11-18　水闸基坑开挖点的确定
（套绘断面法）

三、水闸底板的放样

底板是闸室和上、下游翼墙的基础。闸孔较多的大、中型水闸底板是分块浇筑的。底板放样的目的，首先是放出每块底板立模线的位置，以便装置模板进行浇筑。底板浇筑完后，要在底板上定出主轴线、各闸孔中心线和门槽控制线，并弹墨标明。然后以这些轴线为基准标出闸墩和翼墙的立模线，以便安装模板。

1. 底板立模线的标定和装模高度的控制

为了定出立模线，先应在清基后的地面上恢复主轴线及其交点的位置，于是必须在原轴线两端的标桩上安置经纬仪进行投测。轴线恢复后，从设计图上量取底板四角的施工坐标（即至主轴线的距离），便可在实地上标出立模线的位置。

模板装完后，用水准测量在模板内侧标出底板浇筑高程的位置，并弹出墨线表示。

2. 翼墙和闸墩位置及其立模线的标定

由于翼墙与闸墩是和底板结成一个整体，因此它们的主筋必须一道结扎。于是在标定底板模线时，还应标定翼墙和闸墩的位置，以便竖立连接钢筋。翼墙、闸墩的中心位置及其轮廓线，也是根据它们的施工坐标进行放样，并在地基上打桩标明。

底板浇筑完后，应在底板上再恢复主轴线，然后以主轴线为依据，根据其他轴线对主轴线的距离定出这些轴线（包括闸孔和闸墩中心线以及门槽控制线等），且弹墨标明。因为墨线容易脱落，故必须每隔 2~3m 用红漆画一圈点表示轴线位置。各轴线应按不同的方式进行编号。根据墩、墙的尺寸和已标明的轴线，再放出立模线的位置。

四、上层建筑物的轴线测设和高程控制

当闸墩浇到一定高度时，应在墩墙上测定一条高程为整米数的水平线，用弹墨表示出来，作为继续往上浇筑时量算高程的依据。当闸墩浇筑完工后，应在闸墩上标出闸的主轴线，再根据主轴线定出工作桥和交通桥中心线。

值得注意的是，在闸墩上立模浇筑最后一层（即盖顶）时，为了保证各墩顶高程相等，并符合设计要求，应用水准测量检查和校正模板内的标高线。在浇筑闸墩的整个过程中，应随时注意检查模板是否安装，两墩间门槽的方向和间距是否上下一致。

第六节 隧洞的施工测量

在水利工程建设中，为了施工导流、引水发电或修渠灌溉，常常要修建隧洞。隧洞在施工时，一般都由两端相向开挖。较长的隧洞可增开竖井（见图 11-19）或旁洞，以增加工作面，加快工程进度。为了保证隧洞贯通，必须严格控制挖掘方向和高程。如果方向错了，就会左右错开；如果高程错了，就会上下错开，都不能达到贯通的目的。

要保证隧洞的正确贯通，就是要保证隧洞贯通时在纵向、横向及竖向几方面的误差［贯通误差（holing error）］在允许范围以内。相向开挖的隧洞中线如不能理论地衔接，其长度沿中线方向伸长或缩短，即产生纵向贯通误差，其允许值一般为 ±20cm；中线在水平面上互相错开，即产

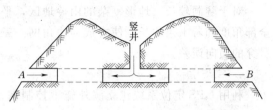

图 11-19 隧洞施工时的开挖工作面

生横向误差，其允许值一般在 ±10cm，但对于中小型工程的泄水隧洞和不加衬砌的隧洞可适当放宽（如 ±30cm）；中线在竖直面内互相错开，即产生竖向贯通误差，也称高程贯通误差，其允许值为 ±5cm。隧洞的纵向贯通误差主要涉及中线的长度，对于直线隧洞影响不大，可将其误差限制在隧洞长度的 1/2000 以内，而竖向误差和横向误差一般应符合上述要求。本节着重介绍直线隧洞测量（tunnel survey）的程序和方法。

一、地面控制测量

（一）平面控制测量

平面控制测量的主要任务是测定各洞口控制点的平面位置，以便根据洞口控制点将设计方向导向地下，指引隧洞开挖，并能按规定的精度进行贯通。因此，平面控制网中应包括隧洞的洞口控制点。具体方法如下。

1. 直接定线法

对于较短的直线隧洞采用直接定线法。如图 11-20 所示，A、D 两点是设计的直线隧洞口点，直线定线法就是把直线隧洞的中线方向在地面上标定出来，即测设出位于 AD 直线方向上的 B、C 两点，作为洞口点 A、D 向洞内引测中线方向时的定向点。

在 A 点安置经纬仪，根据概略方位角定出 B′ 点。仪器搬到 B′ 点，用正倒镜分中法延长直线得 C′ 点。仪器搬到 C′ 点，同法再延长直线到 D 点的近旁 D′ 点。在延长直线的同时，用测距仪测定 AB′、B′C′ 和 C′D′ 的水平距离。量出 D′D 长度，计算 C 点的位移量。在 C′ 点垂直于 C′D′ 方向量取 C′C，定出 C 点。安置经纬仪于 C 点，用正倒镜分中法延长 DC 至 B 点，再从 B 点延长至 A 点。如果不与 A 点重合，则进行第二次趋近，直至 B、C 两点位于 AD 直线方向上。最后用测距仪测定 A、B、C、D 的分段距离，测距

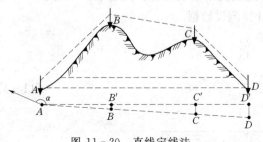

图 11-20 直线定线法

的相对误差不应大于 1/5000。

2. 导线测量法

当洞外地形复杂、量距又特别困难时，光电测距仪导线作为洞外控制，已是主要方法。在洞口之间布设一条导线或大致平行的两条导线。导线的转折角用 DJ₂ 型经纬仪观测，距离用光电测距仪观测（也可用全站仪），相对误差不大于 1∶10000，根据坐标反算，可求得两洞口点连线方向的距离和方位角，据此可以计算掘进方向。

3. 三角网法

对于隧洞较长、地形复杂的山岭地区，平面控制网一般布置成三角网。测定三角网的全部角度和若干条边长，使之成为边角网。三角网的定位精度比导线高，有利于控制隧洞贯穿的横向误差。

4. GPS 法

利用 GPS 定位系统建立洞外施工控制网，由于无需通视，故不受地形限制，因此控制点的布设灵活方便，且定位精度高。

（二）高程控制测量

为了保证隧洞在竖直面内正确贯通，将高程从洞口及竖井传递到隧洞中去，以控制开挖坡度和高程，必须在地面上沿隧洞路线布设水准网，一般采用Ⅲ、Ⅳ等水准测量施测，可以达到高程贯通误差容许值为 ±50mm 的要求。

建立水准网时，基本水准点应布设在开挖爆破区域以外地基比较稳定的地方。作业水准点可布设在洞口与竖井附近，每一洞口要埋设两个以上水准点。

二、隧洞施工测量

（一）隧洞掘进方向、里程和高程测设

洞外平面和高程控制测量完成后，即可求得洞口点（各洞口至少有两个点）的坐标和高程，根据设计参数计算洞内中线点的设计坐标和高程。坐标反算得到测设数据，即洞内中线点与洞口控制点之间的距离、角度和高差关系，然后根据测设数据测设洞内中线点位。

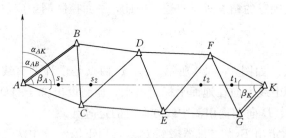

图 11-21　直线隧洞掘进方向

1. 掘进方向测设数据计算

图 11-21 所示的是一条直线隧洞的平面控制网，A、B、C、…、K 为地面控制点，其中 A、K 为洞口点，s_1、s_2 为设计进洞的中线里程桩。为了求得 A 点洞口中线掘进方向及掘进后测设中线里程桩 s_1，需要计算测设数据

$$\alpha_{AB} = \arctan \frac{y_B - y_A}{x_B - x_A}$$

$$\alpha_{AK} = \arctan \frac{y_K - y_A}{x_K - x_A}$$

$$\beta_A = \alpha_{AK} - \alpha_{AB}$$

$$D_{As_1} = \sqrt{(x_{s_1} - x_A)^2 + (y_{s_1} - y_A)^2}$$

(11-5)

对于 K 点洞口的掘进测设数据，可以做类似计算。

2. 洞口掘进方向标定

隧洞贯通的横向误差主要由隧洞直线方向的测设精度所决定，而进洞口时的初始方向尤为重要。因此，隧洞洞口要埋设若干个固定点，将中线方向标定在地面，作为开始掘进及以后与洞口控制点联测的依据。如图 11-22 所示，用 1、2、3、4 点标定掘进方向，在洞口点 A 与中线垂直方向上埋设 5、6、7、8 桩。所有固定点应埋设在不易受施工影响的地方，并测定 A 点至 2、3、6、7 点的平距。这样，在施工过程中可以随时检查或恢复洞口控制点的位置和进洞中线的方向及里程。

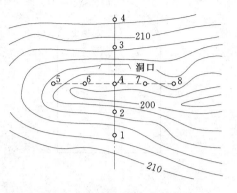

图 11-22 洞口固定点的布设

3. 洞内中线和腰线的测设

中线测设：根据隧洞洞口中线控制桩和中线方向桩，在洞口开挖面上测设开挖中线，并逐步往洞内引测中线上的里程桩。通常，隧洞每掘进 20m，要埋设一个中线里程桩。中线桩埋设在隧洞的底部或顶部。

腰线测设：在隧洞施工中，为了控制施工的标高和隧洞横断面的放样，在隧洞岩壁上，每隔一定距离（5～10m）测设出洞底设计地坪高出 1m 的标高线，称为腰线。腰线的高程由引入洞内的施工水准点进行测设。由于隧洞的纵断面有一定的设计坡度，因此，腰线的高程按设计坡度随中线的里程而变化，它与隧洞的设计地坪是平行的。

（二）洞内施工导线和水准测量

1. 洞内导线测量

测设隧洞中线时，通常每掘进 20m 埋设一个中线桩。由于定线误差，所有中线桩不可能严格位于设计位置上，所以，隧洞每掘进一定的长度（直线隧洞每隔 100m 左右）要布设一个导线点，也可以利用中线桩作为导线点，组成洞内导线。导线的转折角采用 DJ$_2$ 经纬仪测量，至少观测两个测回。距离采用经过检定的钢尺或光电测距仪测定，洞内导线只能布设成支导线，并随着隧洞的掘进逐步延伸。支导线缺少检核条件，观测应特别注意，转折角应观测左角和右角，边长应往返测量。根据导线点的坐标来检查和调整中线桩位置，以确保贯通精度。

2. 洞内水准测量

隧洞向前掘进，每隔 50m 应设置一个洞内水准点，并据此测设腰线。通常情况下，可利用导线点作为水准点，也可将水准点埋设在洞顶或洞壁上，要求稳固和便于观测。洞内水准路线也是支水准路线，除应往返观测外，还须经常复测。

三、隧洞开挖断面的放样

随着隧洞向前开挖，必须及时地将设计断面放样到等待开挖的工作面上，以便布置炮眼，并检查断面开挖情况。

隧洞断面通常采用如图 11-23 所示的形式，两壁直立，顶部起拱，拱为圆弧形。

为了放出设计断面，必须知道拱高 d、拱弧的半径 R、设计起拱线的高度 L 以及隧洞

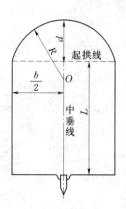

图 11-23　圆拱直墙式断面

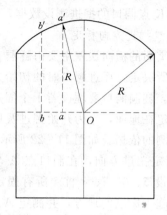

图 11-24　拱部放样数据

宽度 b。进行断面放样时，应先在工作面上定出中垂线的位置。为此，将经纬仪安置在洞内中线桩上，后视另一个中线桩，倒转望远镜，以十字丝中心在工作面上下定出 2～3 点，连成直线，即为中垂线。然后，测定工作面中垂线以下部分的地面高程，令其与该处底板设计高程之差为 Δh，则拱弧圆心应在中垂线上离地为 $L+d-R+\Delta h$ 高度的地方，用小钢卷尺从地面顺中垂线量取这样一段长度，即可定出拱弧圆心的位置。但应注意：如果工作面倾斜很大，在量取高度时，标尺仍应竖直，然后用大三角板将圆心投影到开挖工作面上去。有了中垂线及拱弧圆心的位置，根据拱弧半径 R、起拱线高度 L 及隧洞宽度 b，便可按几何作图的方法将断面形状在工作面上画出来；如果工作面太小，不能画出时，可以用计算方法确定应该扩大多少。计算拱部应扩大的尺寸可以拱弧圆心为基准。如图 11-24所示，先过圆心 O 作一条垂直于中垂线的直线，即水平线，在这条水平线上定出一些间距相等的点如 a、b、$\cdots$，然后计算出从这些点到拱部应有的垂直高度 aa'，bb' 显然

$$\left.\begin{array}{l} aa' = \sqrt{R^2 - \overline{oa}^2} \\ bb' = \sqrt{R^2 - \overline{ob}^2} \end{array}\right\} \tag{11-6}$$

根据已计算出来的高度 aa'、bb'、$\cdots$ 进行量测，如果不够高时，则应继续开挖，扩大到满足要求为止。

对于圆形断面的水工压力隧洞，放样时也是先定出断面中垂线和圆心的位置，再过圆心作出水平线，根据圆洞设计半径，即可确定上下左右应开挖的尺寸，其余圆弧部分亦可按上述方法确定。

四、竖井联系测量

为了保证地下各方向的开挖面能正确贯通，必须将地面控制点的坐标、方位角和高程通过竖井传递到地下，这项工作称为竖井联系测量。它包括竖井传递高程和竖井定向测量。

1. 竖井传递高程

竖井传递高程是将地面控制点的高程通过竖井传递到井下，使地面地下成为统一的高程系统。如图 11-25 所示，将一钢尺悬挂在竖井中，A 为地面水准点，B 为井下待测高程点，使用两台水准仪分别在地面和井下同时观测，根据观测数据，按下式计算 B 点的

高程

$$H_B = H_A + a_1 - [(b_1 - a_2) + \Delta l_d + \Delta l_t] \tag{11-7}$$

式中　Δl_d——钢尺尺长改正数；

　　　Δl_t——温度改正数（取平均温度）。

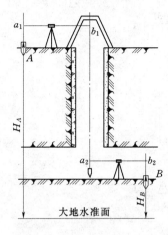

图 11 - 25　竖井传递高程

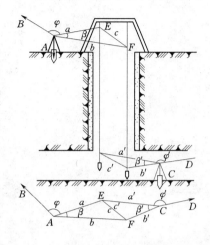

图 11 - 26　竖井定向测量

2. 竖井定向测量

竖井定向测量是指将地面控制点的坐标、方位角经竖井传递到地下的测量工作。如图 11 - 26 所示，在竖井内悬挂 E、F 两条铅垂线，A、B 点为竖井附近的控制点，C、D 点为地下导线的起始点。则地面和地下形成两个狭长的三角形 $\triangle AEF$ 和 $\triangle CEF$，EF 为公共边，通常称为联系三角形。在地面上，观测 β 角和连接角 φ，并丈量三角形边长 a、b、c；在地下，观测 β' 角和连接角 φ'，并丈量三边长 a'、b'、c'。c' 与 c 应相等，可作为检核。根据地面控制点的坐标和观测值，就可计算出井下导线点的坐标方位，并以此作为地下导线测量的起算数据。

为了提高定线精度，两垂线间的距离应尽量大一些，β、β' 应尽量小。角度测量使用 DJ_2 经纬仪观测 4 个测回，取平均值；边长使用检定过的钢尺丈量 4 次，取平均值，井上井下丈量两垂线间距之差不得大于 2mm。此外，为了使垂线尽快稳定，以利于测量，应将垂线下端的重锤浸入油桶中。

🎐 思考题与习题

1. 简述施工控制网的种类、作用。

2. 土坝施工测量分几个阶段？

3. 简述土坝轴线的测设方法。

4. 简述直线型混凝土重力坝施工放样的工作内容。

5. 简述直线型重力坝的立模放样方法。

6. 简述水闸放样的工作内容。

7. 隧洞地面控制测量的作用是什么？

8. 如图所示，P 点是坝轴线上 $0+000$ 里程桩，M 是坝轴线上的一点，N 点是 MP 垂直方向上离 M 点 100m 的一点。已知 $\alpha_0 = 40°10'00''$，计算里程桩 $0+020$、$0+040$、分别与 MN 方向所夹的水平角 α_1、α_2。

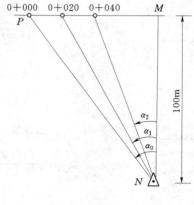

8 题图

第十二章 渠 道 测 量

渠道测量属于线路工程测量的范畴，开挖河道、修建渠道或道路等各项工程，首先将设计好的路线，在地面上定出其中心位置，然后沿中心线方向测出其地面起伏情况，并绘制成带状地形图或纵、横断面图，作为设计路线坡度和计算土石方工程量的依据。

渠道测量的内容一般包括：选线测量、中线测量、圆曲线测设、纵横断面测量、土方计算和断面的放样等。

第一节 渠 道 选 线 测 量

一、渠道选线

渠道选线的任务就是要在地面上选定渠道的合理路线，标定渠道中心线的位置。渠线的选择直接关系到工程效益和修建费用的大小，一般应符合下列要求：

（1）灌溉渠道应布置在灌区的较高地带，以便自流控制较大的灌溉面积。

（2）渠线应尽可能短而直，以减少占地和工程量。应使开挖和填筑的土、石方量和需修建的附属建筑物要少。

（3）中小型渠道的布置应与土地规划相结合，做到田、渠、林、路协调布置，为采用先进农业技术和农田园田化创造条件。

（4）渠道沿线应有较好的土质条件，无严重渗漏和塌方现象。

具体选线时除考虑其选线要求外，应依据渠道设计流量的大小按不同的方法进行。对于灌区面积较小、渠线不长的渠道，可以根据已有资料和选线要求直接在实地查勘选线。对于灌区面积较大，渠线较长的渠道，一般应经过查勘、纸上定线和选线测量等步骤综合确定。现以大、中型渠道为例对渠道的选线工作简述如下。

1. 查勘

先在小比例尺（一般为 1/50000）地形图上初步布置渠线位置，地形复杂的地段可布置几条比较线路，然后进行实际查勘，调查渠道沿线的地形、地质条件，估计建筑物的类型、数量和规模，对难工地段要进行初勘和复勘，经反复分析比较后，初步确定一个可行的渠线布置方案。

2. 纸上定线

对经过查勘初步确定的渠线，测量带状地形图，比例尺为 1/1000～1/5000，等高距为 0.5～1.0m，测量范围从初定的渠道中心线向两侧扩展，宽度为 100～200m。在带状地形图上准确地布置渠道中心线的位置，包括弯道的曲率半径和弧形中心线的位置，并根据沿线地形和输水流量选择适宜的渠道比降。在确定渠线位置时，要充分考虑到渠道水位的沿程变化和地面高程。在平原地区，渠道设计水位一般应高于地面，形成半挖半填渠道，使渠道水位有足够的控制高程。在丘陵山区，当渠道沿线地面横向坡度较大时，可按渠道设计水位选择渠道中心线的地面高程。渠线应顺直，避免过多的弯曲。

3. 选线测量

通过测量，把带状地形图上的渠道中心线放到地面上去，沿线打上大木桩，木桩的位置和间距视地形变化情况而定。实地选线时，对图上所定渠线作进一步的研究和补充修改，使之完善。渠道选线后，要绘制草图，注明渠道的起点、各转折点和终点的位置与附近固定地物的相互位置和距离，以便寻找。

二、水准点的布设与施测

为了满足渠道沿线纵横断面测量、便于施工放样的需要，在渠道选线的同时，应沿渠线附近每隔1~3km左右在施工范围以外布设一些水准点，并组成附合和闭合水准路线，当路线长度在15km以内时，也可组成往返观测的支水准路线。起始水准点应与附近的国家水准点联测，以获得绝对高程。当渠线附近没有国家水准点或引测有困难时，也可参照以绝对高程测绘的地形图上的明显地物点的高程作为起始水准点的假定高程。水准点的高程一般采用四等水准测量的方法施测（大型渠道有的采用三等水准测量）。

第二节　中　线　测　量

中线测量的任务是根据选线所定的起点、转折点及终点，测出渠道的长度和转折角的大小，并在渠道转折处测设圆曲线，把渠道中心线的平面位置在地面上用一系列木桩标定出来。

一、平原地区的中线测量

在平原地区，渠道中心线一般为直线。渠道长度可用皮尺或测绳沿渠道中心线丈量。为了便于计算渠道长度和绘制纵断面图，沿中心线每隔50m或100m打一木桩，称为里程桩。两里程桩之间若遇有重要地物（如道路、桥梁等）或地面坡度突变的地方，也要增设木桩，称为加桩。里程桩和加桩都以渠道起点到该桩的距离进行编号，起点的桩号为0+000，以后的桩号为0+050，0+100，0+150等，"+"号前的数字是公里数，"+"号后的数字是米数，如2+200表示该桩离渠道起点2km又200m，如加桩号为0+165.3，表示从起点到该桩的距离为165.3m。

渠中线木桩的桩号要用红漆书写在木桩的侧面并朝向起点。在距离丈量中为避免出现差错，一般用皮尺丈量两次，当精度要求不高时可用皮尺或测绳丈量一次。在转折点处渠道从一直线方向转到另一直线方向时，需测出前一直线的延长线与改变方向后的直线间的夹角α，如需测设圆曲线时，按着规范要求，当$\alpha<6°$时，不测设圆曲线；当$6°\leqslant\alpha\leqslant12°$时，只测设圆曲线的三个主点，计算曲线长度；当$\alpha>12°$，曲线长度$L\leqslant100m$时，测设三个主点，计算曲线长度，$L>100m$时，测设曲线三主点

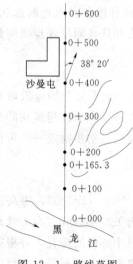

图 12-1　路线草图

及细部点，计算曲线长度。

在渠道中线测量的同时，还要在现场绘出草图，如图12-1所示。图中直线表示渠道的中心线，直线上的黑点表示里程桩和加桩的位置，箭头表示渠道中心线从0+400桩以后的走向，38°20′是偏离前一段渠道中心线的转折角，箭头画在直线的左边表示左偏，画在直线的右边表示右偏，渠道两侧的地形及地物可根据目测勾绘。

二、山丘地区的中线测量

在丘陵山区，渠道一般是沿山坡按一定方向前进，也就是沿着山坡找出渠道所通过的路线位置。为了使渠道以挖方为主，将山坡外侧渠堤顶的一部分应设计在地面下，如图12-2所示，堤顶高程可根据渠首引水口进水闸底板的高程（H_0）、渠底比降（i）、里程（D）和渠深（渠道设计水深加超高）计算，即

$$H_{堤顶} = H_0 - iD + h_{渠深} \qquad (12-1)$$

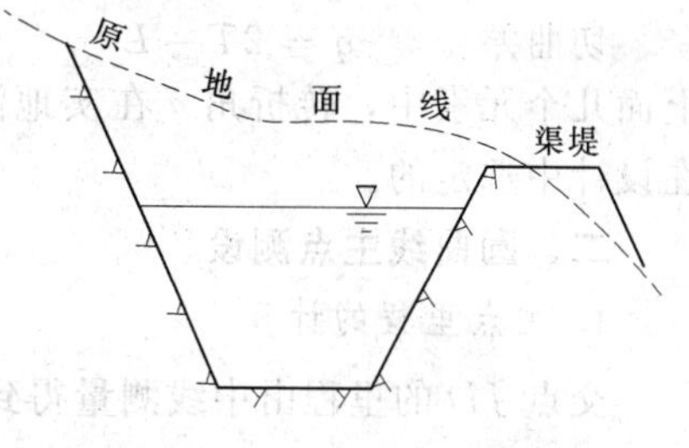

图12-2 环山渠道横断面图

例如渠首引水口的渠底高程为98.50m，渠底比降为1/1000，渠深为2.2m，则渠首（0+000）处的堤顶高程应为 $98.50+2.20=100.70$m。测设时由图12-3中水准点高程 $H_M=100.160$m，按高程放样方法，水准仪安置好后，后视水准点 M，得读数为1.846m，算出视线高程 $H_I=H_M+a=100.160+1.846=102.006$m，然后将前视尺沿山坡上、下移动，使前视读数 $b=102.006-100.70=1.306$m，即得渠首堤顶位置，根据实际情况，向里移一段距离（不大于渠堤到中心线的距离）在该点上打一木桩，标志渠道起点（0+000）的位置。

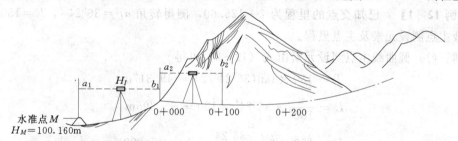

图12-3 山丘地区渠线确定

起点定好后，可从渠首开始按式（12-1）依次计算出0+100、0+200、…的堤顶高程为100.60m、100.50m、…。用同样方法定出0+100、0+200、…点的位置。

第三节 圆曲线的测设

修建渠道、公路、隧洞等工程，从一直线方向改变到另一直线方向，需用曲线连接，使路线沿曲线缓慢变换方向，常用的曲线是圆曲线。圆曲线的测设一般分两步进行：先测设曲线的主点，即曲线的起点、中点和终点；然后在主点之间进行加密，按规定桩距测设曲线的其他各点，称为曲线的细部测设。

一、圆曲线测设元素

如图12-4所示，设 JD 的转折角为 α，圆曲线半径为 R，则曲线的元素可按下列公

式计算

切线长 $\qquad T = R\tan\dfrac{\alpha}{2}$

曲线长 $\qquad L = R\alpha\left(\dfrac{\pi}{180°}\right)$

外矢距 $\qquad E = R\left(\sec\dfrac{\alpha}{2} - 1\right)$ （12-2）

切曲差 $\qquad q = 2T - L$

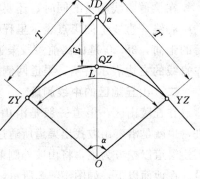

图 12-4 圆曲线元素

上面几个元素中，转折角 α 在实地测得，半径 R 是在设计中选定的。

二、圆曲线主点测设

1. 主点里程的计算

交点 JD 的里程由中线测量得到，根据交点的里程和曲线测设元素，即可算出各主点的里程。由图 12-4 可知

$$\left.\begin{array}{l} ZY\,点的里程 = JD\,点的里程 - T \\ YZ\,点的里程 = ZY\,点的里程 + L \\ QZ\,点的里程 = YZ\,点的里程 - L/2 \end{array}\right\} \qquad (12-3)$$

为了检验计算是否正确，可用切曲差 q 来验算，其检验公式为

$$\left.\begin{array}{l} YZ\,点的里程 = JD\,点的里程 + T - q \\ JD\,点的里程 = QZ\,点的里程 + q/2 \end{array}\right\} \qquad (12-4)$$

或

【例 12-1】 已知交点的里程为 $2+125.60$，测得转角 $\alpha_右 = 36°24'$，$R = 150\text{m}$，求圆曲线主点测设元素及主点里程。

解：（1）圆曲线主点测设元素由式（12-2）可得

$$T = 150 \times \tan(36°24'/2) = 49.317\text{m}$$

$$L = \frac{\pi}{180°} \times 36°24' \times 150 = 95.295\text{m}$$

$$E = 150 \times \left(\sec\frac{36°24'}{2} - 1\right) = 7.899\text{m}$$

$$q = 2 \times 40.317 - 95.295 = 3.339\text{m}$$

（2）主点里程

JD	$2+125.60$
$-)\,T$	49.32
ZY	$2+076.28$
$+)\,L$	95.30
YZ	$2+171.58$
$-L/2$	$95.30/2$
QZ	$2+123.93$
$+)\,q/2$	$3.339/2$
JD	$2+125.60$ （检核计算）

2. 主点的测设

(1) 测设圆曲线起点（ZY）如图 12-4，将经纬仪置于 JD 上，后视相邻交点方向，自 JD 沿该方向量取切线长 T，在地面标定出曲线起点 ZY。

(2) 测设圆曲线终点（YZ）在 JD 用经纬仪前视相邻交点方向，自 JD 沿该方向量取切线长 T，在地面标定出曲线终点（YZ）。

(3) 测设圆曲线中点（QZ）在 JD 点用经纬仪前视 YZ 点的方向（或后视 ZY 点的方向），测设 $\left(\dfrac{180°-\alpha}{2}\right)$，定出路线转折角的分角线方向（即曲线中点方向），然后沿该方向量取外矢距 E，在地面标定出曲线中点 QZ。

三、圆曲线细部点的测设

当地形变化不大、曲线长度小于 40m 时，测设曲线的三个主点已能满足设计和施工的需要。如果曲线较长，地形变化大，则除了测设三个主点以外，还需要按着一定的桩距 l_0，在曲线上测设一些细部点，这项工作称为圆曲线的细部点测设。测设方法应结合现场地形情况、精度要求和仪器条件合理选用，下面介绍两种常用的细部点测设方法。

1. 偏角法

细部测设所采用的桩距 l_0 与圆曲线半径有关，一般规定：当 $R \geq 150m$ 时，$l_0 = 20m$；$150m > R > 50m$ 时，$l_0 = 10m$；$R \leq 50m$ 时，$l_0 = 5m$。

由于曲线上起、终点的里程都不是 l_0 的整数倍数，按桩距 l_0 在曲线上设桩时，一般将靠近起点 ZY 的第一个桩的桩号和靠近终点 YZ 的桩号凑整，如图 12-5 所示，曲线上第一点和最末一点到起、终点 ZY、YZ 的距离都小于 l_0，中间相邻两点的距离均为 l_0，这样设置的桩均为整桩号。

偏角法是根据曲线起点 ZY 或终点 YZ 至曲线上任一待定点 P_i 的弦线与切线之间的弦切角（这里称为偏角）β_i 和弦长 d_i 来确定 P_i 点的位置。如图 12-6 所示，根据几何原

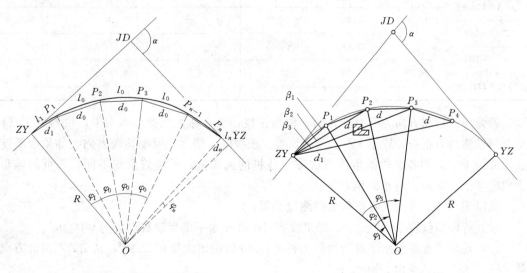

图 12-5　圆曲线细部点示意图　　　　　　图 12-6　偏角法

理，偏角 β_i 等于相应弧长所对圆心角 φ_i 的一半，即

$$\beta_i = \frac{\varphi_i}{2} \tag{12-5}$$

其中 $\quad\quad\quad\quad \varphi_i = \frac{l_i}{R}\frac{180°}{\pi}(l_i \text{ 为累加弧长})$

得 $\quad\quad\quad\quad\quad\quad \beta_i = \frac{l_i}{R}\frac{90°}{\pi} \tag{12-6}$

弦长 d 可按下式计算

$$d = 2R\sin(\varphi/2) \tag{12-7}$$

式中　d——相邻桩间的弦长；

　　　φ——与 d 相对应的圆心角。

【例 12-2】　例 12-1 中的圆曲线若采用偏角法测设圆曲线细部点时，试计算各点的测设数据。

解：如图 12-5 所示，设曲线由 ZY 点和 YZ 点分别向 QZ 点测设，计算结果如表 12-1 所示。

表 12-1　　　　　　　　　　　　偏角法圆曲线测设数据表

桩　号	弧长 （m）	累计弧长 （m）	偏角值 （° ′ ″）	偏角读数 （正拨） （° ′ ″）	偏角读数 （反拨） （° ′ ″）	相邻点间弦长 （m）
ZY 2+076.28				0 00 00		
	3.72	3.72	0 42 38	0 42 38		3.72
*P*1 2+080						
	20	23.72	4 31 49	4 31 49		19.99
*P*2 2+100						
	20	43.72	8 21 00	8 21 00		19.99
*P*3 2+120						
	3.93	47.65	9 06 02	9 06 02		3.93
QZ 2+123.93						
	16.07	47.65	9 06 02		350 53 58	16.07
*P*4 2+140						
	20	31.58	6 01 53		353 58 07	19.99
*P*5 2+160						
	11.58	11.58	2 12 42		357 47 18	11.58
YZ 2+171.58					0 00 00	

若偏角的增加方向为顺时针方向，称为正拨；反之称为反拨。本例中，仪器置于 ZY 点上测设曲线为正拨，置于 YZ 上则为反拨。正拨时，望远镜照准切线方向，如果水平度盘读数置于 0°，则各桩的偏角读数就等于各桩的偏角值。反拨偏角则不同，各桩的偏角读数应等于 360° 减去各桩的偏角值。

现以例 12-2 为例说明偏角法的测设步骤：

（1）将经纬仪置于 ZY 点上，瞄准交点 JD 并使水平度盘读数设置为 0°00′00″。

（2）转动照准部使水平度盘读数为桩 2+080 的偏角读数 0°42′38″，从 ZY 点沿此方向量取弦长 3.72m，定出 2+080 桩位。

（3）转动照准部使水平度盘读数为桩 2+100 的偏角读数 4°31′49″，由桩 2+080 量弦

长 19.99m 与视线方向相交，定出 2+100 桩位。

（4）同法定出 2+120 桩位及 $QZ2+123.93$ 桩位，此时定出的 QZ 点应与主点测设时定出的 QZ 点重合，如不重合，其闭合差不得超过如下规定：

$$纵向（切线方向）\pm L/1000m$$
$$横向（半径方向）\pm 0.1m$$

（5）将仪器移至 YZ 点上，瞄准 JD 并将水平度盘设置为 $0°00'00''$。

（6）转动照准部使水平度盘读数为桩 2+160 的偏角读数 $357°47'18''$，沿此方向从 YZ 点量取弦长 11.58m，定出 2+160 桩位。

（7）转动照准部使水平度盘读数为桩 2+140 的偏角读数，由桩 2+160 量弦长 19.99m 与视线方向相交，得 2+140 桩位。

（8）依此最后定出 QZ 点，QZ 的偏差也应满足上述规定。

如果遇有障碍阻挡视线，则如图 12-6 在测设 P_3 点时，视线被房屋挡住，则可将仪器搬至 P_2 点，水平度盘读数置于 $0°00'00''$，照准 ZY 点后，倒转望远镜，转动照准部使度盘读数为 P_3 点的偏角值，此时视线就处于 P_2P_3 方向线上，由 P_2 在此方向上量弦长 d 即得 P_3 点。运用已算得的偏角数据，继续测设以后各点。偏角法测设精度较高，适用性较强，但这种方法存在着测点误差积累的问题，所以，应从曲线两端向中点测设。

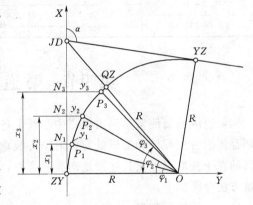

图 12-7　直角坐标法

2. 直角坐标法（切线支距法）

直角坐标法是以曲线的起点 ZY 或终点 YZ 为坐标原点，以切线为 x 轴，过原点的半径为 y 轴，按曲线上各点坐标（x_i、y_i）测设曲线细部点。

如图 12-7 所示，设 P_i 为曲线上欲测设的点位，该点至 ZY 点或 YZ 点的弧长为 l_i，φ_i 为 l_i 所对的圆心角，R 为圆曲线半径，则 P_i 的坐标可按下式计算

$$\left. \begin{array}{l} x_i = R\sin\varphi_i \\ y_i = R(1-\cos\varphi_i) \end{array} \right\} \tag{12-8}$$

式中　$\varphi_i = \dfrac{l_i}{R}\dfrac{180°}{\pi}$。

【例 12-3】　例 12-1 中的圆曲线若采用直角坐标法，试计算各桩坐标。

解：由例 12-1 中已计算的主点里程，计算结果见表 12-2。

用直角坐标法测设曲线的细部点，为了避免量距过长，一般由 ZY、YZ 点分别向 QZ 点施测。其测设步骤如下：

（1）从 ZY（或 YZ）点开始沿切线方向测设出 x_1、x_2、x_3、…在地面上作出各垂足点 N_i 的标记，见图 12-7。

（2）在各垂足点 N_i 处分别安置经纬仪，测设 90°角，分别在各自的垂线上测设 y_1、y_2、y_3、…定出各细部点 P_i。

（3）曲线上各点设置完毕后，应量取相邻桩之间的距离，作为校核。

这种方法适用于平坦开阔的地区，具有测点误差不累积的优点。

表 12 - 2 　　　　　　　　　直角坐标法圆曲线测设数据表

桩 号	弧 长 (m)	累计弧长 (m)	圆心角 (° ′ ″)	x_i (m)	y_i (m)
ZY 2+076.28				0	0
	3.72	3.72	1 25 16		
P1 2+080				3.72	0.05
	20	23.72	9 03 38		
P2 2+100				23.62	1.87
	20	43.72	16 42 00		
P3 2+120				43.10	6.33
	3.93	47.65	18 12 04		
QZ 2+123.93				46.85	7.51
	16.07	47.65	18 12 04		
P4 2+140				31.35	3.31
	20	31.58	12 03 46		
P5 2+160				11.57	0.45
	11.58	11.58	4 25 24		
YZ 2+171.58				0	0

第四节　渠道纵横断面测量

渠道纵断面测量是测出渠道中心线上各里程桩及加桩的地面高程，而渠道横断面测量则是测出各里程桩和加桩处与渠道中心线垂直方向上地面变化情况。进行纵横断面测量的目的在于获取渠道狭长地带地面高程资料，供设计、施工时应用。现将渠道纵横断面的测量方法介绍如下。

一、纵断面测量

纵断面测量按普通水准测量的方法，进行纵断面测量时，里程桩一般可作为转点，读数至毫米，在每个测站上把不作转点的一些桩点称为间视点，其间视读数至厘米。同时还应注意仪器到两转点的前、后视距离大致相等（差值不大于 20m）。作为转点的中心桩，要置尺垫于桩一侧的地面，水准尺立在尺垫上，若尺垫与地面高差小于 2cm，可代替地面高程。观测间视点时，可将水准尺立于紧靠中心桩旁的地面，直接测得地面高程。图12-8 为纵断面水准测量示意图，表12-3 为相应的记录，施测方法如下：

安置水准仪于测站点 1，后视水准点 BM_1，读得后视读数为 1.050m，前视 0＋000（作为转点）读得前视读数为 1.325m，将水准仪搬至测站 2，后视 0＋000，读数为 1.001m，分别立尺于 0＋100，0＋165.3，读得间视读数为 0.98m，0.96m，再立尺于 0＋200，读得前视读数为 0.546m，然后将水准仪搬至测站点 3，同法测得后视、间视和前视读数，依次向前施测，直至测完整个路线为止。在每个测站上测得的所有数据都应分别记入手簿相应栏内。每测至水准点附近，都要与水准点联测，作为校核。

（1）计算校核。在表 12-3 中，为了检查计算上是否发生错误，校核方法为

$$后视总和 - 前视总和 = 终点高程 - 起点高程$$

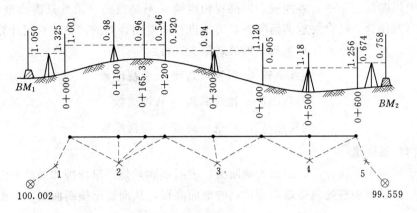

图 12-8　纵断面测量示意图（单位：m）

<table>
表 12-3　渠道纵断面测量手簿　单位：m
</table>

测站	桩号	后视读数	视线高	间视读数	前视读数	高程	备注
1	BM_1	1.050	101.052			100.002	(已知)
	0+000				1.325	99.727	
2	0+000	1.001	100.728			99.727	
	0+100			0.98		99.748	
	0+165.3			0.96		99.768	
	0+200				0.546	100.182	
3	0+200	0.920	101.102			100.182	
	0+300			0.94		100.162	
	0+400				1.120	99.982	
4	0+400	0.905	100.887			99.982	
	0+500			1.18		99.707	
	0+600				1.256	99.631	
5	0+600	0.674	100.305			99.631	
	BM_2				0.758	99.547	
	Σ	4.550			5.005		已知 BM_2 点的高程为 99.559m
校核	$\Sigma a - \Sigma b = 4.550 - 5.005 = -0.455$m $99.547 - 100.002 = -0.455$m						闭合差为 99.547 $-99.559 = -0.012$m

（2）路线校核。方法同普通水准测量（见第三章第三节）。

在本例中

$\Sigma a = 4.550$m，$\Sigma b = 5.005$m，$\Sigma h = \Sigma a - \Sigma b = 4.550 - 5.005 = -0.445$m

$\quad f_h =$ 实测高差 - 已知高差

$\quad\quad = -0.445 - (99.559 - 100.002) = -0.012$m

$f_{h容} = \pm 12\sqrt{n} = \pm 12\sqrt{5} = \pm 27$mm

由于 $f_h < f_{h容}$，说明测量成果符合精度要求。

在渠道纵断面测量中，各间视点的高程精度要求不是很高（读数只需读至厘米），因此在线路高差闭合差符合要求的情况下，可不进行高差闭合差的调整，直接计算各间视点的地面高程。每一测站的计算可按下列公式依次进行：

$$视线高程 = 后视点高程 + 后视读数$$

$$转点高程 = 视线高程 - 前视读数$$

$$间视点高程 = 视线高程 - 间视读数$$

二、横断面测量

　　垂直于渠道中心线方向的断面为横断面，横断面测量是以里程桩和加桩为依据，测出中心线上里程桩和加桩处两侧断面变化点的地面高程，从而绘出横断面图，以便计算填挖工程量。

　　横断面施测宽度视渠道大小、地形变化情况而异，一般约为渠道上口宽度的 2～3 倍。横断面测量要求精度较低，通常距离测至分米，高差测至厘米。

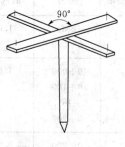

　　进行横断面测量时，首先应在渠道中心桩（里程桩和加桩）上，用十字架确定横断面方向见图 12－9，然后以中心桩为依据向两边施测，顺着水流方向，中心桩的左侧为左横断面，中心桩的右侧为右横断面。其测量方法有多种，现介绍水准仪和标杆与皮尺配合的两种方法。

图 12－9　十字架

　　1. 水准仪法

　　用水准仪测出横断面上地面变化点的高程，用皮尺量距。如图 12－10 所示，在 0＋000 桩处立尺，水准仪后视该点，读数记入表 12－4 的后视栏内，然后用水准仪分别瞄准地面坡度变化的立尺点左$_{1.0}$，左$_{3.0}$，左$_{5.0}$，右$_{1.0}$，右$_{2.0}$，右$_{5.0}$等，将其读数记入相应的间视栏内，各立尺点的高程计算，采用视线高法，"左"、"右"分别表示在中心桩的左侧和右侧，下标数据表示地面点距中心桩的距离。

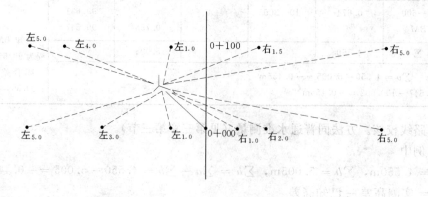

图 12－10　水准仪法

　　为了加速施测速度，架设一次仪器可以测 1～4 个断面，此法精度较高，但只适用相对平坦的地面。

测站	桩　号	后视读数	视线高	间视读数	前视读数	高　程	备　注
1	0+000	1.68	101.407			99.727	已知
	左1.0			1.52		99.887	
	左3.0			1.23		100.177	
	左5.0			1.70		99.707	
	右1.0			1.50		99.907	
	右2.0			1.45		99.957	
	右5.0			1.74		99.667	
2	0+100	1.56	101.308			99.748	已知
	左1.0			1.21		100.098	
	左4.0			1.43		99.878	
	左5.0			0.89		100.418	
	右1.5			1.53		99.778	
	右5.0			1.33		99.978	

表 12－4　　　　　　　渠道横断面测量手簿　　　　　　　单位：m

2. 标杆法

标杆红白相间为 20cm，将皮尺零置于断面中心桩上，拉平皮尺与竖立在横断面方向上地面变化点的标杆相交，从皮尺上读得水平距离，标杆上读得高差。如图 12－11 所示，在 0+200 桩左侧一段的第一点，读得水平距离 3.0m，高差 －0.6m，

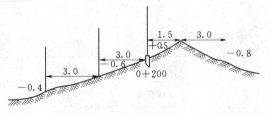

图 12－11　标杆法

测量结果用分数表示，分母为距离，分子为高差，见表 12－5，接着陆续由第一点向左测第二点，直至测到要求宽度，再从 0+200 桩的右侧用同样方法施测至要求宽度。记录手簿如表 12－5。

表 12－5　　　　　　　渠道横断面测量手簿

高差/距离	左侧		中心桩/高程	右侧		高差/距离
$\dfrac{-0.2}{3.0}$	$\dfrac{-0.9}{3.0}$	$\dfrac{-0.8}{3.0}$	$\dfrac{0+165.3}{99.77}$	$\dfrac{+0.7}{3.0}$	$\dfrac{+0.1}{3.0}$	$\dfrac{-0.6}{2.0}$
平地	$\dfrac{-0.4}{3.0}$	$\dfrac{-0.6}{3.0}$	$\dfrac{0+200}{100.18}$	$\dfrac{+0.5}{1.5}$	$\dfrac{-0.8}{3.0}$	同坡
	…	…	…	…	…	

第五节　渠道纵横断面图的绘制

一、渠道纵断面图的绘制

渠道纵断面图以距离（里程）为横坐标，高程为纵坐标，按一定的比例尺将外业所测各点画在毫米方格纸上，依次连接各点则得渠道中心线的地面线。为了明显表示地势变化，纵断面图的高程比例尺应比水平距离比例尺大 10～50 倍，如图 12－12 所示水平距离

比例尺为 1：5000，高程比例尺为 1：100，由于各桩点的地面高程一般都很大，为了便于阅图，使绘出的地面线处于纵断面图上适当位置，图上的高程可不从零开始，而从一合适的数值起绘。图中各点的渠底设计高程，是根据渠道起点的设计渠底高程、设计坡度和水平距离逐点计算出来的，如 0＋000 的渠底设计高程为 98.5m 设计坡度为下降 1‰，则 0＋100 的渠底设计高程应为 98.5－1‰×100＝98.4m。将设计坡度线上两端点的高程标定到图上，两点的连线，即为设计渠底的坡度线。填、挖高度的求法：填、挖高等于地面高程减去设计渠底高程，"＋"为挖深，"－"为填高（纵断面图中还应包括：设计水位、加大设计水位、设计堤顶高程）。

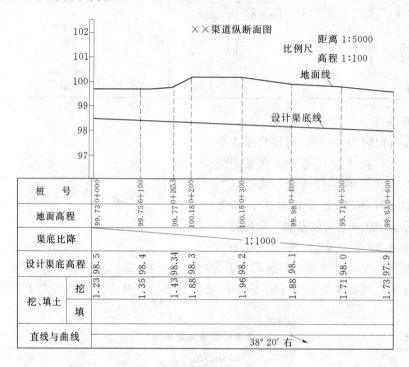

图 12－12　渠道纵断面图

二、渠道横断面图的绘制

绘制横断面图仍以水平距离为横轴、高差（高程）为纵轴绘在方格纸上。为了计算方便，纵横比例尺应一致，一般为 1：100 或 1：200，绘图时，首先在方格纸适当位置定出中心桩点，图 12-13 为 0＋200 桩处的横断面图，纵横比例尺均为 1：100。地面线是根据

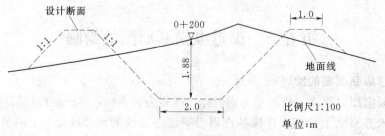

图 12－13　渠道横断面图

横断面测量的数据绘制而成的，设计横断面是根据渠道流量、水位、流速等因素选定，这里选取渠底宽为 2.0m，堤顶宽 1.0m，渠深 2.2m，内外边坡均为 1∶1。然后根据里程桩处的挖深即可将设计横断面套绘上去。

第六节　渠道的土方量计算

在渠道工程设计和施工中，为了确定工程投资和合理安排劳动力，需要计算渠道开挖和填筑的土方量。在渠道土方量计算时，挖、填方量应分别计算，首先在已绘制的横断面图上套绘出渠道设计横断面，分别计算其挖、填面积，并求出相邻两断面挖、填面积的平均值，然后根据相邻断面之间的水平距离计算出挖、填土方量（见图 12-14）。

$$V_{填} = \frac{(S_1 + S_2) + (S_3 + S_4)}{2} d \qquad (12-9)$$

$$V_{挖} = \frac{S_1' + S_2'}{2} d \qquad (12-10)$$

式中　$S_1 \sim S_4$——填方面积，m^2；

　　　　S_1'、S_2'——挖方面积，m^2；

　　　　d——两断面间距离，m。

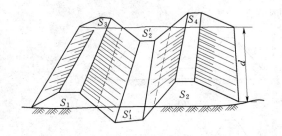

图 12-14　平均断面法计算土方量

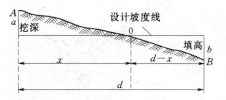

图 12-15　确定零点桩位置的方法

如果相邻两断面的中心桩，其中一个为挖，另一个为填，则应先在纵断面图上找出不挖不填的位置，该位置称为零点，如图 12-15 所示设零点 0 到前一里程桩的距离为 x，相邻两断面间的距离为 d，挖土深度和填土高度分别为 a、b，则

$$\frac{x}{d-x} = \frac{a}{b}$$

即
$$x = \frac{a}{a+b} d \qquad (12-11)$$

若前一桩的里程桩号为 0+200，算出 $x=34.8m$，则零点桩号为 0+234.8，算出零点桩的桩号后，还应到实地补设该桩，并补测零点桩处的横断面，以便将两桩之间的土方分成两部分计算。土方量计算详见表 12-6。

表 12-6　　　　　　　　　渠道土方计算表

桩号自 0+000 至 0+600　　　　　　　　　　　　　　　　　共___页第1页

桩　号	中心桩挖填 (m)		面　积 (m²)		平均面积 (m²)		距离 (m)	土方量 (m³)		备　注
	挖	填	挖	填	挖	填		挖	填	
0+000	1.23		4.65	2.89						
					5.08	2.28	100	508	228	
0+100	1.35		5.50	1.66						
					5.84	3.02	65.3	381.35	197.21	
0+165.3	1.43		6.18	4.38						
					6.76	3.47	34.7	234.57	120.41	
0+200	1.88		7.33	2.55						
					…	…	…	…	…	
…	…	…	…	…						
					…	…	…	…	…	
0+600	1.73									
								3371.76	1636.86	
合　计										

第七节　渠 道 边 坡 放 样

　　渠道边坡放样就是在每个里程桩和加桩点处，沿横断面方向将渠道设计断面的边坡与地面的交点用木桩标定出来，并标出开挖线、填筑线以便施工。

　　渠道横断面形式有三种，如图 12-16 所示。

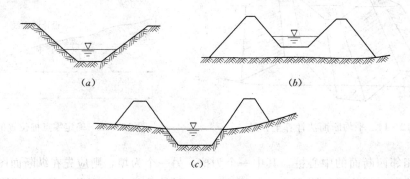

图 12-16　渠道横断面形式
(a) 挖方断面；(b) 填方断面；(c) 半填半挖断面

　　标定边坡桩的放样数据是边坡桩与中心桩的水平距离，通常直接从横断面图上量取。为了便于放样和施工检查，现场放样前先在室内根据纵横断面图将有关数据制成表格，如表 12-7 所示。

　　图 12-17 所示是一个半填半挖的渠道横断面图，按图上所注数据可从中心桩分别量距定出 A、B、C、D 与 E、F、G、H 等点，在开挖点（A、E）与外堤脚点（D、H）处分别打入木桩，堤顶边缘点（B、C 与 F、G）上按堤顶高程竖立竹竿，并扎紧绳子形成一个施工断面。

桩　号	地面高程	设计高程		中心桩		中心桩至边坡桩的距离			
		渠底	堤顶	挖深	填高	左外坡脚	左内坡脚	右内坡脚	右外坡脚
0+000	99.73	98.50	100.70	1.23		5.34	2.68	2.39	5.32
0+100	99.75	98.40	100.60	1.35		4.46	2.66	2.41	4.88
...									

表 12－7　　　　　　　　　　**渠道断面放样数据表**　　　　　　　　　　单位：m

一般每隔一段距离测设一个施工断面，以便掌握施工标准。而其他里程桩只要定出断面的开挖点与堤脚点，连接各断面相应的堤脚点，并分别洒以石灰，就能显示出整个渠道的开挖与填筑范围了。

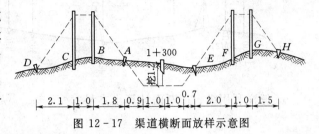

图 12－17　渠道横断面放样示意图

思考题与习题

1. 渠道测量的内容包括哪些？

2. 如何进行渠道的纵、横断面测量？

3. 何谓圆曲线主点？圆曲线元素如何计算？圆曲线主点如何测设？

4. 下表中为渠道纵断面测量的观测数据，渠首渠底设计高程为 124.80m，设计坡度为 1‰，试绘制纵断面图（距离比例尺 1：2000，高程比例尺为 1：100）。

纵断面水准测量手簿　　　　　　　　　　单位：m

测　站	桩　号	水准尺读数			视线高程	高程	备　注
		后　视	前　视	间　视			
1	0+000	1.735				126.000	已知
	0+040			1.74			
	0+065			1.99			
	0+100		1.104				
2	0+100	1.501					
	0+200		0.412				
3	0+300	1.387					
	0+220			1.04			
	0+285			1.55			
	0+300		0.269				
4	0+300	1.656					
	0+350						
	0+400		1.213	1.88			
5	0+400	1.568					
	0+425			1.58			
	0+460			1.71			
	0+500		1.338				

5. 某段线路纵断面水准测量如下图，请按表 12-3 列表计算各点的高程，并检核计算有无错误。

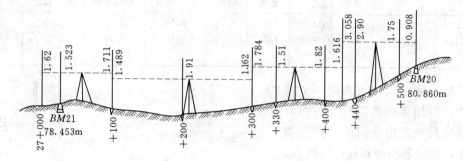

6. 怎样利用纵、横断面计算土方量？

第十三章　工程建筑物的变形观测

第一节　概　　述

周期性地对设置在建（构）筑物上的观测点进行观测，求得观测点各周期相对于首期观测点平面或高程位置的变化量，为监视建（构）筑物的安全，研究建筑物的变形过程等提供并积累可靠的资料。我们把这项工作称为变形观测。

变形观测的具体任务包括，监视新建筑物的施工质量及旧建筑物使用与运营期间的安全；监测建筑场地及特殊构件的稳定性；检查、分析和处理有关工程质量事故；验证有关建筑地基、结构设计的理论和设计参数的准确性与可靠性；研究变形规律，预报变形趋势。

通过在施工及运营期对工程建筑物原体进行观测、分析、研究，我们可以验证地基与基础的计算方法、工程结构的设计方法，可以对不同地基与工程结构规定合理的允许沉陷与变形数值，并为工程建筑物的设计、施工、维护管理和建筑结构安全评价提供分析数据。

工程建筑物产生变形的原因是多方面的，主要可以归纳为以下几点：

（1）自然条件及变化。包括建筑物地基的工程地质、水文地质、土壤的物理性质、大气温度等，形变量可认为是时间函数。

（2）与建筑物本身相联系原因。即建筑物本身的荷重、建筑物结构、型式及动荷载（如风力、震动）作用。

（3）勘测、设计、施工及运营管理工作做得不合理所造成的建筑结构变形。

因此变形观测任务就是周期性地重复观测监测点，并通过观测数据处理，获得建筑物变形现状的描述和预测，如沉陷、倾斜、裂缝等。

针对具体建筑物性质与要求，变形观测的目的和任务不同：

（1）工业与民用建筑物。如均匀与不均匀沉陷（基础）、倾斜、裂缝（建筑物）水平、垂直位移（特殊对象）及高层的动态变形（瞬时、可逆、扭转）。

（2）水工建筑物。如水平位移、垂直位移、渗透及裂缝观测。

（3）钢混建筑物。如混凝土重力坝主要观测项目为垂直位移（获取基础与坝体的转动）、水平位移（求得坝体的挠曲）变化及构件伸缩缝观测。相对混凝土应力、钢筋应力、温度（廊道内）测量等内部变形观测，这些都属外部变形观测。

（4）地表沉降。可以研究地下水沉降回升变化规律，防止洪涝及保护地下管线安全，从大范围讲可研究地壳形变，如地震引发的大地变形等。

变形观测方法由建筑物性质、使用情况、观测精度、周围环境及对观测的要求决定，如垂直位移对应的观测方法有：几何水准、液体静力水准、微水准等；水平位移方法有：基准线法、导线法、前方交会法、近景摄影法、GPS法、光电自动遥控监测等。

第二节 变形观测的精度与频率

变形观测精度是保证观测成果可靠的重要条件，而变形观测频率（或周期）的确定对省时而有效地实现变形测量目的关系很大。

一、变形观测精度

变形观测精度取决于被监测的工程建筑物预计的允许变形值和进行变形观测的目的。国际测量师联合会（FIG）提出，如观测目的是为了使变形值不超过某一允许的数值而确保建筑物安全，则其观测中误差应小于允许变形值的 1/10～1/20；如观测目的是为研究建筑体的变形过程，则观测中误差应比允许变形值小很多。对我国工民建项目来说，是以允许倾斜值（沉降等）的 1/20 为观测精度指标，实际上，条件许可下还可把观测精度提高。

观测精度一般要由施工的目的及结构计算允许变形值为依据，并结合相关规范制订的，但从实际应用出发，一般变形观测精度（尤其是水平位移）可设定在 ±1mm 左右。

而为了科研等目的，观测精度一般选 ±0.01mm 为宜，如欧洲高能粒子加速器工程观测精度为 ±0.05～±0.3mm。

二、变形观测频率

观测的频率（周期）决定于变形值的大小、速率及观测目的，要求观测的次数既能反映出变化的过程又不错过变化的时刻。而从变形过程要求说，变形速度比变形绝对值更重要。

可以基础沉陷过程为例，以观测频率确定方法（分阶段逐测过程）。

第一阶段：（施工期）：速度大（20～70mm/a）：3～15d/次

第二阶段：（运营初期）：速度小（20mm/a）：1～3 个月/次

第三阶段：（平稳下沉期）：（1～2mm/a）：6～12 个月/次

第四阶段：（停止期）：12 个月→/次

当发生下列情况之一时，应及时增加观测：

（1）地震、爆炸（发生在沉降观测场地附近的）后。

（2）发现异常沉降现象。

（3）最大差异沉降量呈现出规律性的增大倾向。

（4）重要建筑物或古建筑物处理。

第三节 变形观测点的布设

变形观测点是直接布置在观测建筑物上，由于建筑物变形与建筑结构及周围环境关系密切，因此变形观测点的位置分布不同，对建筑物变形结果评定也有很大的影响。

变形观测系统中，要求监测点位分布合理，几何结构好，图形灵敏度高，点位目标形状要使目标清晰，最大减少旁折光影响等。

无论是垂直还是水平位移监测，根据点的使用目的不同，变形测量系统中的测量点一般分三类，即基准点、工作基点和观测点。

观测点的布设一般要根据建筑结构特点，由相关设计、监理等部门提出总体要求，并由测量单位具体实施。

观测点是获取变形的直接反映，故它要与被观测的建筑物或其构件牢固地接在一起，既要保证通视、隐蔽性好，又能最好地反映建筑物的变形状况。

观测点的安装一般由施工单位，其数目要以全面又不失重点地反映变形过程为准，点的位置要由建筑结构特点及现场环境决定。可从垂直（沉降）及水平位移监测两方面说明点位的具体布置方法。

一、垂直位移监测点布设

1. 沉降监测点布设位置

沉降监测点应置于最具代表性的地方（建筑结构的关键处），对一般建筑物选取方法如下：

（1）砖墙承重的建筑物：沿外墙每隔 8～12m 的柱基上、外墙的转角处、纵横墙的交接处等；若建筑物的宽度大于 15m 时，内墙也应设置一定数量的观测点。

（2）框架结构的建筑物：设在每个柱基或部分柱基上。

（3）基础为箱形或筏形的高大建筑物：设在纵墙轴线和基础（或接近基础的结构部分）周边以及筏形基础的中央。

（4）高低层建筑物、新旧建筑物的两侧。

（5）建筑物沉降缝、建筑物裂缝的两侧。

（6）基础埋深相差悬殊、人工地基和天然地基邻接处、结构不同的分界处两侧。

（7）烟囱、水塔、油罐、炼油塔、高炉及其他类似构筑物基础的对称轴线上，不少于 4 个。

2. 沉降监测点形状

沉降监测点的标志要根据面对的监测对象和现场环境确定，种类如图 13-1 所示。

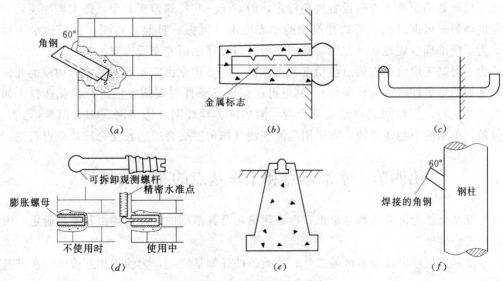

图 13-1　沉降监测点形式

(a) 角钢观测点；(b) 圆钢头观测点；(c) 钢筋观测点；(d) 隐蔽观测点；(e) 地坪观测点；(f) 钢柱观测点

二、水平位移监测点布设

对于水平位移测量，通常应在观测点与工作点间设置观测墩，也称测量基准站。

观测墩为钢筋混凝土构造，现场浇灌、基础应埋在冻土层以下 0.3m，墩面需要安置强制对中装置，目的是使仪器、目标严格居中，其对中装置形式很多，如圆柱、圆锥、圆球插入式和置中圆盘等（见图 13-2）。

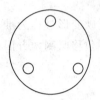

图 13-2　强制对中圆盘　　　　　　　　　　　图 13-3　照准觇牌

监测点照准标志是用以测定水平位移的平面标志，与垂直位移观测中的点标志不同，它们一般是以杆式标志或觇牌的形象出现（见图 13-3）。对平面标志的要求是：

（1）必须稳定，防止日光照射。因为不均匀照射，可使标志中心产生几毫米的位移。标志必须埋在坚固的结构体中。

（2）必须应用机械对中的结构，以消除对中和目标偏心误差的影响。

（3）必须长期保存，防止被破坏。

（4）图案对称。为了减少阳光照射所引起的系统误差，一般采用觇牌。

（5）应有适当的参考面积。即使十字丝两边有足够的比较面积，而同心圆环图案是不利的。

（6）便于安置。

平面监测点位置与被监测构筑物的形状和用途有关。如对工民建构造物一般应在楼四角上下墙面处两个垂直方向设置监测标志，而对于一些特殊监测对象，还要增加项目，如高层的倾斜、风振观测，塔式建筑物的动态变形（风振、日照）观测，大坝的水平位移等。为了能准确客观地反映监测对象的变形，需要仔细研究布设方案。

为了提高变形监测点的点位精度及可靠性，需要建立由监测点和基准点构成的几何网形来施加约束条件（或检核条件），网形可根据现场条件与观测方法进行优化选择。如对于大型建筑物，监测网宜布设成三角网、测边网、导线网、边角网、GPS 网等形式，对于分散、单独的小型建筑物，宜采用监测基线（如角度交会或边长交会）或单点量测。

第四节　水准基点和工作基点的布置与埋设

水准基点作为沉降观测基准点，所有建筑物及其基础的沉降量均由其推算确定，因而其构造的稳定性至关重要。

水准基点应埋设在变形区域之外、地质条件好如基岩上，为便于相互检核，水准基点宜不少于 3 个。

作为水准基点和监测点间衔接的工作基点可埋在变形物附近便于引测的地方，其地质条件相对变形区域应较好，同时还要注意埋设的点便于与水准基点联测。

另外水准基点应与工作基点联结成网形，网形线路要合理简短。

对大型水利枢纽，水准基点应埋于河流两岸的下游方向，且在沉降范围之外。对于工民建工程，由于其场地多位于平坦地区，覆土较厚，一般采用深埋标志法。若在常年温差大的地区，为避免由于温度不均匀变化对标志高程的影响，可采用深埋双金属标志。

至于工作基准点，一般采用地表岩石标，当建筑物附近的覆盖土层较深时，可采用浅埋的混凝土内标。

对于水利枢纽的高程控制网，水准基点应设在库区影响半径之外［图 13-4（a）］，实践证明高程控制网的水准基点应埋在坝址下游 1.5～3km 处岸附近。如图 13-4（b）所示，水准基点远离坝址，固然有稳定的优点，但长距离引测，精度又降低，为保证最弱点的观测精度（如重力坝规定为观测精度为±1～±2mm），基点一般不能离监测场地太远。

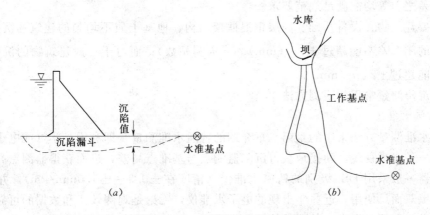

图 13-4 水准基点的埋设位置

对于工业与民用建筑沉降观测，施测的水准路线应形成闭合线路，如图 13-5 所布设的建筑物监测点观测线路。与一般水准测量比较，观测视线短，一般不大于 25m，因此一次安置仪器可测几个前视点（间视法）。在不同的观测周期里，为减少系统误差如 i 角影响，仪器应尽可能置于同一位置，对于中小厂房可采用Ⅲ等水准测量，而大型、高层结构物宜采用Ⅱ等水准测量为宜。

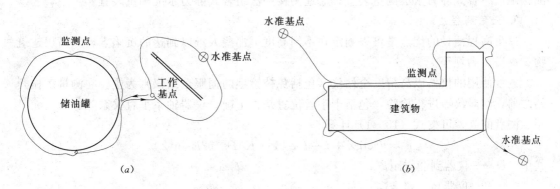

图 13-5 水准观测线路形式

第五节 沉 陷 观 测

水准基点是测量观测点不同周期下沉陷量的依据和基准，针对不同观测条件和监测对象，应该采用同一种水准测量工具、同一观测者并按同等级精密水准测量技术标准实施，一般沉陷观测线路应是将水准基点包含在内所组成的闭合水准路线，其闭合差应满足相应等级国家规范的要求。

水准基点高程可以取自国家或城市水准基准，也可以根据需要采用假设高程。

观测线路要事先踏勘好，一般从水准基点开始观测，沉陷监测点的获取既可以由前视方法获得，也可以间视法获取。观测线路的前后视最好使用同一把水准尺，每个测站要按相应等级的观测顺序读数，而且观测成果要进行现场检查，包括一测站基辅分划误差，两次观测高差之差等均需满足规范要求。

对重要建筑物、设备基础、高层钢混框架结构、地基土质不均匀的建筑物沉降测量，水准路线的闭合差不能超过 $\pm\sqrt{n}$（mm）（n 为测站数）；而对于一般建筑物的沉降观测，闭合差不能超过 $\pm2\sqrt{n}$（mm）。

一、沉降测量常用的观测方法

1. 几何水准法

几何水准测量方法采用的是第二章介绍的普通水准测量，即利用光学（或电子）仪器所提供的一条水平视线，间接地获得沉陷监测点与基准点高差，进而获得监测点高程。光学测量仪器一般采用 DS。级别的精密水准仪（精度在 $\pm0.3\sim\pm1.0$mm/km），并配合铟钢尺或红黑双面尺使用；近些年出现的电子水准仪，无论是观测效率和数据的可靠性方面较传统光学仪器都有提高，其读数使用的水准尺一般为铟钢条纹码尺。

2. 液体静力水准法

液体静力水准测量的工作原理，是利用液体通过封闭连通管，使各个容器实现液面平衡，通过测定基准点、观测点到液面的垂直距离，求得基准点与观测点两点间的高差 Δh。静力水准测量适用于大坝的廊道或建筑物地下室等难以进行几何水准测量的地方。

目前在变形测量中使用的静力水准测量装置包括：①目视法静力水准测量装置；②近测接触法组合式静力水准测量装置；③遥测接触法组合式静力水准测量装置。

3. 三角高程法

三角高程测量的优点是可以测定在不同高度下那些人难以到达的沉陷点，像高层建筑物、高塔、高坝等。

测量使用的仪器以高精度全站仪（包括免棱镜型的伺服全站仪）为主。在测量工作开始之前，应对仪器进行检验，包括十字丝位置是否正确、仪器轴系垂直关系等。

测点的高差可按式（13-1）计算

$$h = D\mathrm{ctg}Z + i - l + (1-K)D^2/(2R\sin^2 Z) \tag{13-1}$$

式中　D——仪器到测点距离；

　i、l——仪器高、照准高；

　K——竖直折光系数（取 0.15）；

R——地球半径（取 6371km）；

Z——天顶距。

近年大量生产实践经验证明，用三角高程代替Ⅲ、Ⅳ等水准测量，精度是可以保证的。

二、沉陷观测实施步骤及外业成果整理

1. 外业沉陷观测

利用前面所介绍的各种沉陷观测方法，就可根据实际条件制订观测周期和观测内容。定期测量监测点相对于水准（工作）基点的高差，并将不同时期所测高差加以比较，即获建筑物的沉陷情况。为保证监测的质量，要求外业观测中误差不超过一定限值，如对混凝土坝，$m_沉 < \pm 1mm$。

2. 成果整理

沉降观测结束后，可根据实际需要，提供沉陷观测与分析资料如下。

（1）沉降观测成果表，见表 13-1。

表 13-1　　　　　　　　　　　　沉 降 观 测 成 果 表

测点号	第1次			第2次			第3次		
	2005年5月24日			2005年7月20日			2005年10月23日		
	高程（m）	本次沉降量（mm）	累积沉降量（mm）	高程（m）	本次沉降量（mm）	累积沉降量（mm）	高程（m）	本次沉降量（mm）	累积沉降量（mm）
1	48.7567			48.7465	−10.2		48.7392	−7.3	−17.5
2	48.7740			48.7628	−11.2		48.7567	−6.1	−17.3
3	48.7755			48.7640	−11.5		48.7572	−6.8	−18.3
4	48.7772			48.7663	−10.9		48.7591	−7.2	−18.1
5	48.7470			48.7353	−11.7		48.7318	−3.5	−15.2
6	48.7405			48.7292	−11.3		48.7248	−4.4	−15.7

（2）观测点平面分布及沉降展开图。

（3）荷载—时间—沉降曲线图，见图 13-6，图中描绘出最小沉降量、最大沉降量和平均沉降量三条曲线。平均沉降量按式（13-2）计算

$$\overline{S} = \frac{S_1 F_1 + S_2 F_2 + \cdots + S_n F_n}{F_1 + F_2 + \cdots + F_n} = \frac{[F_i S_i]}{[F_i]} \qquad (13-2)$$

式中　S_i——观测点 i 的累积沉降量（$i = 1, 2, \cdots, n$）；

　　　F——观测点 i 的基础底面积。

（4）等沉降曲线图，见图 13-7，图中各观测点注记的沉降量是达到稳定时的累积沉降量；比例尺及等沉降距的大小应根据实际情况决定，以勾绘清楚为原则；示坡线指向低处。有时还可用三维动态模型表示场地不均匀沉降现态。

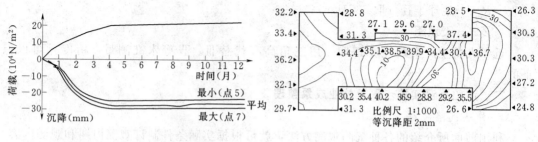

图 13-6　荷载时间沉降曲线　　　　　　图 13-7　基础等沉降曲线

第六节　倾　斜　观　测

倾斜观测是指用经纬仪（有时需要配带 90°弯管目镜）及其他专用仪器测量建筑物倾斜度现状及随时间变化的工作。

变形观测中，倾斜是相对于竖直面位置比较得到的差异，而倾斜度则可由相对于水平面或竖直面比较差异获得。

一、一般建筑物的倾斜观测

1. 投影法

如图 13-8，ABCD 为房屋的底部，$A'B'C'D'$ 为顶部，以 A' 倾斜为例观测步骤如下：

（1）在屋顶设置明显的标志 A'，并用钢尺丈量房屋的高度 h。

（2）在 BA 的延长线上且距 A 约 $1.5h$ 的地方设置测站 M，在 DA 的延长线上且距 A 约 $1.5h$ 的地方设置测站 N，同时在 M、N 两测站照准 A'，并将它投影到地面为 A''。

（3）丈量倾斜量 k，并用支距法丈量纵、横向位移量 Δx、Δy，则

倾斜方向 $\qquad\qquad\qquad \alpha = \arctan \dfrac{\Delta y}{\Delta x}$ （13-3）

倾斜度 $\qquad\qquad\qquad i = \dfrac{\sqrt{\Delta x^2 + \Delta y^2}}{h}$ （13-4）

2. 解析法

仍见图 13-8，若用解析法对房角 A 进行倾斜观测，步骤如下：

（1）在底部 A 及顶部 A' 设置明显的固定目标。

（2）布设监控点，监控点距房屋的距离约为房屋高度的 $1.5\sim2$ 倍。若要进行长期观测，监控点应设置观测墩并安装强制对中装置。

（3）房屋的高度可用间接测高法（或悬高法）测定。

（4）观测数据解析计算，用前方交会法及间接测高法测得 A 角上、下两点的坐标和高程为 $(x_A、y_A、H_A)$ 及 $(x_A'、y_A'、H_A')$，则

纵向位移 $\qquad\qquad\qquad \Delta x = x_A' - x_A$ （13-5）

横向位移 $\qquad\qquad\qquad \Delta y = y_A' - y_A$ （13-6）

房屋高度 $\qquad\qquad\qquad h = H_A' - H_A$ （13-7）

绝对倾斜量 $\qquad\qquad\qquad k = \sqrt{\Delta x^2 + \Delta y^2}$ （13-8）

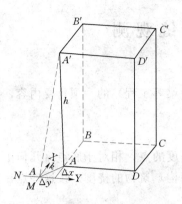

图 13-8 大楼倾斜测量

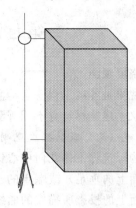

图 13-9 激光准直测量建筑物垂直度

再按式（13-4）计算倾斜方向和倾斜度。

3. 激光准直法

如图 13-9 所示，在观测的墙面（总高 h）外侧上设置垂直测线，利用激光准直仪（距墙面 d_L）向上（或向下）投影获得一条激光垂直准直线，在墙面顶端处设置接收靶，量取此处墙面到垂直准直线接收靶中心的水平距离 d_H，由此获得墙体的倾斜度 i

$$i = (d_H - d_L)/h \tag{13-9}$$

二、塔式建筑物的倾斜观测

如图 13-10，O_1 为烟囱底部中心，O_2 为顶部中心，A、B 是监控点，用前方（切线）交会法进行观测。步骤如下：

（1）置经纬仪于 A，后视 B，量取仪器高 i，用十字丝中心照准烟囱底部一侧之切点，读取方向值和天顶距；固定望远镜，旋转照准部，照准另一侧之切点，读取方向值。取两方向值之中数，即为底部中心的方向值，从而求得观测角 α_1 及天顶距 z_1，再取两方向值之差而得两切线间的夹角 φ_1。仍在 A 站，用同样方法测得烟囱顶部的 α_2、z_2 及 φ_2。

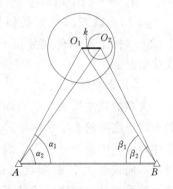

图 13-10 塔式建筑倾斜观测

（2）迁站于 B，后视 A，重复上述方法而测得 β_1 和 β_2，但须注意在 B 站上所切的切点应与 A 站上所切的切点同高。

（3）按前方交会公式分别计算烟囱底部中心坐标 x_1、y_1 和顶部中心坐标 x_2、y_2。

（4）按下式计算烟囱高度

$$k = \sqrt{\Delta x^2 + \Delta y^2} \tag{13-10}$$

（5）计算以下各项

纵向位移 $\qquad\qquad \Delta x = x_2 - x_1 \tag{13-11-1}$

横向位移 $\qquad\qquad \Delta y = y_2 - y_1 \tag{13-11-2}$

倾斜量 $\qquad\qquad k = \sqrt{\Delta x^2 + \Delta y^2} \tag{13-11-3}$

再按式（13-4）计算倾斜方向和倾斜度。

第七节　挠度与裂缝观测

一、挠度观测

挠度观测是各项工程安全检测（尤其对大坝、桥梁等工程）的一项重要内容，根据不同观测对象、建筑材料有不同观测处理方法。

（一）建（构）筑物挠度观测（水平挠曲）

建（构）筑物主体几何中心铅垂线上各个不同高度的点，相对于底点（几何中心铅垂线在底平面上的垂足）或端点的水平位移，就是建（构）筑物的挠度。按这些点在其扭曲方向垂直面上的投影所描绘的曲线，就是挠度曲线。

在建（构）筑物需要检测的构件如基础梁、桁架、行车轨道等选定有代表性的地方设置挠度观测点，如图 13-11 某斜拉桥主桥面一侧所布设的挠曲观测点 1～17 点，其中 5、13 点分布在桥墩上。根据检测的目的，定期对这些点进行沉降观测。可得各期 i 相对于首期 0 的挠度值 F_e。

$$F_e = \left(H_e - \frac{H_5 + H_{13}}{2} \right)_i - \left(H_e - \frac{H_5 + H_{13}}{2} \right)_0 \qquad (13-12)$$

式中　　H_e——某期对应挠度观测点的高程；

H_5、H_{13}——两个塔桥墩处的固定点。

图 13-11 反映的是某斜拉桥在 3 种静载工况下（桥上车辆荷载分布不同），桥面挠曲变化情况。

（二）大坝挠度观测

大坝的挠度指大坝垂直面内不同高程处的点相对于底部的水平位移量，其观测常采用在坝体的竖井中设置一根铅垂线，用坐标仪测出竖井不同高程处各观测点与铅垂线之间的位移。按垂线是上端固定还是下端固定，有正垂线与倒垂线两种形式。

1. 正垂线

将直径为 0.8～1.2mm 的钢丝 1 固定于顶

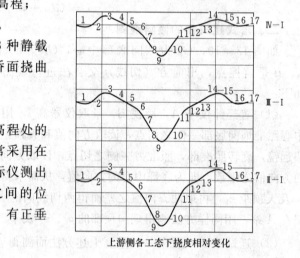

上游侧各工态下挠度相对变化

图 13-11　斜拉桥单侧加载后挠曲线

部 3（见图 13-12）。弦线的下端悬挂 20kg 重锤 4。重锤放在液体中，以减少摆动。整个装置放入保护管 2 中。坐标仪放置在与竖井底部固连的框架 5 上。沿竖井不同高程处埋设挂钩 6。观测时，自上而下依次用挂钩钩住垂线，则在坐标仪上所测得的各观测值即为各观测点（挂钩）相对于最低点的挠度值。

2. 倒垂线

倒垂线的固定点在底层，用顶部的装置保持弦线铅垂，见图 13-13。锚锭 1 将钢丝 2 的一端固定在深孔中，通过连杆与十字梁将弦线上端连接在浮筒 3 上。浮筒浮在液槽中，靠浮力将弦线拉紧，使之处于铅垂状态。钢丝安装在套筒 4 中，其内沿不同高程处还设有

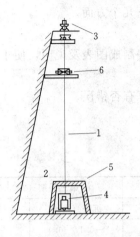

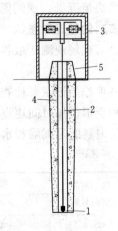

图 13-12　正垂线装置　　　　　图 13-13　倒垂线装置

框架和放置坐标仪用的观测墩 5。为了进行高程测量，弦线上还装有标尺等设备。

二、裂缝观测

建（构）筑物由于受不均匀沉降和外界因素影响，墙体会产生裂缝。定期观测裂缝宽度（必要时尚需观测裂缝的长度）的变化，以监视建（构）筑物的安全。

对于一个裂缝，一般应在其两端（最窄处与最宽处）设置观测标志。标志的方向应垂直于裂缝。一个建（构）筑物若有多处裂缝，则应绘制表示裂缝位置的建（构）筑物立面图（简称裂缝位置图），并对裂缝编号。

（一）裂缝观测的标志和方法

1. 石膏标志

在裂缝两端抹一层石膏，长约 250mm，宽约 50mm，厚约 10mm。石膏干固后，用红漆喷一层宽约 5mm 的横线，横线跨越裂缝两侧且垂直于裂缝。若裂缝继续扩张，则石膏开裂，每次测量红线处裂缝的宽度并作记录。

2. 薄铁片标志

用厚约 0.5mm 的薄铁片两块，一块为方形，100mm×100mm，另一块为矩形，150mm×50mm。将方形铁片固定在裂缝之一侧，喷以白漆；将矩形铁片一半固定在裂缝另一侧，使铁片另一半跨过裂缝搭盖在方形铁片之上，并使矩形铁片方向与裂缝垂直，待白漆干后再对两块铁片同喷红漆。若裂缝继续扩张，则两铁片搭盖处显现白底，每次测量显露的白底宽度并作记录。

（二）裂缝观测资料整理

（1）绘制裂缝位置图。

（2）编制裂缝观测成果表。

第八节　变形观测资料的整编

变形观测的最终目的是为工程安全运营提供耳目，因而在获取大量原始观测资料后，还应从观测数据中挖掘出有用的信息，除了能分析变形过程，尚能预测未来发展趋势，并给工程管理提供决策意见。观测资料的挖掘则包括以下几个方面。

一、观测资料的整理和整编

主要工作是对现场观测所取得的资料加以整理、编制成图表及说明，便于后面分析使用，内容有：

（1）校核各项原始记录，检查各次变形观测值计算有否错误。

（2）对各种变形值按时间逐点填写观测数值表。

表13-2所编制的是沉陷和水平位移明细表。

表 13-2　　　　　　　　　　　　沉陷和水平位移明细表

待定点	第一周期观测日期	第二周期（2005.6.10）		第三周期（2005.7.15）	
		沉降（mm）	水平位移（mm）	沉降（mm）	水平位移（mm）
左2	2005.4.15	−0.3	+0.1	−0.1/−0.4	+0.1/+0.2
右2	2005.4.16	−0.4	0.0	−0.2/−0.6	+0.2/+0.2
左3	2005.4.16	−0.2	−0.2	−0.1/−0.3	+0.2/+0.0
右3	2005.4.17	−0.2	+0.2	−0.2/−0.4	+0.3/+0.5

注　1. 下坡方向的水平位移取正号；
　　2. 第二周期位移与总位移相同，第三周期分子表示本次位移，分母表示总位移。

二、绘制变形过程曲线（矢量线）或曲面

变形有的是按时间周期地变化，有的是随温度或水位变化而变化。为了得到建筑物变形的直观概念，以便研究变形特性和规律，对于单点需要绘制观测点的变形过程线，它是以时间为横坐标，以累积变形值（位移、沉陷、倾斜、挠度等）为纵坐标绘制成的曲线。对于点群，则要绘制变形矢量场，以判断建筑物是否有异常变形以及建筑物是否正常营运等，图13-14反映的是某船闸在一定水位下的瞬间变形矢量场变化。图13-15反映的是某建筑物基础整体沉降曲面变化。

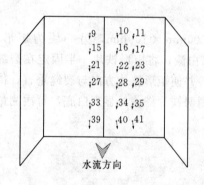

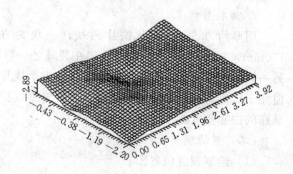

图 13-14　船闸满水时变形矢量场　　　　　图 13-15　大楼基础沉降三维透视图

对于引起变形的原因如地质基础，本身自重、外界条件（如水压力、风压力、温度变化）等，根据观测结果，要加以分析，并给予变形以物理的解释。

三、观测资料分析

外业观测资料经过整理和粗差的剔除及系统误差的修正后就可以根据实际观测条件，

利用各种平差方法获取较合理的成果值，包括点的沉降量、平面坐标等，进而根据各期的观测平差值来分析变形的影响大小、趋势等，这种变形成果数据处理方法，在实践中有许多经验可循。对于独立的各监测点分析通常可采用绘制变形图并用变形曲线拟合的直观方法分析；而对于整体监测网，由于经过平差后，点与点之间有着相互制约条件的关系，因而各期坐标点间的变化并不能确定它是真的变动了，而需要用统计方法进行识别判断。

观测资料分析主要内容应包括：

（1）变形成因分析。解析归纳建筑物变形过程、变形规律、变形幅度，分析变形的原因及变形值与引起变形因素之间的关系，进而判断建筑物的运营情况是否正常。这些工作通常又称变形定性分析。

（2）变形统计分析。通过一定周期观测，在积累了大量观测数据后，又可进一步找出建筑物变形的内在原因和规律，从而建立变形预报数学模型。

思 考 题 与 习 题

1. 什么是变形观测？工程建筑物产生变形的原因是什么？

2. 变形观测点位分布不同对观测精度有哪些影响？

3. 简述基准点、工作点、观测点三者联系与作用。

4. 沉降观测点一般有哪几种方式？各适于什么条件？

5. 水平位移观测的任务和意义是什么？

6. 挠度测量通常用于哪些变形观测对象？实施方法有哪些？

7. 正锤线、倒锤线各有什么用途？使用时有什么区别？

8. 变形观测成果分析通常要从哪几方面考虑？

9. 如下表的沉降观测成果，试完成其运算。

监测点	第 1 次			第 2 次			第 3 次		
	2005 年 5 月 24 日			2005 年 7 月 20 日			2005 年 10 月 23 日		
	高程 (m)	沉降量（mm）		高程 (m)	沉降量（mm）		高程 (m)	沉降量（mm）	
		本次	累计		本次	累计		本次	累计
1	4.3929			4.3925			4.3920		
2	4.4142			4.4138			4.4135		
3	4.4368			4.4365			4.4363		
4	4.4357			4.4355			4.4351		
5	4.4509			4.4508			4.4506		
6	4.4656			4.4655			4.4650		
7	4.4304			4.4299			4.4295		
8	4.4078			4.4076			4.4075		

第十四章 测量实验与实习

"测量实验与实习"是本课程教学环节的组成部分之一，只有通过实验与实习，才能巩固课堂所学的基本理论，掌握仪器操作的基本技能和实测方法；加深对课堂所学知识的理解，理论联系实际，初步掌握测量知识在实际工作中的应用。

第一部分 实验与实习须知

一、测量实验与实习的一般规定

（1）在实验、实习之前，必须复习教材中的有关内容，认真仔细地预习，以明确目的，了解任务，熟悉实验步骤或实验过程，注意有关事项，并准备好所需文具用品。

（2）实验、实习分小组进行，组长负责组织协调实验、实习工作，办理所用仪器工具的借领和归还手续。

（3）实验应在规定的时间进行，不得无故缺席或迟到早退；不得擅自改变地点或离开现场。

（4）必须遵守"测量仪器工具的使用规则"和"测量记录与计算规则"。

（5）在实验过程中，还应遵守纪律，爱护现场的花草、树木和农作物，爱护周围的各种公共设施，任意砍折、踩踏或损坏者应予赔偿。

（6）实验、实习结束后，应把观测记录和实验报告及实习成果交指导教师审阅，及时收装仪器备品，送归实验室检查验收，办理仪器退还手续。

二、测量仪器工具的使用规则

对测量仪器工具的正确使用、精心爱护和科学保养，是测量人员必须具备的素质和应该掌握的技能，也是保证测量成果质量、提高测量工作效率和延长仪器工具使用寿命的必要条件。在仪器工具的使用中，必须严格遵守下列规定。

1. 仪器的安置

（1）在三角架安置稳妥之后，方可打开仪器箱。开箱前应将仪器箱放在平稳处，严禁托在手上或抱在怀里。

（2）打开仪器箱之后，要看清并记住仪器在箱中的安放位置，避免以后装箱困难。

（3）提取仪器之前，应先松开制动螺旋，再用双手握住支架或基座，轻轻取出仪器放在三角架上，保持一手握住仪器，一手拧连接螺旋，最后旋紧连接螺旋，使仪器与脚架连接牢固。

（4）装好仪器之后，注意随即关闭仪器箱盖，防止灰尘和湿气进入箱内。严禁坐在仪器箱上。

2. 仪器的使用

（1）仪器安置之后，不论是否操作，必须有人看护，防止无关人员搬弄或行人、车辆碰撞。

（2）在打开物镜时或在观测过程中，如发现灰尘，可用镜头纸或软毛刷轻轻拂去，严禁用手指或手帕等物擦拭镜头，以免损坏镜头上的镀膜。观测结束后应及时套好镜盖。

（3）转动仪器时，应先松开制动螺旋，再平稳转动。使用微动螺旋时，应先旋紧制动螺旋。

（4）制动螺旋应松紧适度，微动螺旋和脚螺旋不要旋到顶端，使用各种螺旋都应均匀用力，以免损伤螺纹。

（5）在野外使用仪器时，应该撑伞，严防日晒雨淋。

（6）在仪器发生故障时，应及时向指导教师报告，不得擅自处理。

3. 仪器的搬迁

（1）在行走不便的地区迁站或远距离迁站时，必须将仪器装箱之后再搬迁。

（2）短距离迁站时，可将仪器连同脚架一起搬迁。其方法是：先取下垂球，检查并旋紧仪器连接螺旋，松开各制动螺旋使仪器保持初始位置（经纬仪望远镜物镜对向度盘中心，水准仪的水准器向上）；再收拢三脚架，一只手握住仪器基座或支架放在胸前，另外一只手抱住脚架放在肋下，稳步行走。严禁斜扛仪器，以防碰摔。

（3）搬迁时，小组其他人员应协助观测员带走仪器箱和有关工具。

4. 仪器的装箱

（1）每次使用仪器之后，应及时清除仪器上的灰尘及脚架上的泥土。

（2）仪器拆卸时，应先将仪器脚螺旋调至大致同高的位置，再一手扶住仪器，一手松开连接螺旋，双手取下仪器。

（3）仪器装箱时，应先松开各制动螺旋，使仪器就位正确，试关箱盖确认放妥后，再拧紧制动螺旋，然后关箱上锁。若合不上箱口，切不可强压箱盖，以防压坏仪器。

（4）清点所有附件和工具，防止遗失。

5. 测量工具的使用

（1）钢尺的使用：应防止扭曲、打结和折断，防止行人踩踏或车辆碾压，尽量避免尺身着水。携尺前进时，应将尺身提起，不得沿地面拖行，以防损坏刻划。用完钢尺应擦净、涂油，以防生锈。

（2）皮尺的使用：应均匀用力拉伸，避免着水、车压。如果皮尺受潮，应及时晾干。

（3）各种标尺、花杆的使用：应注意防水、防潮，防止受横向压力，不能磨损尺面刻划的漆皮，不用时安放稳妥。塔尺的使用，还应注意接口处的正确连接，用后及时收尺。

（4）测图板的使用：应注意保护板面，不得乱写乱扎，不能施以重压。

（5）小件工具如垂球、测钎、尺垫等的使用：应用完即收，防止遗失。

（6）一切测量工具都应保持清洁，专人保管搬运，不能随意放置，更不能作为捆扎、抬、担的它用工具。

三、测量记录与计算规则

测量记录是外业观测成果的记载和内业数据处理的依据。在测量记录或计算时必须严肃认真，一丝不苟，严格遵守下列规则：

（1）在测量记录之前，准备好硬芯（2H 或 3H）铅笔，同时熟悉记录表上各项内容及填写、计算方法。

（2）记录观测数据之前，应将记录表头的仪器型号、日期、天气、测站、观测者及记录者姓名等无一遗漏地填写齐全。

（3）观测者读数后，记录者应随即在测量记录表上的相应栏内填写，并复诵回报以资检核。不得另纸记录事后转抄。

（4）记录时要求字体端正清晰，数位对齐，数字对齐。字体的大小一般占格宽的 1/2～1/3，字脚靠近底线；表示精度或占位的"0"（例如水准尺读数 0234，度盘读数 93°04′00″）均不可省略。

（5）数据计算时，应根据所取的位数，按"4 舍 6 入，5 前单进双不进"的规则进行凑整。如 1.3144，1.3136，1.3145，1.3135 等数，若取三位小数，则均记为 1314。

（6）观测数据的尾数不得更改，读错或记错后必须重测重记，例如：角度测量时，秒级数字出错，应重测该测回；水准测量时，毫米级数字出错，应重测该测站。

（7）禁止擦拭、涂改与挖补。发现错误应在错误处用横线划去，将正确数字写在原数上方，不得使原字模糊不清。淘汰某整个部分时可用斜线划去，保持被淘汰的数字仍然清晰。所有记录的修改和观测成果的淘汰，均应在备注栏内注明原因（如测错、记错或超限等）

（8）记录数据修改后或观测成果废去后，都应在备注栏内写明原因（如测错、记错或超限等）。

（9）每站观测结束后，必须在现场完成规定的计算和检核，确认无误后方可迁站。

（10）应该保持测量记录的整洁，严禁在记录表上书写无关内容，更不得丢失记录表。

第二部分 实验项目及指导

实验一 水准仪的认识及使用

一、目的

（1）了解 DS$_3$ 微倾式水准仪的基本构造，各操作部件的名称和作用，并熟悉使用方法。

（2）掌握 DS$_3$ 水准仪的安置、瞄准和读数方法。

二、仪器设备

每组水准仪 1 台（附三脚架），水准尺 2 根，记录表格 1 份，铅笔 1 支（2H 或 3H 自备）。

三、操作步骤

（1）安置仪器：在测站上打开三脚架，将仪器固连在三脚架架头上。

（2）粗平：调节脚架腿和脚螺旋，使圆水准器气泡居中。

（3）瞄准：①目镜调焦；②初步瞄准；③物镜调焦；④精确瞄准。

（4）精平：转动微倾螺旋，使符合水准器气泡两端影像严密吻合（气泡居中），此时视线即为水平视线。

（5）读数。

四、注意事项

（1）仪器安放到三脚架上，必须旋紧连接螺旋。

（2）三脚架的架顶部要大致水平，不使脚螺旋旋转过度。

（3）松开制动螺旋后方可转动望远镜。微动螺旋不可拧过度。

（4）每次读数前必须精平，注意消除视差。

实验二　普通水准测量

一、目的

掌握普通水准测量的观测、记录、计算方法。

二、仪器设备

每组水准仪 1 台（附三脚架），水准尺 2 根，尺垫 1 对，记录表格 1 份，铅笔 1 支（2H 或 3H 自备）。

三、操作步骤

（1）以已知高程的水准点作为后视，在施测路线的前进方向上选取第一个立尺点（转点）作为前视点，水准仪置于距后、前视点距离大致相等的位置（用目估或步测），在后视点、前视点上分别竖立水准尺，转点上应放置尺垫。

（2）在测站上，观测员按一个测站上的操作程序进行观测，即：安置—整平—瞄准后视尺—精平—读数—瞄准前视尺—精平—读数。

（观测员读数后，记录员必须向观测员回报，经观测员默许后方可记入记录手簿，并立即计算高差。）

以上为第一个测站的全部工作。

（3）第一站结束之后，记录员招呼后标尺员向前转移，并将仪器迁至第二测站。此时，第一测站的前视点便成为第二测站的后视点。然后，依第一站相同的工作程序进行第二站的工作。依次沿水准路线方向施测直至回到起始水准点为止。

四、注意事项

（1）组内有几位同学就设定几个测站（每个同学观测一站），组成闭合水准路线，每个人必须完成观测、记录、立尺、计算等项作业。

（2）仪器距前、后尺距离尽量相等。

（3）每站变动仪器高观测两次，高差必须立即进行计算，两次高差之差不大于±6mm时，方可搬站，否则重测。

（4）测完全程当场计算高差闭合差 $f_{h容} = \pm 12\sqrt{n}$mm，n 为测站数，或 $f_{h容} = \pm 40\sqrt{L}$ mm，L 为路线长，单位 km。如果闭合差超限，应检查出错原因，加以纠正；如果仍然不合格，则必须重测。

（5）通过平差，计算出各个点的高程（已知点的高程假定为 50.000m）。

实验三　微倾水准仪检验与校正

一、目的

（1）了解水准仪的主要轴线及它们之间应满足的几何条件。

（2）掌握水准仪的检验与校正的方法。

二、仪器设备

每组 DS₃ 型水准仪1台，水准尺2根，尺垫2个，小螺丝刀1把，校正针1根，记录板1块。

三、操作步骤

1. 一般性检验

检查三脚架是否稳固，安置仪器后检查制动和微动螺旋、微倾螺旋、对光螺旋、脚螺旋转动是否灵活，是否有效，记录在实验报告中。

2. 圆水准器轴平行于仪器竖轴的检验和校正

（1）检验：转动脚螺旋，使圆水准气泡居中，将仪器绕竖轴旋转 180°，若气泡仍居中，说明此条件满足，否则需校正。

（2）校正：用螺丝刀拧松圆水准器底部中央的固定螺丝，再用校正针拨动圆水准器的校正螺丝，使气泡返回一半，然后转动脚螺旋使气泡居中，复重检验校正，直至圆水准器的气泡在任何位置都在刻划圈内为止，最后拧紧固定螺丝。

3. 十字丝横丝（中丝）垂直于仪器竖轴的检验与校正

（1）检验：用十字丝横丝一端瞄准细小点状目标，转动微动螺旋，使其移至横丝的另一端。若目标始终在横丝上移动，说明此条件满足，否则需要校正。

（2）校正：旋下十字丝分划板护罩，用小螺丝刀松开十字丝分划板的固定螺丝，微微转动十字丝分划板，使横丝端点至点状目标的间隔减小一半，再返转到起始端点。重复上述检验校正，直到无显著误差为止，最后将固定螺丝拧紧。

4. 水准管轴平行于视准轴的检验与校正

（1）检验：在地面上选 A、B 两点，相距约 $60\sim80\text{m}$，各点钉木桩（或放置尺垫）立水准尺。安置水准仪于距 A、B 两点等距离处，用变动仪器高（或双面尺）法正确测出 A、B 两点高差，两次高差之差不大于 3mm 时，取其平均值，用 h_{AB} 表示。再在 B 点附近 $2\sim3\text{m}$ 处安置水准仪，分别读取 A、B 两点的水准尺读数 a_2、b_2，应用公式 $a_2'=b_2+h_{AB}$ 求得 A 尺上的水平视线读数。若 $a_2=a_2'$，则说明水准管轴平行于视准轴，若 $a_2\neq a_2'$ 应计算 i 角，当 $i>20''$ 时需要校正。计算 i 角的公式为

$$i''=\frac{\Delta h}{S_{AB}}\rho''$$

式中　S_{AB}——A、B 两点间距离；

$\rho''=206265''$。

（2）校正：转动微倾螺旋，使横丝对准正确读数 a_2'，这时水准管气泡偏离中央，用校正针拨动水准管一端的上、下两个校正螺丝，使气泡居中。再重复检验校正，直到 $i<20''$ 为止。

四、注意事项

（1）检验、校正项目要按规定的顺序进行，不能任意颠倒。

（2）转动校正螺丝时应先松后紧，每次松紧的调节范围要小。校正完毕，校正螺丝应处于稍紧状态。

实验四 经纬仪的认识及使用

一、目的

（1）了解经纬仪的构造。

（2）掌握经纬仪的对中、整平、照准和读数方法。

二、仪器设备

每组经纬仪 1 台（附三脚架），每班花杆 2 根，记录簿 1 份。

三、操作步骤

（1）认识 DJ6 光学经纬仪的各操作部件，掌握使用方法。

（2）在一个指定点上，练习用光学对中器进行对中、整平。

（3）练习用望远镜精确瞄准目标。掌握正确调焦方法，消除视差。

（4）学会 DJ6 光学经纬仪的读数方法。读数记录于"读数记录表"中。

（5）练习配置水平度盘的方法。

四、注意事项

（1）仪器制动后不可强行转动，需转动时可用微动螺旋。

（2）对中误差应小于 3mm；整平后管水准器气泡偏离中心位置不应超过一格。

（3）测微轮式读数装置的经纬仪，读数时先旋转测微轮，使双丝指标线准确地夹住某一分划线后才能读数。

（4）观测竖直角时应调整竖盘指标水准器，使管水准器气泡居中，才能读取竖盘读数。若经纬仪的竖盘结构为竖盘指标自动归零补偿结构，则在仪器安置后，就要打开补偿器开关。一个测站的测量工作完成后，应关闭补偿器开关。

实验五 水 平 角 的 观 测

一、目的

（1）练习用测回法或方向观测法观测水平角。

（2）熟悉水平角观测的记录格式、计算及校核方法。

二、仪器设备

DJ6 经纬仪 1 台（附三脚架），花杆 2～4 根，记录簿 1 份。

三、操作步骤

1. 测回法

（1）上半测回，盘左，从起始方向开始，顺时针依次照准两个目标，读数。

（2）下半测回，盘右，从终边开始，逆时针依次照准两目标，读数。

（3）计算半测回角值及一测回角值。

2. 方向观测法

（1）上半测回，盘左，零方向水平度盘读数应配置在比 0°稍大的读数处，从零方向开始，顺时针依次照准各目标，读数，归零并计算归零差。若归零差不超过限差规定，则计算零方向平均值。

（2）下半测回，盘右，从零方向开始，逆时针依次照准各目标，读数，归零并计算归零差。若归零差不超过限差规定，则计算零方向平均值。

（3）计算半测回方向值及一测回平均方向值。

所有读数均应当场记入水平角观测手簿中。

四、注意事项

（1）仪器安置时要求对中误差应小于 3mm，整平后应使管水准器气泡偏离中心不超过一格。

（2）水平角的观测顺序不能颠倒，盘左顺时针，盘右逆时针旋转照准部，瞄准目标时，尽可能以十字丝交点附近的竖丝瞄准花杆的底部。

（3）根据限差要求进行校核计算，不合格应重测。

对于测回法：规范中对 DJ$_6$ 型光学经纬仪的限差规定：上、下两个半测回所测的水平角之差应不超过 $\pm 40''$。各测回之间所测的角值之差称为测回差，测回差不超过 $\pm 24''$。

对于方向观测法：

仪 器	半测回归零差	一测回内 $2C$ 互差	同一方向值各测回互差
DJ$_6$	18″		24″
DJ$_2$	12″	18″	12″

实验六 竖直角的观测

一、目的

（1）练习竖直角的观测方法及计算。

（2）测定竖盘指标差。

二、仪器设备

DJ$_6$ 经纬仪 1 台，花杆 2 支，记录簿 1 份。

三、操作步骤

1. 写出竖直角及竖盘指标差的计算公式

安置仪器，转动望远镜，观测竖盘读数的变化，确定竖盘注记形式。

2. 竖直角观测

选定远处一觇标（标牌或其他明显标志）作为目标，采用中丝法测竖角。

（1）在测站上安置仪器，对中、整平。

（2）盘左 依次瞄准各目标，使十字丝的中横丝切目标于某一位置。

（3）转动竖盘指标水准管微动螺旋，使竖盘指标水准管气泡居中；或打开竖盘指标补偿器开关，读取竖盘读数 L，记录并计算盘左半测回竖角值。

（4）盘右 观测方法同（2）、（3）步，读取竖盘读数 R。记录并计算盘右半测回竖角值。

（5）计算指标差及一测回竖角值。指标差变化允许值为 24″，如果超限，则应重测。然后交换工种，进行另一测回的竖角观测。

四、注意事项

（1）仪器安置好以后，首先确定竖直角的计算公式。

（2）读数之前应使竖盘指标水准管气泡居中。

（3）盘左、盘右观测时应瞄准同一位置。

（4）竖盘指标差测量应最少做两个测回，测回差应小于 24″（DJ$_6$ 经纬仪）。

实验七　经纬仪的检验与校正

一、目的

（1）了解经纬仪的主要轴线及它们之间应满足的几何条件。

（2）掌握经纬仪的检验与校正方法。

二、仪器设备

DJ$_6$ 经纬仪 1 台，花杆 1 根，记录板 1 块，皮尺 1 把，校正针 1 根，小螺丝刀 1 把。

三、操作步骤

（1）一般性检验按实验报告所列项目进行。

（2）照准部水准管轴垂直于仪器竖轴的检验与校正。

1）检验：先整平仪器，使照准部水准管平行于任意一对脚螺旋，转动该对脚螺旋使气泡居中，再将照准部旋转 180°，若气泡仍居中，说明此条件满足，否则需要校正。

2）校正：用校正针拨动水准管一端的校正螺丝，先松一个后紧一个，使气泡退回偏离格数的一半，再转动脚螺旋使气泡居中。重复检验校正，直到水准管在任何位置时气泡偏离量都在一格以内。

（3）十字丝竖丝应垂直于横轴的检验与校正。

1）检验：用十字丝竖丝一端瞄准细小点状目标转动望远镜微动螺旋，使其移至竖丝另一端，若目标点始终在竖丝上移动，说明此条件满足，否则需要校正。

2）校正：旋下十字丝分划板护罩，用小螺丝刀松开十字丝分划板的固定螺丝，微微转动十字丝分划板，使竖丝端点至点状目标的间隔减小一半，再返转到起始端点。重复上述检验校正，直到无显著误差为止，最后将固定螺丝拧紧。

（4）视准轴垂直于横轴的检验与校正。

1）检验：在平坦场地选择相距 100m 的 A、B 两点，仪器安置在两点中间的 O 点，在 A 点设置和经纬仪同高的点标志（或在墙上设同高的点标志），在 B 点设一根水平尺，该尺与仪器同高且与 OB 垂直。检验时用盘左瞄准 A 点标志，固定照准部，倒转望远镜，在 B 点尺上定出 B_1 点的读数，再用盘右同法定出 B_2 点读数。若 B_1 与 B_2 重合，说明此条件满足，否则需要校正。

2）校正：在 B_1、B_2 点间 1/4 处定出 B_3 读数，使 $B_3 = B_2 - \dfrac{1}{4}(B_2 - B_1)$。拨动十字丝左、右校正螺旋，使十字丝交点与 B_3 点重合。如此反复检校，直到 $B_1B_2 \leqslant 2\text{cm}$ 为止。

最后旋上十字丝分划板护罩。

（5）横轴垂直于竖轴的检验。在离建筑物 10m 处安置仪器，盘左瞄准墙上高目标点标志 P（垂直角大于 30°），将望远镜放平，十字丝交点投在墙上定出 P_1 点。盘右瞄准 P 点同法定出 P_2 点。若 P_1P_2 点重合，则说明此条件满足，若 $P_1P_2 > 5mm$，则需要校正。由于仪器横轴是密封的，故该项校正应由专业维修人员进行。

（6）竖盘指标差的检验与校正。

1）检验：安置仪器，选择与仪器同高度的目标，用盘左、盘右观测同一目标点，分别在竖盘指标水准管气泡居中时，读取盘左、盘右读数 L 和 R。按式（4-11）计算指标差 x 值，若 $x > \pm 1'$ 时，则需校正。

2）校正：经纬仪位置不动，仍用盘右瞄准原目标，先计算出盘右位置时的正确读数 $R_0 = R - x$，然后转动竖盘指标水准管微动螺旋，使竖盘读数恰好指在正确读数 R_0，此时竖盘指标水准管气泡不居中，于是取下水准管校正螺丝的盖板，用校正针拨动竖盘水准管一端的上下校正螺丝使气泡居中。此项检校需反复进行，直到满足要求。

对于竖盘指标自动补偿的经纬仪，若经检验指标差超限时，应送检修部门进行检校。

（7）光学对中器的检验与校正。

1）检验：在地面上放置一块白纸板，在白纸板上划一十字形的标志 A，以 A 点为对中标志安置好仪器。将照准部旋转 180°若 A 点的影像偏离对中器分划圈中心不超过 1mm，说明对中器满足要求。否则需校正。

2）校正：此项校正由仪器的类型而异，有些是校正视线转向的直角棱镜，有些是校正分划板。校正时用螺丝刀调节有关校正螺丝使分划圈中心对准 A、A_1 连线的中间即可。

四、注意事项

（1）要按实验步骤进行检验、校正，不能颠倒顺序。在确认检验数据无误后，才能进行校正。

（2）每项校正结束时，要旋紧各校正螺丝。

（3）选择检验场地时，应顾及视准轴和横轴两项检验，既可看到远处水平目标，又能看到墙上高处目标。

实验八　钢尺量距及罗盘仪定向

一、目的

（1）掌握距离丈量的一般方法。

（2）学会使用罗盘仪测量一直线的磁方位角。

二、仪器设备

每组钢尺（或皮尺）1 把，罗盘仪 1 台，测杆 3 根，测钎 1 组，测桩若干。

三、操作步骤

1. 钢尺量距

（1）在较平坦地面上选定相距 50m 或 70m 的 A、B 两点打下木桩，桩顶钉上小钉，若在水泥地面画上"+"作为标志。

（2）在 A、B 两点竖立标杆，据此进行直线定线。

（3）钢尺量距。采用往返测量且相对误差应小于 1/3000，取平均值作为最后结果。

2. 罗盘仪定向

（1）对中：采用垂球，移动三脚架使垂球尖对准地面点中心。

（2）整平：旋松球窝装置，双手扶住度盘上下摆，使水准器气泡居中，旋紧球窝装置即可。

（3）瞄准：转动望远镜瞄准目标

（4）读数：放松举针螺旋，待磁针自由静止后，读数。

（5）检查：正反方位角观测，若符合要求，反方位角±180°后，取平均值作为最后结果。

四、注意事项

（1）距离丈量可采用目估定线，或罗盘仪定线。相对误差应小于 1/3000。

（2）罗盘仪读数应按指北针读，罗盘仪安置地点应避免强磁场干扰及铁器的影响。

（3）照准目标时应尽量瞄准花杆的根部，以减少目标倾斜的影响。

实验九 视 距 测 量

一、目的

（1）练习用经纬仪进行视距测量的方法。

（2）掌握计算水平距离和高差。

二、仪器设备

每组 DJ_6 经纬仪 1 台（附三脚架），视距尺 1 根，计算器 1 台。

三、操作步骤

（1）安置仪器于一点，量出仪器高 i。

（2）在另一点上立视距尺，转动照准部瞄准视距尺，分别读取上、下、中三丝的读数 m、n、v，计算视距间隔 $l = m - n$。

（3）使竖盘指标水准管气泡居中（如为竖盘指标线自动归零装置的经纬仪则无此项操作），读取竖盘读数，并计算竖直角 α。

（4）然后按 $D = Kl\cos^2\alpha$ 和 $h = \dfrac{1}{2}Kl\sin 2\alpha + i - v$ 计算出水平距离和高差。

四、注意事项

（1）每次读数前要消除视差，读数必须准确。

（2）观测前，先求出竖盘的始读数，确定竖直角计算公式。

（3）建议三角高程测量学完，一起做该实验。

实验十 红 外 测 距 仪 的 使 用

一、目的

（1）了解红外测距仪各主要部件的名称和作用。

（2）练习红外测距仪安装、连线、瞄准和测距方法，掌握基本操作要领。

（3）掌握用红外测距仪测量地面上两点的水平距离和高差。

二、仪器设备

每组红外测距仪 1 台、反射棱镜 1 个、觇板 1 个、测杆 1 根、记录板 1 块、2m 的小卷尺 1 盘。

三、操作步骤

（1）安置经纬仪于固定点上，对中整平，然后将测距头安装在望远镜上，最后接好电源及键盘连接线，量取仪器高。

（2）安置测杆反光镜于另一固定点上，经对中整平后，用反光镜觇标上的瞄准器对准测距仪。

（3）瞄准反光镜。

（4）距离测量。

1）按 ON 键开机；

2）设置单位、棱镜、比例改正系数，检验电源电压、返回信号强度，然后开始测距。

四、注意事项

（1）测距头不得对准太阳测距，太阳光会烧毁测距头接收器。

（2）测距仪电缆线插头有防脱锁，连接时必须红点对红点，拆线时必须抓住插头粗纹部位。

实验十一   全站仪的使用

一、目的

（1）熟悉仪器构造，了解仪器的按键功能。

（2）掌握设站，定向及碎步测量的方法，施工放样方法。

二、仪器设备

每组全站仪 1 台，对中杆 1 根（附棱镜）

三、操作步骤

（1）在测站点安置全站仪，对中整平，量取仪器高。

（2）开机进行参数设定。

（3）在特征点上立棱镜。

（4）瞄准反光镜，进行测量。

（5）把测得的数据利用计算机绘制地形图。

四、注意事项

（1）操作前应详细阅读仪器使用说明书。

（2）按老师要求进行操作，发现问题应及时向指导教师汇报，自己不得擅自处理。

（3）望远镜不得对准太阳测距，否则太阳光会烧毁测距接收器。

实验十二   导线测量

一、目的

（1）了解导线测量的作业过程及达到规定精度的要领。

（2）进一步掌握测回法测水平角和钢尺量距的方法。

（3）本次实验要求在规定的测区内，选定 4 个导线点，完成闭合导线的观测与计算。

二、仪器设备

每组 DJ_6 经纬仪 1 台，30m 或 20m 钢尺 1 盘，垂球 2 个，测钎 1 串，记录板 2 块，斧头 1 把，花杆 3 根，木桩 6 个，小铁钉 6 枚。

三、操作步骤

1. 选点

在规定的测区内，按要求选定的四个导线点的点位处，各打一木桩，并在各个木桩钉一小铁钉以标明点位。实地编上点名或点号，在记录纸上按实地情况绘制导线略图。

2. 量距

用仪器法定线和用钢尺按平量法或斜量法的丈量方法，测量导线边的水平距离。每条导线边都必须往返丈量，当往返测相对误差符合要求后，取平均值作为该边的观测结果。

3. 测角

用测回法按一测回测定导线的左角。当盘左、盘右角值之差符合要求后，取平均值作为该转折角的观测结果。

4. 导线的计算

当各转折角观测完毕，并满足要求后，应立即在现场计算出角度闭合差，以判断其是否超限。若超限，应查明原因，及时返工。

当导线各边丈量完毕，满足要求，并且角度闭合差在限差范围以内时，应及时计算导线全长闭合差的相对误差，以判断其是否超限。如果超限，应查明原因，及时返工。

当各项限差均在规定范围以内后，应在导线计算表中完成导线的平差计算，直到算出导线各点为止。

四、注意事项

（1）导线应用 DJ_6 经纬仪按测回法一测回测定连接角。若为独立测区，用罗盘仪测定起始边的方位角。切勿漏测连接角（或定向角）。

（2）选定的导线点应便于安置仪器。相邻导线点间应相互通视。导线边应便于丈量。选定的导线点还应顾及碎部测量的需要。

（3）观测转折角或连接角时，应对照实地将测站点、左目标和右目标点的点名或点号如实地填写在记录表的相应位置，并在实地判断清楚记录表中所算出的是导线的左角或右角，以免造成混乱。

（4）量距时，应对照实地将丈量的导线边的边名记入记录表的相应位置，以免在导线计算时将边名与边长搭配错，造成不必要的返工。

（5）导线平差计算前应将转折角、连接角、边长等按实际情况标注在导线略图上，以免混乱后浪费时间。

（6）导线测量实验的具体技术，指导教师根据实际情况而定。

实验十三　Ⅲ、Ⅳ 等水准测量

一、目的

（1）掌握Ⅲ、Ⅳ等水准测量的观测方法、记录与计算。

（2）熟悉Ⅲ、Ⅳ等水准测量的主要技术指标，掌握测站及水准路线的检核方法。

二、仪器设备

每组水准仪1台（附三脚架），双面尺1对，尺垫2个，记录板1块，记录纸1张。

三、操作步骤

（1）Ⅲ等水准测量测站观测程序如下：

1）照准后视标尺黑面，精平，读取下丝、上丝读数，读取中丝读数。

2）照准前视标尺黑面，精平，读取下丝、上丝读数，读取中丝读数。

3）照准前视标尺红面，精平，读取中丝读数。

4）照准后视标尺红面，精平，读取中丝读数。

这种观测顺序简称为"后前前后"（黑、黑、红、红）。

Ⅳ等水准测量每站观测顺序也可采用"后后前前"（黑、红、黑、红）的观测程序。

（2）当测站观测记录完毕，应立即计算并按表中各项限差要求进行检查。若测站上有关限差超限，在本站检查发现后可立即重测。若迁站后检查发现，则应从水准点或间歇点起，重新观测。

（3）依次设站，按同法施测直至全路线施测完毕。

（4）对整条路线高差和视距进行检核，计算高差闭合差。

四、注意事项

（1）了解Ⅲ、Ⅳ等水准测量中涉及到的各项技术要求（具体数值参看教材相应章节）。

（2）读数时，应消除视差。

（3）每站观测完毕，立刻计算，测站校核符合技术规定，才可搬站，否则重测。

（4）仪器未搬站，后尺不可移动，仪器搬站，前尺不可移动。

（5）观测时，若阳光直射太足，应撑测伞。

实验十四　GPS 的 使 用

一、目的

（1）熟悉 GPS 的构造，熟悉掌上电脑的按键功能。

（2）掌握 GPS 测量方法及数据处理方法。

二、仪器设备

每组 GPS 1套（附三脚架），钢卷尺1盘。

三、操作步骤

1. 静态采集

（1）在测站点安置 GPS 接收机，对中整平，量取仪器高。

（2）开机进行参数设定。

（3）3台 GPS 接收机同时进行数据采集。

（4）根据 GPS 接收机距离大小确定数据采集时间，距离较近采集 45min 即可，若距离较远须采集 1h。

（5）把采集的数据利用计算机进行解算。

2. 动态采集

（1）在测站点安置 GPS 接收机的基准站，对中整平，量取仪器高。

（2）开机进行参数设定。

（3）对流动站进行参数设定，确定流动站和基准站已建立连接关系。

（4）利用流动站在碎部点上采集数据。

（5）把流动站采集的数据在计算机上绘图。

四、注意事项

（1）操作前应详细阅读仪器使用说明书。

（2）注意测站编号设置，时段设置，有效卫星个数及信噪比。

实验十五　施工放样的基本工作

一、目的

练习用一般方法测设水平角、水平距离和高程，以确定点的平面和高程位置。

二、仪器设备

每组经纬仪 1 台（附三脚架），钢尺 1 把，花杆 1 根，斧头 1 把，木桩 4 个，测钎 4 根，水准仪 1 台（附三脚架），水准尺 1 根，红蓝铅笔 1 支，计算器 1 台。

三、操作步骤

（1）测设水平角和水平距离，以确定点的平面位置（极坐标法）。设欲测设的水平角为 β，水平距离为 D。

1）在 A 点安置经纬仪，盘左照准 B 点，置水平度盘为 $0°00'00''$，然后转动照准部，使度盘读数为准确的 β 角；在此视线方向上，以 A 点为起点用钢卷尺量取预定的水平距离 D（在一个尺段以内），定出一点为 P_1。

2）盘右，同样测设水平角 β 和水平距离，再定一点为 P_2。

3）若 P_1、P_2 不重合，取其中点 P，并在点位上打木桩、钉小钉标出其位置，即为按规定角度和距离测设的点位。

4）最后以点位 P 为准，检核所测角度和距离，若与规定的 β 和 D 之差在限差内，则符合要求。

测设数据：假设控制边 AB 起点 A 的坐标为 $X_A = 56.56\text{m}$，$Y_A = 70.65\text{m}$，控制边方位角 $\alpha_{AB} = 90°$ 已知建筑物轴线上点 P_1、P_2 设计坐标为：$X_1 = 71.56\text{m}$，$Y_1 = 70.65\text{m}$；$X_2 = 71.56\text{m}$，$Y_2 = 85.65\text{m}$。

（2）测设高程。设上述 P 点的视线高程 $H_I = H_水 + a$；同时计算 P 点的尺上读数 $b = H_I - H_p$，即可在 P 点木桩上立尺进行前视读数。在 P 点上立尺时标尺要紧贴木桩侧面，水准仪瞄准标尺时要使其贴着木桩上下移动，当尺上读数正好等于 b 时，则沿尺底在木桩上画横线，即为设计高程的位置。在设计高程位置和水准点立尺，再前后视观测，以作检核。

测设数据：假设点 1 和点 2 的设计高程为 $H_1 = 50.000\text{m}$，$H_2 = 50.100\text{m}$。

四、计算事项

测设完毕要进行检测，测设误差超限时应重测，并做好记录。

实验十六　线路纵、横断面水准测量

一、目的

（1）掌握纵、横断面水准测量方法。

（2）根据测量成果绘制纵、横断面图。

二、仪器设备

每组 DS₃ 水准仪 1 台，水准尺 1 根，尺垫 2 个，皮尺 1 盒，木桩若干，斧头 1 把，记录板 1 块，方向架 1 个。

三、操作步骤

1. 纵断面水准测量

（1）选一条长约 300m 的路线，沿线有一定的坡度。

（2）选定起点，桩号为 0+000，用皮尺量距，每 50m 钉一里程桩，并在坡度变化处钉加桩。

（3）根据附近已知水准点将高程引测至 0+000。

（4）仪器安置在适当的位置，后视 0+000，前视转点 TP_1（读至 mm），然后依次中间视（读至 cm）记入手簿。

（5）仪器搬站，后视 TP_1，前视 TP_2，中间视。

同样方法施测，直至线路终点，并附合到另一水准点。

2. 横断面水准测量

在里程桩上，用方向架确定线路的垂直方向。在垂直方向上，用皮尺量取从里程桩到左、右两侧 20m 内各坡度变化点的距离（读至 dm）用水准仪测定其高程（读至 cm）。

3. 绘制纵、横断面图

纵断面图的水平距离比例尺可选定为 1：2000～1：5000，高程可选为 1：100～1：200；横断面图的水平距离和高程用相同的比例尺，可选为 1：100 或 1：200。

四、注意事项

（1）中间视因无检核，读数与计算要认真细致。

（2）横断面水准测量与绘图应分清左右。

（3）线路附合高差闭合差不应大于 $\pm 40\sqrt{L}$ mm（L 以 km 为单位），在允许范围内时不必进行调整。否则应重测。

第三部分　实习项目及指导

一、实习目的

测量实习是综合运用测量理论知识分析和解决实际问题的一项实践性教学活动，目的是巩固和深化课堂所学的理论知识，使学生熟练地掌握测量仪器的操作、观测与计算、大比例尺地形图测绘、施工放样等基本技能；通过实习能够锻炼同学们的业务组织能力和实际工作能力，培养学生们科学的工作态度和严谨的工作作风，为今后解决实际工作中的有关测量问题打下良好的基础。

二、实习内容

（一）大比例尺地形图测绘

测图面积：200m×250m

测图比例尺：1：500

1. 图根控制测量

（1）选点及设点：在选定的测区内选定 4～8 个图根控制点，如果测区内有已知控制点时，可布设成附合或闭合导线形式作为平面控制网，若无已知控制点则可用独立坐标系，按闭合导线的形式布设平面控制网。根据测图需要，还可增设支导线点或交会定点等方法加密控制点。选定的控制点用小木桩或钢钉钉入地面，作为点的标志，用油漆将点的编号写在地面上或木桩上，并绘出选点草图。

（2）量距：导线各边边长可用钢尺丈量或用测距仪测量。若用钢尺丈量，其相对精度应满足的条件是 $\dfrac{|D_{往}-D_{返}|}{D}\leqslant\dfrac{1}{3000}$，若地面坡度 $i\geqslant\dfrac{1}{100}$，要进行倾斜改正。

（3）测角：用 DJ$_6$ 型经纬仪，采用测回法一测回测定导线的各转折角，限差要求：①上、下半测回角值之差 $\Delta\beta\leqslant\pm40''$；②角度闭合差的容许值 $f_\beta\leqslant\pm60''\sqrt{n}$。

（4）连测：图根导线要与测区内或附近的高一级控制点连测，以获得起算数据，连测精度同上。若无条件连测，用罗盘仪测定导线起始边的磁方位角并假定起始点的坐标作为起算数据（控制点资料由教师提供）。

（5）导线点坐标计算：导线全长相对闭合差为 $K\leqslant\dfrac{1}{2000}$，若不满足要求，应重新观测，满足后再计算导线点的坐标。坐标计算结果取至厘米。

（6）高程测量：高程控制点可由图根导线点兼作，按四等水准测量的方法进行。图根控制点的高程由测区或附近的水准点引测（水准点高程由教师提供），若不能引测高程，可采用假定高程。水准路线高差闭合差为 $f_h\leqslant\pm20\sqrt{L}$mm，计算结果取至毫米。

2. 测图准备

（1）图纸的准备：选用白纸测图，图纸大小为：40cm×50cm。

（2）绘制坐标方格网：用坐标格网尺绘制 40cm×50cm 的坐标方格网，线条粗细为 0.1mm。方格网的边长误差不超过 ±0.2mm，对角线长度误差不超过 ±0.3mm。

（3）展绘导线点：由指导教师根据地形图分幅情况确定图幅西南角坐标值，根据导线点的坐标值展绘导线点。导线点的符号按《地形图图式》规定的符号绘制，展绘的精度要求为相邻导线点间的图上距离与根据相应的坐标值算得的距离比较，其差值不应超过图上±0.3mm。

3. 碎部测量

（1）碎部测量要求：各类建筑物、构筑物及其主要附属设施均应测绘，房屋外廓一般以墙角为准。建筑物、构筑物轮廓凸凹在图上小于 0.5mm 时，可用直线连接。道路的直线部分每 50m 测定一个点，转弯部分要按实际情况测定足够的点，电线杆位置均应测绘，电力线、通信线可不连线，仅在杆位或分线处绘出线路方向。行树测出首尾位置，中间用符号表示。地下管线的检查井、消火栓等均应测绘。围墙、栅栏等均应按实际形状测绘。临时建筑物、堆料场、建筑施工开挖区可不测，图上每 4～5cm 应有一个地形点。

（2）测量方法：采用经纬仪测绘法测图。对于建筑物、构筑物等，视线长度最大不超过 80m，对于其他碎部点可放宽 120m，为了与相邻图幅拼接，需测出图边 5mm。

4. 地形图的绘制

（1）野外绘制：测量碎部点的同时，按图式规定的符号描绘地物，并进行必要的注记。若建筑区自然地势破坏较多，可不绘等高线，只注记地形点的高程，注记至厘米。文字、数字的字头朝北，字体用宋体，字体大小可参考《地形图图式》规定，符号的线条宽度按图式规定，若无要求则为 0.15cm。

（2）地形图的拼接：相邻的图幅要进行拼接，主要地物拼接误差不应超过 1.2mm，次要地物不应超过 1.6mm，等高线拼接误差在平坦地区不应超过 1 根等高线。按符号要求，两幅图边按中间位置修改。

（3）地形图的检查：先进行图面检查，查看图面上接边是否正确、连线是否有矛盾、符号是否用错、名称注记有无遗漏等，发现问题应记录，用于野外检查时核对。野外检查时应对照地形图全面核对，检查图上地物形状、位置是否与实地一致，地物是否遗漏，名称注记是否正确齐全。若发现问题应设站检查或补测。

（4）地形图的修饰：图幅经检查无误后，可以进行清绘，先绘内图廓及坐标格网交叉点（格网交点绘长 1cm 的十字线，图廓线上则绘 5mm 短线）；再绘控制点、地形点符号及高程注记；再其次绘独立地物和居民地，以及各种道路、线路、水系、植被、等高线及各种地貌符号等。使图上的线条、符号、注记规范、清晰、美观，然后按《地形图图式》要求进行图廓整饰，注明测图班级、测图成员、测图日期、比例尺、编号、坐标及高程系统等。

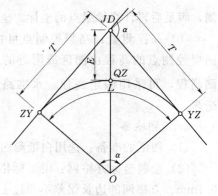

图 14-1 圆曲线主点测设图

5. 上交资料

小组应交控制测量坐标、高程成果表和 1：500 地形图。

个人交导线坐标计算表、高程误差配赋表。

（二）圆曲线测设

1. 圆曲线主点测设

（1）圆曲线主点的测设（见图 14-1）。

1）在实地选定一点作为圆曲线的交点 JD，选定两个方向作为切线方向如图，用测回法一个测回测设转折角 α，根据实地情况确定适宜的曲线半径 R。

2）计算主点元素

切线长

$$T = R\tan\left(\frac{\alpha}{2}\right)$$

曲线长

$$L = R\alpha\left(\frac{\pi}{180°}\right)$$

外矢距
$$E = R\left(\sec\frac{\alpha}{2} - 1 \right)$$

切曲差
$$q = 2T - L$$

3）计算主点桩号。假设交点 JD 的桩号，根据交点的桩号和曲线测设元素，即可算出各主点的桩号

$$ZY \text{ 点的里程} = JD \text{ 点的里程} - T$$

$$YZ \text{ 点的里程} = ZY \text{ 点的里程} + L$$

$$QZ \text{ 点的里程} = YZ \text{ 点的里程} - L/2$$

为了检验计算是否正确，可用切曲差 q 来验算，其检验公式为

$$YZ \text{ 的里程} = JD \text{ 的里程} - T - q$$

4）测设主点位置。测设圆曲线起点（ZY）：将经纬仪置于 JD 上，后视相邻交点方向，自 JD 沿该方向量取切线长 T，在地面标定出曲线起点 ZY。

测设圆曲线终点（YZ）：在 JD 用经纬仪前视相邻交点方向，自 JD 沿该方向量取切线长 T，在地面标定出曲线终点（YZ）。

测设圆曲线中点（QZ）：在 JD 点用经纬仪前视 YZ 点的方向（或后视 ZY 点的方向），测设 $\left(\dfrac{180° - \alpha}{2}\right)$，定出路线转折角的分角线方向（即曲线中点方向），然后沿该方向量取外矢距 E，在地面标定出曲线中点 QZ。

2. 圆曲线细部点测设

按偏角法及直角坐标法进行测设。

3. 上交材料

（1）圆曲线主点元素及主点桩号计算表。

（2）圆曲线细部点位置计算表（偏角法及直角坐标法）。

（三）点位测设

在所测的地形图上，选一空地，设计一矩形建筑物，求出建筑物 4 个角点的坐标，并假定室内地坪高程（图 14-2）。按全站仪极坐标法进行建筑物角点的平面位置测设，根据建筑物附近已知高程点，采用测设已知高程的方法将室内地坪位置测设出来。

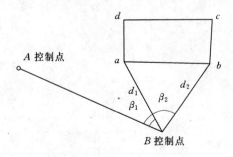

图 14-2　点位测设图

上交资料：建筑物角点点位测设数据。

三、实习时间安排

实 习 项 目	实习天数	备 注
1. 实习动员、布置实习内容、领借仪器、检校仪器、现场勘查	1	
2. 大比例尺地形图测绘	5.5	
3. 圆曲线测设	1	
4. 建筑物点位测设	0.5	
5. 新型精密测绘仪器介绍	1	主要介绍数字水准仪、全站仪、GPS 接收机
6. 机动	0.5	
7. 实习总结或考核	0.5	
合计	10	

参 考 文 献

［1］　武汉测绘科技大学《测量学》编写组编著．测量学（第三版）．北京：测绘出版社，1994.
［2］　王侬，过静珺主编．现代普通测量学．北京：清华大学出版社，2001.
［3］　张慕良，叶泽荣合编．水利工程测量（第三版）．北京：水利电力出版社，1994.
［4］　周秋生，郭明建主编．土木工程测量．北京：高等教育出版社，2004.
［5］　覃辉主编．土木工程测量．上海：同济大学出版社，2004.
［6］　姬玉华，夏冬君主编．测量学．哈尔滨：哈尔滨工业大学出版社，2004.
［7］　林文介主编．测绘工程学．广州：华南理工大学出版社，2003.
［8］　陈久强，刘文生主编．土木工程测量．北京：北京大学出版社，2006.
［9］　朱爱民，赵斌臣．测绘工程导论．北京：国防工业出版社，2006.
［10］　范文义等．"3S"理论与技术．哈尔滨：东北林业大学出版社，2003.
［11］　李明峰等．GPS定位技术及其应用．北京．国防工业出版社，2006.
［12］　李天文．GPS原理及应用．北京：科学技术出版，2003.
［13］　张勤等．GPS测量原理及应用．北京：科学出版社，2005.
［14］　周建郑．GPS测量定位技术．北京．化学工业出版社，2004.
［15］　朱亮璞等．遥感地质学．北京：地质出版社，1994
［16］　胡伍生等．GPS测量原理及其应用．北京：人民交通出版社，2002.
［17］　梅安新等．遥感概论．北京：高等教育出版社，2001.
［18］　Elliott D. Kaplan著．邱致和、王万义译．GPS原理与应用．北京：电子工业出版社，2002.
［19］　徐绍铨等：GPS测量原理及应用．武汉：武汉大学出版社，2003.
［20］　刘基余．GPS卫星导航定位原理与方法．北京：科学出版社，2003.